国家出版基金项目
NATIONAL PUBLICATION FOUNDATION

国家出版基金资助项目
"新闻出版改革发展项目库"入库项目
"十三五"国家重点出版物出版规划项目

中国稀土科学与技术丛书

主　编　干　勇
执行主编　林东鲁

稀土陶瓷材料

潘裕柏　陈昊鸿　石云　编著

U0319104

北　京
冶金工业出版社
2016

内 容 提 要

本书是《中国稀土科学与技术丛书》之一，书中全面介绍了稀土陶瓷的概念、分类、基本物性、发光机制、材料的设计与制备、性能表征和未来应用的展望等。以光功能透明陶瓷材料作为重点，同时也阐述了先进的材料理论计算技术和材料基因组等新方法与新概念在稀土陶瓷研究中的应用和优势。

本书注重稀土陶瓷的基础理论与发展，结合 21 世纪"光"科技发展与光学材料的应用前景，既可供从事陶瓷或稀土陶瓷相关工作的科研人员参考，也可作为相关专业的本科生和研究生的学习参考书。

图书在版编目（CIP）数据

稀土陶瓷材料/潘裕柏，陈昊鸿，石云编著 . —北京：
冶金工业出版社，2016.5

（中国稀土科学与技术丛书）

ISBN 978-7-5024-7245-0

Ⅰ. ①稀… Ⅱ. ①潘… ②陈… ③石… Ⅲ. ①稀土族
—陶瓷—复合材料 Ⅳ. ①TQ174.75

中国版本图书馆 CIP 数据核字（2016）第 223574 号

出 版 人 谭学余
地　　　址　北京市东城区嵩祝院北巷 39 号　邮编　100009　电话　(010)64027926
网　　　址　www.cnmip.com.cn　电子信箱　yjcbs@cnmip.com.cn
丛书策划　任静波　肖　放
责任编辑　张熙莹　唐晶晶　肖　放　美术编辑　彭子赫　版式设计　孙跃红
责任校对　王永欣　孙跃红　责任印制　牛晓波
ISBN 978-7-5024-7245-0
冶金工业出版社出版发行；各地新华书店经销；固安华明印业有限公司印刷
2016 年 5 月第 1 版，2016 年 5 月第 1 次印刷
169mm×239mm；17.25 印张；336 千字；259 页
68.00 元
冶金工业出版社　投稿电话　(010)64027932　投稿信箱　tougao@cnmip.com.cn
冶金工业出版社营销中心　电话　(010)64044283　传真　(010)64027893
冶金书店　地址　北京市东四西大街 46 号(100010)　电话　(010)65289081(兼传真)
冶金工业出版社天猫旗舰店　yjgycbs.tmall.com
（本书如有印装质量问题，本社营销中心负责退换）

序

　　稀土元素由于其结构的特殊性而具有诸多其他元素所不具备的光、电、磁、热等特性，是国内外科学家最为关注的一组元素。稀土元素可用来制备许多用于高新技术的新材料，被世界各国科学家称为"21世纪新材料的宝库"。稀土元素被广泛应用于国民经济和国防工业的各个领域。稀土对改造和提升石化、冶金、玻璃陶瓷、纺织等传统产业，以及培育发展新能源、新材料、新能源汽车、节能环保、高端装备、新一代信息技术、生物等战略新兴产业起着至关重要的作用。美国、日本等发达国家都将稀土列为发展高新技术产业的关键元素和战略物资，并进行大量储备。

　　经过多年发展，我国在稀土开采、冶炼分离和应用技术等方面取得了较大进步，产业规模不断扩大。我国稀土产业已取得了四个"世界第一"：一是资源量世界第一，二是生产规模世界第一，三是消费量世界第一，四是出口量世界第一。综合来看，目前我国已是稀土大国，但还不是稀土强国，在核心专利拥有量、高端装备、高附加值产品、高新技术领域应用等方面尚有差距。

　　国务院于2015年5月发布的《中国制造2025》规划纲要提出力争通过三个十年的努力，到新中国成立一百年时，把我国建设成为引领世界制造业发展的制造强国。规划明确了十个重点领域的突破发展，即新一代信息技术产业、高档数控机床和机器人、航空航天装备、海洋工程装备及高技术船舶、先进轨道交通装备、节能与新能源汽车、电力装备、农机装备、新材料、生物医药及高性能医疗器械。稀土在这十个重点领域中都有十分重要而不可替代的应用。稀土产业链从矿石到原材料，再到新材料，最后到零部件、器件和整机，具有几倍，甚至百倍的倍增效应，给下游产业链带来明显的经济效益，并带来巨大的节能减排方面的社会效益。稀土应用对高新技术产业和先进制造业具有重要的支撑作用，稀土原材料应用与《中国制造2025》具有很高的关联度。

长期以来，发达国家对稀土的基础研究及前沿技术开发高度重视，并投入很多，以期保持在相关领域的领先地位。我国从新中国成立初开始，就高度重视稀土资源的开发、研究和应用。国家的各个五年计划的科技攻关项目、国家自然科学基金、国家"863计划"及"973计划"项目，以及相关的其他国家及地方的科技项目，都对稀土研发给予了长期持续的支持。我国稀土研发水平，从跟踪到并跑，再到领跑，有的学科方向已经处于领先水平。我国在稀土基础研究、前沿技术、工程化开发方面取得了举世瞩目的成就。

系统地总结、整理国内外重大稀土科技进展，出版有关稀土基础科学与工程技术的系列丛书，有助于促进我国稀土关键应用技术研发和产业化。目前国内外尚无在内容上涵盖稀土开采、冶炼分离以及应用技术领域，尤其是稀土在高新技术应用的系统性、综合性丛书。为配合实施国家稀土产业发展策略，加快产业调整升级，并为其提供决策参考和智力支持，中国稀土学会决定组织全国各领域著名专家、学者，整理、总结在稀土基础科学和工程技术上取得的重大进展、科技成果及国内外的研发动态，系统撰写稀土科学与技术方面的丛书。

在国家对稀土科学技术研究的大力支持和稀土科技工作者的不断努力下，我国在稀土研发和工程化技术方面获得了突出进展，并取得了不少具有自主知识产权的科技成果，为这套丛书的编写提供了充分的依据和丰富的素材。我相信这套丛书的出版对推动我国稀土科技理论体系的不断完善，总结稀土工程技术方面的进展，培养稀土科技人才，加快稀土科学技术学科建设与发展有重大而深远的意义。

中国稀土学会理事长
中国工程院院士 王勇

2016年1月

编 者 的 话

稀土元素被誉为工业维生素和新材料的宝库，在传统产业转型升级和发展战略新兴产业中都大显身手。发达国家把稀土作为重要的战略元素，长期以来投入大量财力和科研资源用于稀土基础研究和工程化技术开发。多种稀土功能材料的问世和推广应用，对以航空航天、新能源、新材料、信息技术、先进制造业等为代表的高新技术产业发展起到了巨大的推动作用。

我国稀土科研及产品开发始于20世纪50年代。60年代开始了系统的稀土采、选、冶技术的研发，同时启动了稀土在钢铁中的推广应用，以及其他领域的应用研究。70~80年代紧跟国外稀土功能材料的研究步伐，我国在稀土钐钴、稀土钕铁硼等研发方面卓有成效地开展工作，同时陆续在催化、发光、储氢、晶体等方面加大了稀土功能材料研发及应用的力度。

经过半个多世纪几代稀土科技工作者的不懈努力，我国在稀土基础研究和产品开发上取得了举世瞩目的重大进展，在稀土开采、选冶领域，形成和确立了具有我国特色的稀土学科优势，如徐光宪院士创建了稀土串级萃取理论并成功应用，体现了中国稀土提取分离技术的特色和先进性。稀土采、选、冶方面的重大技术进步，使我国成为全球最大的稀土生产国，能够生产高质量和优良性价比的全谱系产品，满足国内外日益增长的需求。同时，我国在稀土功能材料的基础研究和工程化技术开发方面已跻身国际先进水平，成为全球最大的稀土功能材料生产国。

科技部于2016年2月17日公布了重点支持的高新技术领域，其中与稀土有关的研究包括：半导体照明用长寿命高效率的荧光粉材料、半导体器件、敏感元器件与传感器、稀有稀土金属精深产品制备技术，超导材料、镁合金、结构陶瓷、功能陶瓷制备技术，功能玻璃制备技术，新型催化剂制备及应用技术，燃料电池技术，煤燃烧污染防治技术，机动车排放控制技术，工业炉窑污染防治技术，工业有害废气控制技术，节能与新能源汽车技术。这些技术涉及电子信息、新材料、新能源与节能、资源与环境等较多的领域。由此可见稀土应用的重要性和应用范围之广。

稀土学科是涉及矿山、冶金、化学、材料、环境、能源、电子等的多专业的交叉学科。国内各出版社在不同时期出版了大量稀土方面的专著，涉及稀土地质、稀土采选冶、稀土功能材料及应用的各个方向和领域。有代表性的是 1995 年由徐光宪院士主编、冶金工业出版社出版的《稀土（上、中、下）》。国外有代表性的是由爱思唯尔（Elsevier）出版集团出版的 "Handbook on the Physics and Chemistry of Rare Earths"（《稀土物理化学手册》）等，该书从 1978 年至今持续出版。总的来说，目前在内容上涵盖稀土开采、冶炼分离以及材料应用技术领域，尤其是高新技术应用的系统性、综合性丛书较少。

为此，中国稀土学会决定组织全国稀土各领域内著名专家、学者，编写《中国稀土科学与技术丛书》。中国稀土学会成立于 1979 年 11 月，是国家民政部登记注册的社团组织，是中国科协所属全国一级学会，2011 年被民政部评为 4A 级社会组织。组织编写出版稀土科技书刊是学会的重要工作内容之一。出版这套丛书的目的，是为了较系统地总结、整理国内外稀土基础研究和工程化技术开发的重大进展，以利于相关理论和知识的传播，为稀土学界和产业界以及相关产业的有关人员提供参考和借鉴。

参与本丛书编写的作者，都是在稀土行业内有多年经验的资深专家学者，他们在百忙中参与了丛书的编写，为稀土学科的繁荣与发展付出了辛勤的劳动，对此中国稀土学会表示诚挚的感谢。

中国稀土学会
2016 年 3 月

前　　言

　　稀土是一种矿物资源，一般以氧化物状态分离出来，因其在地球元素中含量稀少，故得名为稀土。通常把镧、铈、镨、钕、钷、钐、铕称为轻稀土或铈组稀土；把钆、铽、镝、钬、铒、铥、镱、镥、钇称为重稀土或钇组稀土。稀土作为战略资源已被人们所熟知。其具有优良的光、电、磁等物理特性，能与其他材料组成性能各异、品种繁多的新型材料。稀土最显著的功能就是大幅度提高其他产品的质量和性能，不同的稀土金属氧化物有不同的作用，已经被广泛用于医疗、军事、铸造、汽车、照明等领域。稀土陶瓷是陶瓷材料的主要成员，其中包含的稀土既可以作为基质组分，也可以作为掺杂改性元素。基于稀土$4f$电子的光学性能可以获得稀土透明光功能陶瓷、稀土荧光粉和稀土陶瓷釉等光学陶瓷材料，而基于稀土$4f$电子的磁学性能则有稀土永磁材料、稀土磁致伸缩材料、稀土磁致冷材料等磁性陶瓷材料。此外，由于稀土离子半径较大，并且稀土元素容易与其他元素，尤其是非金属的氮族、氧族和卤族元素结合，因此稀土离子可以作为添加剂调整材料内部的微观结构，改变材料的宏观性能，从而得到各种稀土结构陶瓷和稀土改性功能（电、热、声学等）陶瓷。

　　由于稀土陶瓷呈现丰富的光、电、磁、热、机械和声学等功能，因此已经广泛应用于人类社会生产与生活的各个领域。近年来涌现的光功能透明陶瓷进一步促进了照明显示、激光和医疗成像诊断等行业的发展。但是迄今为止，有关稀土陶瓷的内容和知识主要散见于各类文献，为了便于全面认识稀土陶瓷，尤其是近年来的新材料和新技术，并且推动稀土陶瓷材料的应用和相关研究的发展，中国稀土学会特意组织国内有关专家展开专著研讨，专门围绕稀土陶瓷编写了本书。

　　本书介绍了稀土陶瓷材料的基本性能、制备方法、表征技术、应用以及中国科学院上海硅酸盐研究所在此领域的一些研究成果。本书注重稀土陶瓷的基础理论与发展，结合21世纪"光"科技发展与光学材料的应用前景，既可供从事陶瓷或稀土陶瓷相关工作的科研人员参考，也可作为相关专业的本科生和研究生的学习参考书。

　　本书是中国科学院上海硅酸盐研究所透明与光功能陶瓷课题组全体人员辛勤劳动的结晶，感谢所有课题组的工作人员、学生以及曾经在课题组工作和学习的成员，正是由于大家出色的工作才奠定了撰写本书的基础。感谢李江研究员、寇华敏副研究员、曾燕萍女士、沈毅强博士、陈敏博士、胡辰博士、刘书萍博士等提供了丰富的素材。特别感谢中国科学院上海硅酸盐研究所的老一辈科学家、同仁及各职能部门对我们工作的大力支持。

　　在从事光功能陶瓷的研究中，得到了国内外许多科研机构（中国科学院上海光学精密机械研究所、中国科学院理化技术研究所、中国科学院高能物理研究所、中国科学院福建物质结构研究所、中国科学院物理研究所、中国工程物理研究院、北京航天动力研究所、上海交通大学、复旦大学、华东师范大学、山东大学、东北大学、清华大学、南开大学、南京大学、捷克科学院物理研究所、俄罗斯科学院电物理研究所、美国宾夕法尼亚州立大学、意大利米兰大学、意大利比萨大学等）和科技工作者的帮助与支持，在此深表谢意。最后，感谢国家科技部、上海市科学技术委员会、国家自然科学基金委员会、中国科学院对科研工作的大力支持。感谢国家出版基金对本书出版的资助。

　　由于作者水平所限，书中不足之处，恳请读者批评指正。

作　者

2016 年 2 月

目　　录

1 绪 论

1.1 晶体、多晶和陶瓷

1.1.1 晶体

人类很早就通过自然界广泛存在的水晶（即石英的单晶，化学式为 SiO_2）认识了晶体。英文中晶体对应的单词"crystal"来自于希腊语的"Krystallos"。而在希腊语中，这个单词的含义就是"洁白的冰"，用来描述水晶是因为当时的古人认为它们是冰之化石。

随着自然科学技术的进步，人类对晶体的认识从宏观的形态深入到微观的结构。1912 年，德国的 Laue 利用 X 射线通过硫酸铜、闪锌矿和岩盐等单晶可以得到衍射点图像，证实了晶体内部原子排列的周期性，从而使得晶体学从宏观几何晶体学，即仅能用于矿石取向、宝石加工等用途的阶段进入到微观原子晶体学的阶段。利用衍射方法得到的原子排列信息已经成为现代科学中化合物种类确认、原子或分子成键分析和材料性能研究的基石。目前世界上有名的晶体结构数据库主要有英国剑桥的有机晶体结构数据库、德国的无机化合物结构数据库以及美国的矿物结构数据库和蛋白质结构数据库。基于类似 Linux 操作系统的开放协议，一批来自不同国家的学者自发建立了开放晶体学数据库（COD），允许结构数据的共享和共建。

晶体就是内部原子、离子或者分子构成的结构基元在三维空间中周期性排列所成的固体。如图 1－1 所示，9 个铁原子分居立方体的顶角和中心构成了一个体心立方的晶胞，考虑到这个晶胞与周围共用原子的关系（一个顶角要与其他 7 个同样的立方体共用），因此实际晶胞所含的铁原子数是 2（即 $1/8 \times 8 + 1$）。$\alpha -$铁晶体就是以这种晶胞作为结构基元，在三维空间中周期性排列而构成的。

结构基元和周期性排列是晶体的两大要素。结构基元的构成要受到对称性的制约，一般表达材料或者化合物的化学式仅仅是结构基元的一部分，称为非对称独立性单元，即化学式中的这部分原子不能通过其他同类的原子利用对称性操作产生，实际周期性排列的晶胞所含的原子一般都是这些原子数目的整数倍，具体根据该晶体的对称性来确定。以石榴石结构的 $Y_3Al_5O_{12}$ 为例，通过对称性操作，一个晶胞中可以含有 8 个化学式，相应于 120 个原子，其晶胞如图 1－2 所示。

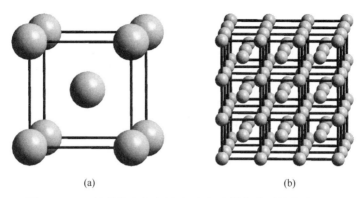

(a) (b)

图 1-1 α-铁的体心立方晶胞（a）和周期排列的点阵（b）

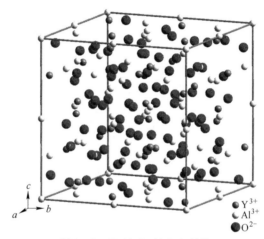

Y³⁺
Al³⁺
O²⁻

图 1-2 $Y_3Al_5O_{12}$ 的立方晶胞

因此，确定某个晶体结构就等同于明确结构基元的结构，这个任务可以分成两个步骤：非对称独立性单元的组成和结构以及对称性。后者在晶体学上就是空间群的类型，可以通过晶体所产生衍射的位置以及某些衍射的有无信息得到，而前者需要利用数学方法解决相角问题，并且结合实验所用原料和合成过程进行解析。

任何一种晶体除了上述结构属性外，还具有如下的性质：

（1）均一性。一块晶体随机切割成小块晶体，每一块的物理化学性质都是一样的。这种属性有时也称为各向同性。

（2）自范性。晶体生长时能自发形成规则的凸多面体外形，具体的外形取决于晶体的宏观对称性（即晶体学上的点群）。值得一提的是，一般这种自范性主要体现为液态中自然成长的晶体，比如自然界的六方锥的水晶和立方体的萤石等，而人工晶体生长所得的产物一般受限于器皿或者提拉等外界力的作用，外形不再与点群对称性对应。

（3）对称性。对称性包括内部的对称性和外部的对称性两种表现形式。前者是所有晶体的本质属性，同种晶型的同一晶体，内部原子排列的对称性必然相同。而外部对称性，即宏观上外形的对称性其实是与自范性联系在一起的，即晶体自发生长所得的凸多面体是对称的多面体，如从溶液中生长出来的石盐（化学式是 NaCl）单晶会具有立方体或正八面体等反映其立方对称性的规则多面体外形。但受限式晶体生长如坩埚下降法或者提拉法单晶生长所得的晶体，从外形上是看不出其所具备的对称性的。

（4）各向异性。单独一块晶体，各个方向的物理化学性能如弹性模量、断裂强度、电阻率、磁导率、线膨胀系数甚至在酸中的溶解度等可以有所不同，如前述的 α - 铁，不同方向上原子的排列密度不一样，相应的就具有不同的弹性模量，其中 $<111>$ 方向的弹性模量是 $<100>$ 方向的两倍多。

（5）最小内能。同一种化合物的不同物理状态中，晶体是体系能量最低的状态。基于能量越低越稳定的原理，其他物理状态都有自发向晶体状态转变的趋势。

虽然晶体必定是固体的一种，即外形不会随着盛放器皿而改变，但是固体却不一定是晶体。这是因为晶体除了由原子构成外，还强调排列的周期性，这就意味着如果原子排列不规则，不能划分出结构基元，或者结构基元的三维周期排列没有布满整块固体，而是局限于部分区域，与其他区域的排列存在取向的不同，那么相应的固体就不是晶体。因此，为了能够区分这三类固体，人们将同一种结构基元周期性排列构成的固体称为单晶；而整块材料由多块单晶组成，即任一块局部的单晶中，结构基元的周期性排列在晶界中中断，必须换向才能构成另一块局部的单晶，这种固体就称为多晶；至于内部不能划分出周期性排列的结构基元的固体，就称为无定形相固体或者玻璃。

很明显，多晶和单晶分属于晶体的两大类，它们的区别就在于结构基元在整块固体材料中的排列方向是一套（单晶）还是多套（多晶），这种结构的差别必然体现在性能上，这也成了判断材料为单晶或多晶的依据。例如一般的铁块，测量不同方向上的弹性模量都近似一样，没有体现出上述的各向异性，这是因为它就是单晶铁颗粒组成的多晶。另外，如果对一块固体进行电子衍射，由于电子束和 X 射线、可见光一样，也是一束电磁波，因此如果原子周期性排列就必然产生衍射现象，对于单晶而言，由于原子排列规则且三维周期性排列取向均一，因此衍射图像为清晰明锐的衍射斑点，如图 1 - 3（a）所示；多晶存在任意取向的单晶颗粒，相当于同一种衍射斑点在别的方向上也会出现，各个方向的衍射斑点组成了一个圆周，不同种斑点的半径不同，因此多晶的衍射图像是一系列同心圆环，如图 1 - 3（b）所示；而无定形相由于原子排列不规则，没办法周期性散射电子束，因此得到的是弥散的粗大的环晕，如图 1 – 3(c) 所示。

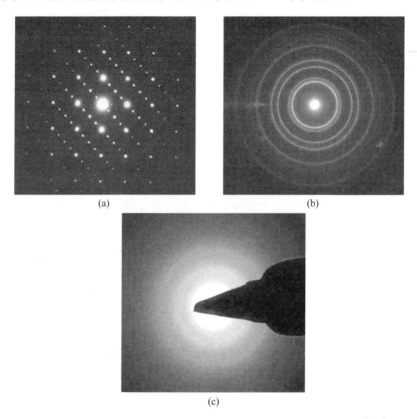

(a)　　　　　　　　　　　　(b)

(c)

图 1 – 3　单晶（a）、多晶（b）和无定形相（c）的电子衍射图像[1~3]

1.1.2　陶瓷的来源及定义

　　远古人类依山傍水而居，在取用水等液态物品以及蒸煮、盛放食物的时候，面临着需要器具的问题，而火的使用使这些古人发现某些泥土在烧烤过后可以硬化成块状，进而能够用来盛放水或其他物品。因此，原始的陶器就是直接使用黏土在较低的温度下烧制而成的，通过化学变化将柔软发散的泥土变成坚固烧结的陶器，是人类文明史上人力改变自然的重要成果之一，因此，陶器的发明被认为是新石器时代开始的标志[4]。

　　陶器在中国具有悠久的历史，现代考古发现的陶片可以追溯到 1 万年前。2012 年在江西仙人洞发现的陶器碎片距今约 19000 ~ 20000 年，是世界上已知的最古老的陶制容器。这些残陶片质地粗糙，厚薄不等，掺杂有大小不等的石英粒，而且质松易碎，可见烧制时都是就地取土，手工制作，而且烧制温度很低（大致在 700℃），不结实，更不致密。

汉字"陶"最早记载于两千年前的先秦文献，所记载的事情更可以进一步追溯到上古时期，如《逸周书》上就有"神农耕而作陶"的说法，而《吕氏春秋》则说"黄帝有陶正昆吾作陶"[4]，这些都表明陶器制备在当时已经是社会的主要活动之一，以至于要专门设置官吏来管理。

由于烧成温度低（1000℃左右），黑陶在母系氏族社会阶段就已经出现了。这种陶器在烧窑快结束时需要投入木炭进行不完全燃烧反应，产生浓烟（还原气氛），烟中的微粒炭渗入陶器的空隙，便呈现黑色。图1-4所示的猪纹陶钵是典型的代表，它出土于浙江余姚的河姆渡，材质是夹炭黑陶，钵的两长边各阴刻一猪，其腹部运用了阴刻重圈和草叶纹等纹样。这个时期的陶器由于烧结温度较低，因此胎质疏松，为了保证足够的结实度，器壁一般也要做厚才行。另外，陶器上的图案和色彩除了上述猪纹陶钵利用刻痕的方法，也有利用彩色颜料，如含铁、锰等颜料在坯体上绘画纹饰，然后入窑用氧化焰烧成彩陶，其代表就是仰韶文化的彩陶作品；还有在陶器烧成后再利用颜料进行彩绘的，称"烧后彩绘陶"，如秦始皇陵的兵马俑即为彩绘陶，这种办法的优点就是纹饰更为精美，着色更加丰富，但是缺点也很明显，就是颜料容易剥落而且所用的不稳定颜料会分解或变质，秦始皇兵马俑出土后很快转为黑陶本色就是一个明证。

图1-4　猪纹陶钵[5]

古代陶器技术的巅峰之作就是釉陶，即器表施釉的陶器。这种陶器为了适合烧窑的低温，一般采用含铅的釉料，使得这些釉料在烧窑中随温度的上升熔化后在陶器坯体表面形成了一层玻璃膜。这层膜的颜色随着釉料中所含金属的成分而变，已有的考古发现中，以绿色釉陶的比例较大。中国的釉陶在唐代进入了成熟时期，其代表就是举世闻名的"唐三彩"，如图1-5所示。唐三彩是唐朝（618~907年）工匠们通过优化各种含铅的釉料，烧制了白、黄、蓝、绿、蒲、褐等色交织而成的彩釉陶器，根据颜色的种类，有一彩、二彩、三彩乃至多彩，可以随心所欲。不过由于最早发现的唐代釉陶仅包含了绿、蓝、黄三色，当时定名为"唐三彩"，就一直沿用至今了。

图 1-5 唐三彩瓷骆驼和女侍俑[6,7]

随着烧窑温度的提高以及制陶原料的进一步发展，在发现并利用高岭土制得白陶后，由胎和釉两部分结合，在更高的温度下（约1200~1400℃）烧结而成的瓷器便出现了。已发现的瓷器可以追溯到商代早期，20世纪50年代在郑州商代早期遗址中，出土了一批青釉器，其胎质细腻坚硬，胎色灰白，而釉呈青色，特别是釉和胎结合紧密，不易脱落，符合瓷器的定义，虽然这种瓷器所需烧制温度低于1200℃，而且釉层较薄，色泽不纯，但其烧制成功是一次质的飞跃，标志着中国原始瓷器的出现[4]。这种青釉器经过西周、春秋战国到东汉，历经了1700多年发展到成熟阶段，即青瓷，如图1-6所示。从东汉到魏晋出土的瓷器多数就是青瓷，它们胎质坚硬不吸水，表面是一层青色玻璃质釉。青瓷的制造标志着中国瓷器生产的一个新时代。

图 1-6 东汉青瓷双系壶[8]

随后白釉瓷器在南北朝时期出现并成熟于隋唐时期，瓷的白度达到了70%以上，接近现代高级细瓷的标准。宋代瓷器进一步发展，出现了汝、官、哥、钧、定五大名窑，烧制了汝瓷、官瓷、哥瓷、钧瓷和定瓷等产品。在不断改进烧窑工艺和原料组合的基础上，到了元代，中国的瓷器技术进入了另一个高峰，即釉下彩的成熟阶段，此时彩色纹饰不再仅仅是表面的釉层，而是来自釉下面的色层（釉下彩，即在胎坯上先画好图案，上釉后再入窑烧炼得到彩瓷），代表作就是青花瓷。如图1-7所示，元代的青花瓷也称为"元青花"，是一种在白瓷的釉下面出现蓝色花纹装饰的瓷器，根据时间大致分为延祐期、至正期和元末期三个阶段，其中以"至正型"最佳。元青花瓷开辟了由素瓷向彩瓷过渡的新时代，画风富丽豪放，绘画层次繁多，既是中国陶瓷史上的一朵奇葩，同时也使得景德镇成为中世纪世界制瓷业的中心。目前已经成为国内外收藏界公认的珍品，拍卖价以千万元（人民币）计算。

图1-7　元青花瓷——鬼谷下山[9]

明清时期的瓷器，除了继续釉下彩的辉煌外，还进一步发展了釉上彩，即上釉后入窑烧成的瓷器再彩绘，又经炉火烘烧而成彩瓷。到了明朝成化年间，人们烧出了在釉下青花轮廓线内添加釉上彩的"斗彩"，嘉靖和万历年间又烧制成不用青花勾边而直接用多种彩色描绘的五彩。清朝雍正和乾隆时期进一步出现了粉彩和珐琅彩，前者是因为瓷器的色调淡雅柔和，有粉润之美，故称为"粉彩"，后者是仿铜胎画珐琅效果的一种瓷器，又称"料彩"。

就表面看来，釉陶与瓷器都包含了坯体和釉层，在表观玻璃质釉层的掩映下差别不大，但是实际上，它们分属于陶瓷工艺的两种阶段，所用原料种类上也分属于陶土和瓷土，因此在工艺和原料上都有本质的差别。其中釉陶烧成温度在750~850℃，因此坯体疏松、不致密、吸水率可以达到10%以上；而瓷器在1200℃以上的高温烧结，不但坯体致密，而且玻璃质釉料是以坯体成分的结晶为骨架，填充于结晶之间，这与釉陶纯粹覆盖式的结合不同，前者更为紧密，所以不但很难吸水，叩击还有清脆的声响。至于所用原料，釉陶仍然是利用黏土，而瓷器则采用瓷土（高岭土、长石、石英等或含有这些成分的瓷石）。此外，烧结致密的瓷器不但断面光亮，甚至还可以呈现透明或半透明的效果。

与汉字"陶"的已有记载接近，汉字"瓷"的古字"资"在西汉初年就已经出现了。20世纪70年代湖南省长沙市发掘的马王堆一号西汉墓除了出土一批以高岭土作胎的青瓷外，还附带了记载器物名称的竹简，其上用墨笔隶书称之为"资"。1972年唐兰根据这批瓷器与魏晋时期的潘岳所提到的"缥瓷"的相似性，进一步确认"资"就是"瓷"。这就意味着即使纯粹以"瓷"字的形体来看，它的应用也有1800多年的历史了。因此，中国的确是当之无愧的陶瓷古国。值得一提的是，创建于北宋中期的民间瓷窑——磁州窑（河北彭城）以磁石泥为坯来制备瓷器，因此又有了"磁器"的说法。

在初唐时期，我国的瓷器便由海上和西部的"丝绸之路"输入到了西方。已有文字记载的制瓷技术外传开始于五代，当时瓷器与制瓷技术一并传到了朝鲜，南宋时期有日本加藤四郎等人在福建学习制瓷的记载。11世纪，我国的制瓷技术传到了波斯，随后又继续传播到土耳其和埃及等地，15世纪后半叶传到意大利的威尼斯，拉开了欧洲制瓷技术发展的序幕。

事实上，我国瓷器的著名程度也可以从外国对我国的称呼上略见一斑。历史上外邦对我国的称呼沿用了古梵文"Chini"的音译，创造了"China"这个单词。明朝中叶，葡萄牙人将我国的瓷器运到欧洲，英国人就直接称之为"Chinaware（中国货）"，后来去掉ware，同时改为小写"china"，成为今天表示"瓷器"的单词，因此，中国与瓷器在国外已经成为了紧密关联的一体。

就历史发展而言，传统的陶瓷定义就是以陶土和瓷土分别烧制而成的陶器与瓷器的统称，"china"所代表的瓷器以及"ceramics"（陶瓷）一词的希腊语来源"Keramos"所代表的陶器[10]都证明了这一点。这些利用天然矿物原料经过粉碎、混炼、成型和煅烧等过程制成的产品仍然是今天陶瓷工业的主流，其应用涵盖了日用陶瓷、建筑陶瓷、卫生陶瓷、电瓷等领域。

现代广义上的陶瓷已经不仅仅局限于黏土或瓷石制备的物品，而且其功能也从传统的偏结构方面的应用向光、热、电、磁和声等物理效应的方面发展。Kingery在其所编著的《陶瓷导论》（中译本）中对陶瓷的定义为："无机非金属材料作为基本组成的固体制品……包括陶器、瓷器、耐火材料、结构黏土制品、磨料、搪瓷、水泥和玻璃等材料，而且还包括非金属磁性材料、铁电体、人工晶体、玻璃陶瓷以及几年前还不存在甚至至今尚未出现的其他各种各样的制品"[10]。显然，这个定义可以算是最广泛的陶瓷的定义，因为它甚至包含了人工晶体，而按照该书的叙述，这种人工晶体就是单晶。

上述两种定义都有不足的地方，传统的陶器和瓷器规定的范围过于狭窄，而

Kingery 等人给出的定义又过于广泛。他们的共同特点都是基于所用原料的种类来定义的，没有深入考虑微观结构的特征。但是不管如何，美国和欧洲国家已经将"ceramics"（陶瓷）作为各种无机非金属固体材料的通称来使用。

　　无论是传统的陶器和瓷器，还是现代化公认的，冠名以陶瓷的各种制品，甚至纳米陶瓷和玻璃陶瓷等，所用的原料各种各样，制备工艺也不再局限于煅烧，而是扩展到液态合成和气相合成甚至极端条件下的特殊合成，如高压相变等，但是它们除了主要组分是非金属之外，都有一个共同的微观结构性质，即多晶结构。这就意味着现代化任何称为陶瓷的制品，如果以 X 射线、电子束或者中子束等电磁波入射后，都可以得到如图 1 - 3（b）所示的衍射环，其一维图像就是常见的衍射谱线。因此，本书将陶瓷定义为"无机非金属材料作为基本组成的多晶制品"。这个定义也与目前"Journal of American Ceramics Society"等专业杂志收录的文献内容相符，在这类关于陶瓷材料的期刊中，粉末与块体都可以考虑，但是材料一般都是多晶，而单晶与玻璃分别有相应的晶体（crystal）和非晶（non - crystal）类的期刊收录。另外，这个定义也排除了复合型的材料，如以玻璃作为主要成分的玻璃陶瓷，我们认为这种材料主要是玻璃的改性结果，还没有达到质变的阶段，因此，正如复合材料中各成分的定义各自独立一样，陶瓷的定义不用顾及到玻璃陶瓷之类的材料。

1.1.3　陶瓷的种类

　　现代陶瓷的分类有很多方式，最简单的就是基于所用的原料，直接将陶瓷分成陶器、瓷器、氧化物陶瓷、非氧化物陶瓷、含氧酸盐陶瓷等。而各类还可以进一步细分，如氧化物陶瓷可以细分为氧化锆陶瓷、氧化铝陶瓷、氧化钛陶瓷和氧化硅陶瓷等，非氧化物陶瓷则可分为氮化物陶瓷、碳化物陶瓷和硼化物陶瓷等。上述的子类还可以根据原料更具体的描述再进一步细化。

　　此外，相同或类似原料的陶瓷也可以根据工艺、次要成分和产地等进一步区分。如陶器就有灰陶、黑陶、红陶、彩陶、白陶、釉陶之分，其区别除了基本成分或者附加成分的不同，主要就是烧瓷工艺上的差异：灰陶是在烧窑后期采用还原焰，使原料中的铁大部分转化为二价铁，从而烧成的陶器呈灰色或灰黑色；而红陶是在氧化焰气氛中烧成，铁主要以三价的铁离子存在；黑陶烧制类似红陶，但是在烧窑快结束时要投入木炭产生浓烟（此时为还原气氛），通过烟中炭微粒的渗透来呈现黑色的效果；白陶和彩陶主要在于成分的不同，前者是主要成分采用瓷器所用的高岭土，在较瓷器低的烧结温度下制成，后者则是添加了彩色颜料来勾画图案；至于釉陶，则在成分和工艺上都和其他陶器有着区别。

　　关于瓷器也有瓷系与窑系的分类方法。瓷系是指某一区域在某一时期内，在胎体成分、烧制工艺、造型、纹饰等方面具有共同特点和风格的瓷窑产品，我国的制瓷业可以笼统分为南北两大瓷系，两者产品特点的对比可以参见表 1-1。

表 1-1　中国南北瓷系的产品对比

指　标	南　方　瓷　系	北　方　瓷　系
造　型	秀气，胎色瓦灰，胎质颗粒较细，有的略呈红色或黄色，气孔细，孔隙度小，胎中黑点少	粗犷雄伟，胎体比较厚重，胎色浅灰，颗粒结构粗糙，胎内有黑点和气孔，孔隙度大
坯体化学组成	三氧化二铁的含量一般在 2% 左右，高于北方，二氧化硅的含量也较北方高，相反的二氧化钛和三氧化二铝的含量都较低	接近于质量差的黏土原料，三氧化二铝含量较高，一般都在 26% 以上，最高的达 32%，二氧化钛含量超过 1%
釉　层	青绿发翠，有的略带暗黄色，有光泽	较薄，玻璃质感强，颜色灰中泛黄
烧成温度	一般为 1200℃ 左右，甚至还达不到这个温度就出现过烧现象	高于 1200℃，在 1200℃ 下仍属于生烧

　　窑系是窑瓷体系的简称，主要根据各窑产品的工艺、釉色、造型、纹饰的异同来划分，历史上最有名的窑系划分就是宋朝时形成的六大窑系：耀州窑、磁州窑、景德镇窑、龙泉窑、越窑和建窑。

　　基于陶瓷的用途也可以对陶瓷进行分类，主要包括：日用陶瓷、艺术陶瓷、工业陶瓷和特种陶瓷。其中工业陶瓷又可以进一步细分为建筑陶瓷、化工陶瓷（反应塔、管道）、卫生陶瓷、化学陶瓷（化学实验所用的瓷坩埚、蒸发皿、瓷舟和瓷钵等）、电器绝缘陶瓷（绝缘子或者绝缘套管）、耐火材料（工业窑炉）等。而特种陶瓷又可分为以力学性能为主的结构陶瓷和以材料的物理效应为主的先进功能陶瓷。先进功能陶瓷可以根据物理效应进一步细分为光学陶瓷、压电陶瓷、磁性陶瓷、导电陶瓷和生物陶瓷等。

　　陶瓷具体的实际用途取决于自身的物理化学性质。以氧化铝陶瓷（化学式为 Al_2O_3）为例，由于这种陶瓷强度是普通陶瓷的 2～6 倍，抗拉强度可达 250MPa，硬度次于金刚石、碳化硼、立方氮化硼和碳化硅，居第五，可在 1600℃ 下长期工作，在空气中的最高使用温度达 1980℃，而且耐蚀性和绝缘性好，因此可以用于内燃机火花塞、火箭与导弹的导流罩、石油化工泵的密封环、轴承和冶炼金属用的坩埚等。另外，由于它具有脆性大、抗热震性差的缺点，因此不能承受环境温度的突然变化，这就意味着具体使用时，如冶炼金属的时候，升温和降温不能过于迅速。同样，由于氮化硅（化学式为 Si_3N_4）硬度高、摩擦系数小（0.1～0.2）、有自润滑性，是极优的耐磨材料，而且蠕变抗力高、热胀系数小、抗热震性能在陶瓷中是最好的，因此常用作高温轴承，如图 1-8（a）所示，燃气轮机转子叶片和切削刀具等，可以允许热冲击现象的发生。而碳化硅陶瓷（化学式为 SiC）由于具有高温强度高、1400℃ 时抗弯强度为 500～600MPa、导热性好、热稳定性强、抗蠕变、耐磨性和耐蚀性好的优点，因此可以作为陶瓷结构元件，如刹车盘，如图 1-8(b) 所示，火箭喷管的喷嘴，浇注金属的浇道口、炉管，热交换器及核燃料包封材料等。

(a)   (b)

图 1-8 Si_3N_4 陶瓷轴承元件（a）和汽车中所用的碳化硅刹车盘（b）[11]

总之，现代陶瓷品种丰富、结构各异、合成方法多样，可以满足人类社会各个领域的需要，因此陶瓷与金属和高聚物一起，构成了现代社会的材料体系。

1.2 稀土

1.2.1 稀土的种类及其发现

元素周期表中，原子序数为 21、39 以及 57～71 的钪（Sc）、钇（Y）、镧（La）、铈（Ce）、镨（Pr）、钕（Nd）、钷（Pm）、钐（Sm）、铕（Eu）、钆（Gd）、铽（Tb）、镝（Dy）、钬（Ho）、铒（Er）、铥（Tm）、镱（Yb）和镥（Lu)17 种化学元素统称为稀土元素。其中原子序数为 57～71 的 15 种化学元素又称为镧系元素。根据稀土元素与各类有机和无机基团配位的能力，可以进一步以 Gd 为分界，将稀土元素分成轻稀土和重稀土，其中镧、铈、镨、钕、钷、钐、铕称为轻稀土元素；钆、铽、镝、钬、铒、铥、镱、镥、钇称为重稀土元素。

虽然从电子组态的角度看，镧系元素中从 La 到 Lu，具有 $4f$ 电子亚层，电子数从全空的零一路变化到全满的 14，恰好构成一个周期，而且这些元素的化学性质十分相似，因此划为一类是正常的，而 Sc 和 Y 外层电子的主要特点是具有未饱和的 d 电子亚层，本来应该划入 d 区元素，即过渡金属元素一类，但是实际发现其化学性质与镧系元素的相似性更高，因此也将它们划入了镧系元素的范畴。但 Sc 和 Y 没有 $4f$ 电子，而 d 电子又不饱和，相反，镧系元素存在 $4f$ 电子，d 电子除了 La 和 Ce 外，都为全空状态，所以二者在材料中的使用还是有差别的，如前者就没有基于 $4f$ 电子的发光和磁学应用价值。

稀土元素的发现经历了一个漫长的过程[12]。1788 年，瑞典人卡尔·阿累尼乌斯发现了一种黑色矿物，随后 1794 年，芬兰化学家约翰·加多林鉴定这种矿物含有一种未知的氧化物，最终 1794 年，瑞典化学家埃克贝格进一步确认并且将之命名为钇土，这标志着第一个稀土元素 Y 的发现。随后经过历代科学家的努力，各种非放射性的稀土元素陆续被分离出来，1907 年，Lu 的发现标志着非放射性稀土元素发现的结束，但是从已有元素的电子组态排列看，在 Nd 和 Sm 之间仍然缺少了一个元素 Pm。经历了 40 年的努力，马林斯基、格伦丹宁和科里尔终于在 1947 年利用原子反应堆废弃的铀燃料分离出了 Pm，命名该元素的时候借鉴了原子反应堆"核火"的含义，根据希腊神话传说中盗取天火帮助人类的普罗米修斯进行命名。Pm 是唯一一个自然界不存在的元素，只能作为人造放射性元素存在。

由于古人通常把不溶于水的固体氧化物称为土，而且在发现稀土元素的时候，所能涉及的储量非常稀少，因此历史上就将这类元素统称为稀土。虽然后来随着矿物学、地质勘探学和太空遥感技术等的发展，全世界已经探明的稀土储量和常见的铜、锌、铁等的储量都在同一数量级水平，但"稀土"这一名称仍然一直沿用。

统观整个稀土的发现历史，前后共用了 150 多年，除了 Pm 由于自然界不存在，只能在原子反应堆出现后才有被发现的可能，其他稀土元素的发现也用了 100 多年，主要原因在于稀土元素一般喜欢聚集于同一种矿物，如 Pr 和 Nd 就通常伴生出现，二者仅差一个电子。另外稀土元素的化学性质又十分相似，因此要分离出来就必须采用更为精细的分析技术，事实上，直到色谱技术发现后，在传统认为仅含一种元素的矿物中又再次发现了新的元素，如"Er"中找到了"Yb"，这种"Yb"中又进一步发现了"Lu"，这才彻底分离完全。

1.2.2 稀土矿产及国内状况

稀土元素比较活泼，迄今为止，自然界中还没有发现相关的天然金属单质，只有化合物形态，主要包括硅酸盐、磷酸盐、磷硅酸盐、氟碳酸盐以及氟化物等形式。而且在矿物中，稀土元素除了因为自身物理与化学性质的相似性容易伴生外，同时也容易与其他化学元素伴生。目前已经发现的稀土矿物有 250 种左右，如氟碳铈镧矿（$(Ce, La)FCO_3$）、独居石（$CePO_4, Th_3(PO_4)_4$）、磷钇石（YPO_4）、黑稀金矿（$(Y, Ce, Ca)(Nb, Ta, Ti)_2O_6$）、硅铍钇矿（$Y_2FeBe_2Si_2O_{10}$）、褐帘石（$(Ca, Ce)_2(Al, Fe)_3Si_3O_{12}$）和铈硅石（$(Ce, Y, Pr)_2Si_2O_7 \cdot H_2O$）等。考虑到开发成本以及现有技术水平，这些矿物品种中具有工业价值的仅有 50～60 种，而当前具有开采价值的则仅有 10 种。目前工业化的主要有氟碳铈矿、独居石矿、磷钇矿和风化壳淋积型矿四种。这四种矿产资源在我国均有分布，而国外的矿产则主要是前三种，占 95% 以上[13]，如美国主要是氟碳铈矿和独居石矿，俄罗斯主要是伴生矿床，即稀土包含于碱性岩的磷灰石中，而澳大利亚和南非则是独居石的生产大国。

我国稀土矿物主要有氟碳铈矿、独居石矿、离子型矿、磷钇矿、褐钇铌矿等，所包含的稀土元素较全，其中离子型中重稀土矿在世界上占有重要地位。目前，我国的稀土资源可以分为南北两大块。其中北方属于轻稀土资源，矿产集中分布在内蒙古包头的白云鄂博，主要含 La、Ce、Pr、Nd 元素，矿物类型为氟碳铈矿和独居石矿，比例为 3:1，故称混合矿，稀土矿与铁共生；南方属于中重稀土资源，矿产主要分布在江西、广东、广西、福建、湖南等地，存在于花岗岩风化壳层中，主要含 Sm、Eu、Gd、Tb、Dy 等元素，其中江西的风化壳淋积型矿不但属于我国特有的矿种，而且中重稀土含量较高。相应的稀土工业也分为南北两大生产体系，其中北方以内蒙古包头和四川凉山生产基地为中心建立了以轻稀土产品为主的生产体系，主要产品有稀土精矿、稀土硅铁合金、混合稀土化合物、混合金属等。南方则以江西赣州为代表，形成了南方五省中重稀土生产体系，主要产品为高纯单一稀土化合物和金属，同时还充分利用北方轻稀土原料进一步精制，提高产品的经济价值。从 20 世纪 50 年代开始，在政府各个"五年计划"的支持下，中国的稀土冶炼和分离技术取得了重大进展，比较典型的是 1990~1995 年间，北京有色金属研究总院和包头稀土研究院在合作承担"高纯单一稀土提取技术研究"（国家"八五"科技攻关项目）项目中，实现了 16 种单一稀土氧化物的纯度达到 99.999%~99.9999%，从而获得了国家"八五"攻关重大成果奖[13]。目前中国的稀土产业已形成完整的采选、冶炼、分离以及装备制造、材料加工和应用的工业体系，可以生产 400 多个品种、1000 多个规格的稀土产品。2011 年，我国稀土冶炼产品产量为 9.69 万吨，占世界总产量的 90% 以上。当前我国以 23% 的稀土资源承担了世界 90% 以上的市场供应，所生产的稀土永磁材料、发光材料、储氢材料、抛光材料等均占世界产量的 70% 以上[14]。

值得注意的是，虽然在 20 世纪 90 年代报道的世界稀土资源储量中，中国以 4300 万吨高居榜首，甚至是排名第二的俄罗斯（1900 万吨）的两倍多，占据世界当时探明储量的 43%[13]，但是长期以来，我国的稀土资源一直处于过度开发的状态，稀土资源保有储量及保障年限不断下降，经过半个多世纪的超强度开采，包头稀土矿资源仅剩 1/3，南方离子型稀土矿储采比已由 20 年前的 50 降至目前的 15。除了非法开采使资源遭到严重破坏以外，采富弃贫、采易弃难的现象也严重降低了资源回收率，目前南方离子型稀土资源开采回收率不到 50%，而包头稀土矿采选利用率仅为 10%[14]。

根据国土资源部 2009 年对稀土资源的普查结果，并且结合 2009 年美国地质调查局调查世界其他国家稀土储量的统计数据得到表 1-2，由表可见，我国的稀土资源仅占世界的23%，资源优势已经很不明显。更为严峻的是，其他国家新近又发现了高储量的稀土矿藏，如美国芒廷帕斯稀土矿的最新储量调查表明该矿储量达1840万吨，几乎与我国相当。

表1-2 2009年世界各国的稀土储量 （万吨）

国家	澳大利亚	中国	独联体	印度	美国	其他国家	合计
储量	540	1859	1900	310	1300	2200	8109

因此，我国除了必须加强对现有稀土矿产的合理开发外，还必须加强新矿脉的探索以及高技术含量稀土产品的开发。

1.2.3 物理化学性质

1.2.3.1 电子组态及价态

稀土原子的电子组态通式是： $[Xe]4f^n6s^2$ 和 $[Xe]4f^{n-1}5d^16s^2$，其中La、Ce、Gd、Lu采用 fds 电子组态，其余则采用 fs 电子组态，但Tb两种组态能量差别不大，可以取两种组态。具体就是17种稀土元素中，除了Sc和Y外，其他元素即镧系元素的电子分布的特点是电子在 $4f$ 亚层上填充，由于 $4f$ 亚层的角量子数 $l=3$，磁量子数 m 可取0、 ±1、 ±2、 ±3 等7个值，因此共有7个轨道。根据Pauli不相容原理，一个原子轨道上最多只能容纳自旋相反的两个电子，因此 $4f$ 亚层最多14个电子，分别对应从La到Lu($4f$ 电子依次从0到14)共15种镧系元素。

稀土元素在形成化合物的时候，一般都是失去外层的 s 和 d 轨道电子，形成 $+3$ 价态，这是稀土元素的特征氧化态。对于没有 $4f$ 电子的 Y^{3+} 和 La^{3+} 及 $4f$ 电子全充满的 Lu^{3+}，电离最外层电子需要很高的能量，即只能吸收紫外光或波长更短的电磁波，因此它们都是无色的离子，具有光学惰性，适合作为发光材料的基质组分。

由洪特规则可知，原子或离子的电子层结构，当同一亚层处于全空、半空或全满状态时是较稳定的。因此， $4f$ 亚层全空的镧离子（ La^{3+}）、半满的钆离子（ Gd^{3+}）和全满的镥离子（ Lu^{3+}）比较稳定，相反，它们各自左侧的铈离子（ Ce^{3+}）、镨离子（ Pr^{3+}）和铽离子（ Tb^{3+}）要比稳定状态时多一个或两个电子，因此有氧化成化合价为4价的稀土离子（ RE^{4+}）的趋势，其中以 Ce^{4+} 最为稳定，也最常见；而在它们各自右侧的钐（ Sm^{3+}）、铕（ Eu^{3+}）和镱（ Yb^{3+}）要比稳定状态时少一个或两个电子，因此可还原成化合价为二价的稀土离子，其中以 Eu^{2+} 最稳定且最常见。从元素周期表上看，镧系元素这些不正常价态以钆（Gd）元素为界线，分成两组，其中每组靠近前面的元素，如铈（Ce）和铽（Tb）元素能够生成4价的稀土离子（ RE^{4+}）；而靠近末端的元素如铕（Eu）和镱（Yb）元素能够生成二价的稀土离子（ RE^{2+}），从而得到不正常价态的周期性变化规律。

稀土离子的变价实质上是得到或者失去电子的过程，即被还原或者被氧化的过程，因此其变价的难易程度可以用电化学上的标准还原电极电位来表示，以+3价为基准，氧化+4价和还原为+2价对应的电位（参见表1-3）分别按下列顺序递减：

$$RE^{4+}: Ce^{4+}/Ce^{3+} > Tb^{4+}/Tb^{3+} > Pr^{4+}/Pr^{3+} > Nd^{4+}/Nd^{3+} > Dy^{4+}/Dy^{3+}$$

$$RE^{2+}: Eu^{3+}/Eu^{2+} > Yb^{3+}/Yb^{2+} > Sm^{3+}/Sm^{2+} > Tm^{3+}/Tm^{2+}$$

表1-3　一些稀土元素的标准还原电位

电对	Ce^{4+}/Ce^{3+}	Tb^{4+}/Tb^{3+}	Pr^{4+}/Pr^{3+}	Nd^{4+}/Nd^{3+}	Dy^{4+}/Dy^{3+}
E/V	1.74	3.1	3.2	5.0	5.2
电对	Eu^{3+}/Eu^{2+}	Yb^{3+}/Yb^{2+}	Sm^{3+}/Sm^{2+}	Tm^{3+}/Tm^{2+}	
E/V	-0.35	-1.15	-1.55	-2.3	

需要指出的是，随着技术的进步，人们进一步发现当以整个晶胞来考虑而不是将稀土看成一个孤立离子的时候，稀土整体上呈现更多的价态选择，一个典型的例子就是所有的镧系元素都可以生成1:1的硫族化合物RES、RESe、RETe（RE为稀土）。从化学式来看，稀土元素都是二价，实际上除Eu、Yb、Sm及TmTe中的Tm外，其余的稀土元素原子核周围的近邻紧束缚电子总数仅仅满足+3价的数量，但是体系中却存在一个在稀土元素的$5d6s$能带中能自由运动的电子，从而使这类材料显现金属导体或者半导体的性质。非紧束缚电子引起的异常变价也常见于辐照缺陷中，如采用γ辐射、中子或X射线照射稀土掺杂的碱土金属卤化物单晶（CaF_2、SrF_2），可以在晶体中引起电离，所产生的电子会被三价稀土离子吸收而得到二价稀土离子。

1.2.3.2　稀土金属

由于稀土具有未成对电子，而且这些电子不能类似氧原子之类共价成键形成分子，因此，只能以自由电子的形式存在于单质中，这就意味着稀土单质以金属的形态存在。常温常压下，稀土金属除镨（Pr）、钕（Nd）为淡黄色外，其余均是有光泽的银白色，都容易氧化而呈现暗灰色。稀土金属有如下四种晶体结构：

（1）六方体心结构。包括钇（Y）、钆（Gd）等多数重稀土金属。

（2）立方面心结构。包括铈（Ce）、镱（Yb）。

（3）六方结构。包括镧（La）、镨（Pr）、钕（Nd）、钷（Pm）。

（4）斜方结构。钐（Sm）等属于这种结构。

在与其他金属形成合金的时候，由于稀土离子的半径相对于过渡金属离子而言较大，因此在过渡金属中的固溶度极低，不会形成固溶体，而是获得一系列的金属间化合物，而且很多是富过渡金属类型。如在稀土－铁中就有富铁的 2:17 型和 1:2 型金属间化合物（数字代表原子个数比）。这些金属间化合物大多具有磁性，如作为永磁材料的 $SmCo_5$ 和磁致伸缩材料的 $SmFe_2$ 等。虽然稀土离子不能形成固溶合金，但是这种大半径的特点也使得稀土金属可以作为其他合金的掺杂组分，提高金属材料的塑性、耐磨性和抗腐蚀性。

稀土元素化学活泼性仅弱于碱金属和碱土金属。其金属活泼性的排列依次是：

$$La > Y > Sc$$

$$La > Ce > Pr > Nd > Pm > Sm > Eu > Gd > Tb > Dy > Ho > Er > Tm > Yb > Lu$$

因此镧元素最活泼，稀土元素在空气中的稳定性随原子序数的增加而增大，一般需要将稀土金属保存在煤油中。

1.2.3.3 化学性质

由于电子组态的相似性，虽然总体上稀土元素的物理与化学性质相似，但是更细致地研究表明彼此之间还是存在着差别。根据已有的化学反应可以总结出稀土元素以 Gd 为界，在化学反应上分成表现不同的两组。如稀土配位化合的时候就出现了轻稀土与重稀土形成不同配位化合物的现象[15,16]，以草酸盐晶体为例，对轻稀土，化学式为 $RE_2(C_2O_4)_3 \cdot 10H_2O$，而重稀土则是 $RE_2(C_2O_4)_3 \cdot 6H_2O$，另外乙酸等有机酸可以溶解轻稀土氧化物却不能溶解重稀土氧化物，就是因为前者的碱性比较强的缘故（La 最强）。在上述的二分组效应基础上，又进一步出现了四分组效应的说法，即随着稀土原子序数增加，特定物理或化学性质有规则变化范围可分成 4 组，第一组和第二组相交于 Nd、Pm；第三组、第四组则区分于 Ho、Er；而 Gd 作为第二组与第三组的分界。

1.2.3.4 光谱性质

发光来自电子在不同能级之间的跃迁，对于常见的可见发光以及两端的近紫外和近红外发光而言，所涉及的跃迁电子是价层电子，由于稀土离子一般是 +3 价，外围的 s 和 d 亚层为空，因此 $4f$ 电子的跃迁是稀土离子发光的源泉。

除了 $4f$ 亚层全空和全满的镧与镥离子外，其他稀土元素的 $4f$ 电子可以在 7 个 $4f$ 轨道中任意分配，从而产生各种光谱项和能级。根据光谱选律，具有未充满 $4f$ 电子壳层的原子或离子可观察谱线大约 30000 条，相对于具有未充满 d 电子壳层的过渡金属元素的 7000 多条和具有 p 电子壳层的主族元素的 1000 条左右，稀土元素的光色更为丰富。

值得一提的是，稀土离子除了常见的不同亚层的跃迁，即 $4f \rightarrow 5d$ 跃迁，还有自己特有的 $4f \rightarrow 4f$ 跃迁。虽然 $4f \rightarrow 4f$ 跃迁属于 $\Delta l = 0$ 的电偶跃迁，按照光谱选律是禁阻的，但是当 $4f$ 组态与宇称（描述粒子在空间反演变换时波函数是否改变符号的量子数，如果不变就是 1，粒子为偶宇称，反之为 -1，为奇宇称）相反的组态发生混合，或对称性偏离反演中心，则 $4f \rightarrow 4f$ 跃迁变为被允许。稀土离子的 $4f \rightarrow 4f$ 跃迁平均寿命为 $10^{-2} \sim 10^{-6} \mathrm{s}$，远长于一般激发态寿命（$0.1 \sim 10 \mathrm{ns}$），因此稀土离子能实现亚稳态的粒子反转（即激发态上在同一瞬间能有高于基态的粒子数），从而可以用于激光发射，这是现代激光材料应用的基础。更具体的稀土发光性质和机制将在本书第二章中详细介绍。

1.2.3.5　磁学性质

物质的磁性来自于物质内部的电子和原子核的电性质。由于电子的磁效应比原子核的磁效应大 1000 倍，因此通常所说的材料磁性都是仅考虑电子的磁性。由于电子既绕原子轨道运动，同时又有自旋运动，因此，一个电子的磁矩包含了轨道磁矩和自旋磁矩，分别取决于轨道角动量和自旋角动量及其组合。总体的电子磁矩等于核外所有电子磁矩的叠加，即材料的磁性取决于其总轨道角动量 L、总自旋角动量 S 以及它们组合而成的总角动量 J；其中位于同一轨道，自旋相反的一对电子叠加后磁矩为零，对外不显示磁性，因此具有未成对电子是材料具有磁性的必要条件。

稀土金属具有自由电子，而稀土离子大多具有未成对的 $4f$ 电子，这些孤电子所产生的磁性是稀土可以用于永磁体、磁致冷、磁致伸缩等材料应用的基础，同时也会影响材料的其他物理效应在磁场下的表现，如光谱的塞曼效应能级分裂等。

如前所述，在不考虑原子核贡献的条件下，原子或离子的磁性决定于其总轨道角动量 L、总自旋角动量 S 和总角动量 J，相关有效磁矩 μ_{eff} 可以由式（1-1）计算。

$$\mu_{\mathrm{eff}} = g \sqrt{J(J+1)} \mu_{\mathrm{B}} \tag{1-1}$$

式中，μ_{B} 为玻尔（Bohr）磁子，用来作衡量单位，用 BM 表示，即 $1\mu_{\mathrm{B}} = 1BM = eh/(4\pi mc) \approx 9.274 \times 10^{-21} \mathrm{erg/G} = 9.274 \times 10^{-21} \mathrm{A \cdot m^2/mol}$；$g$ 为兰德尔（Lande）因子，其值为：

$$g = 1 + \frac{J(J+1) + S(S+1) - L(L+1)}{2J(J+1)} \tag{1-2}$$

实际磁矩测试时发现，过渡元素的有效磁矩以纯自旋磁矩为主，此时

$$\mu_{\mathrm{eff}} = 2\sqrt{S(S+1)} \mu_{\mathrm{B}} \tag{1-3}$$

但是稀土元素的原子或离子的轨道 - 自旋相互作用较大，因此有效磁矩的计算要利用上述考虑 J 的公式。例如计算镨离子 $\mathrm{Pr^{3+}}$（$4f^2$）的 $^3H_4$ 的理论磁矩时，根据光谱支项 $^3H_4$ 可得 $J=4$，$S=1$，$L=5$，故

$$g = 1 + [4 \times (4+1) + 1 \times (1+1) - 5 \times (5+1)]/[2 \times 4 \times (4+1)] = 0.8$$

从而

$$\mu_{\mathrm{eff}} = 0.8 \times \sqrt{4 \times (4+1)} \mu_{\mathrm{B}} = 3.58 \mu_{\mathrm{B}} \tag{1-4}$$

根据实验所测的结果发现除了 $\mathrm{Sm^{3+}}$ 和 $\mathrm{Eu^{3+}}$ 以外，其他稀土元素的实验数据与公式计算的结果基本一致。

Sm^{3+} 和 Eu^{3+} 的实验磁矩值大于理论磁矩值的原因如下：

（1）离子在不同能级上的分布服从玻耳兹曼分布规律。因此当离子的基态能量与低激发态能量相差较大时，可以认为体系的离子基本上处于基态，这时根据基态的 J 值计算得到的理论磁矩值就会与实验测定值基本相符。但是当离子的基态能量与低激发态能量相差不大时，体系中就会有部分离子处于低激发态，从而实际的磁矩（实验值）要高于纯基态的磁矩（计算值）。Sm^{3+} 和 Eu^{3+} 的基态 $^6H_{5/2}$ 和 $^7F_0$ 与低激发态 $^8H_{7/2}$ 和 $^7F_{1,2,3}$ 就是因为能量值相差较小，因此实验测定值与单纯基态 J 值计算的磁矩理论值就明显不一致。

（2）基态磁矩计算公式仅适用于相邻 J 能级间距大于 kT 时（k 为玻耳兹曼常数；T 为温度，单位是 K），此时忽略了 J 能级间的相互作用。因此对于那些 J 能级间距较大的，可以忽略 J 能级间作用的离子，其理论值与实验测定值是基本相符的。但是 Sm^{3+} 和 Eu^{3+} 的基态 J 能级与最低激发态能级间距较小，必须考虑 J 能级间的相互作用，因此准确磁矩的计算如果采用上述磁矩计算公式，就会造成理论值与实验值有较大的误差。

根据前文所述的三价稀土离子的电子结构可知，除了 La、Lu、Sc 和 Y 以外，其他的三价稀土离子都含有未成对电子，因此它们都有顺磁性。实验数据证明大多数三价稀土离子的磁矩比 d 过渡元素离子的要大，这是稀土离子与过渡金属离子结合成的金属间化合物可以作为永磁体等磁性材料的基础。

另外，前文所述的稀土元素物理与化学性质的分组效应同样适用于磁矩随原子序数的变化，即三价稀土离子的磁矩与原子序数的关系中出现两个峰，峰的位置分别位于 Pr、Nd 和 Dy、Ho 处。

同样的，由于三价稀土离子的磁矩来自未成对 $4f$ 电子，因此与稀土 $4f$ 能级跃迁发光的性质一样，三价稀土离子的磁矩受环境影响较小，在各种化合物中的具体数值基本上和上述有效磁矩的计算公式得到的理论值接近。

1.2.4 稀土的材料学应用

根据前述稀土元素特殊的电子层结构和物理化学性质可以将稀土在材料学中的应用划分为如下几个主要方面：

（1）利用稀土金属的活泼性，可以实现稀土元素同 O、H、S、N 等其他元素作用生成所需的稳定化合物；稀土金属用作还原剂实现冶金工业中的脱氧和脱硫；利用稀土金属（Ce 等）燃点低，并且燃烧时会释放大量的热来制造打火石和军用发火合金材料等。

（2）利用稀土元素的磁性以及和过渡金属的化合能力可以制备金属间化合物，用作磁性材料、储氢材料和热电材料等，如钕铁硼永磁合金和 LaNi 储氢合金等。

（3）利用稀土元素未饱和 $4f$ 电子的光谱性质可以制备各种光学材料，包括荧光材料、激光材料、电光材料、彩色玻璃、陶瓷釉料以及闪烁材料等。

此外，还可以利用稀土离子（如 Ce、Eu、Yb 等）的变价来吸收辐射，制备防辐射材料；利用稀土元素（Sm、Eu、Y、Dy 和 Er）具有较大中子俘获截面，将这些稀土元素用于原子反应堆的控制材料和可燃毒物的减速剂；而具有较小中子俘获截面的稀土元素（Ce 和 Y）也可以用作反应堆燃料的稀释剂，其中 Y 的热中子俘获截面接近于 Nb，因此可以作为原子能反应堆的结构材料或者合金添加剂，用以改善反应堆结构材料的力学性能。

1.3 稀土陶瓷分类

稀土离子的独特性在于具有 f 电子，相应的物理性质体现为 f 电子层内跃迁（$f \rightarrow f$）和层间跃迁（$f \rightarrow d$）以及未成对 f 电子展现出来的磁性。因此，稀土陶瓷的功能主要包括光学和磁学两大方面。前者主要有稀土光学透明陶瓷、稀土荧光粉、稀土电光陶瓷和稀土陶瓷釉等各种稀土光学材料，后者主要有稀土永磁材料、稀土磁光材料、稀土磁致伸缩材料、稀土磁致冷材料等各种稀土磁性材料。此外，由于稀土离子半径较大，稀土元素容易与其他元素，尤其是非金属的氮族、氧族和卤族元素结合，而且还具有变价的性质，因此稀土离子可以作为添加剂进入材料内部结构形成稳定的化学键，从而调整材料内部的微观结构，改变材料的宏观性能，这就得到了各种稀土结构陶瓷和稀土改性材料，后者甚至包括了农用肥料和生物制剂等产品。下面以稀土在材料中通常体现的光学和磁学性质为依据，主要讨论稀土功能陶瓷，并且加以分类，分别进行简单介绍[17]。

1.3.1 稀土发光透明陶瓷

由于陶瓷材料的气孔、杂质、晶界、基体结构对光的散射和吸收，长时期以来，人们认为陶瓷均为非透明陶瓷。但在 20 世纪 50 年代末，美国 GE 公司的 R. L. Coble 博士研制成透明 Al_2O_3 陶瓷（商品名称为 Lucalox）一举打破了这个传统观念。

透明陶瓷被定义为用无机粉末经过烧结使之具有一定的透明度的陶瓷材料。当把这类材料抛光成 1mm 厚放在带有文字的纸上时，通过它可读出内容，即相当于透光率大于 40%[18,19]。

入射到陶瓷体的光线经历了陶瓷体表面反射和内部吸收、散射的过程，而引起光能的损失。陶瓷材料的多相性、晶体性能的各向异性、晶体尺寸、多孔性和表面加工光洁度会影响其透明度。因此，为了使陶瓷透明，必须具备的条件是：

（1）相对密度高，至少为理论密度的 99.5% 以上。

（2）晶界上不存在空隙，或空隙大小比光的波长小得多，晶界上没有杂质和玻璃相，晶界的光学性质与晶体之间的差别很小。

（3）晶粒小且均匀，其中没有空隙。

（4）晶体对入射光的选择吸收很少。

（5）材料有光洁度高的表面。

（6）无光学各向异性，晶体结构最好是立方晶系。

所有这些条件中，致密度高且均匀的细小晶粒是最重要的。在控制析出物、孔隙、晶界等主要散射因素的条件下，许多种陶瓷都可成为透光材料。目前已发展的透明高温陶瓷有十多种，其中最重要的有 Al_2O_3、BeO、MgO、Y_2O_3、ZrO_2、ThO_2 和 $RE_3Al_5O_{12}$（RE 为稀土）等。与稀土有关的透明陶瓷主要有稀土氧化物和石榴石结构，前者有 Y_2O_3、Lu_2O_3；后者主要是 $Y_3Al_5O_{12}$ 和 $Lu_3Al_5O_{12}$ 及其各种混合金属元素乃至掺杂的衍生物。

陶瓷要做成透明，归根到底就是为了在光学上获得应用，因为只有透明的材料才可以透过入射光，也可以透过发射光，前者包括各种透光材料，如高温窗材、红外透过窗材、高温透镜、高压钠灯的灯管和特种灯泡等，相应的透明陶瓷以氧化物陶瓷为主，见表 1-4[19]。这些透光性透明陶瓷的组成、晶系、熔点、透过率等性能总结见表 1-5[19]。

表 1-4　透光型透明陶瓷的种类及其应用[19]

透明陶瓷	主要特性	主要用途
Al_2O_3、MgO	透明性与耐腐蚀性	高压钠灯及化工窗材
$2Al_2O_3-MgO$、Y_2O_3		
MgO、Y_2O_3	透明性与耐高温性	高温窗材、高折射率透镜及红外透过窗材
$ThO_2-5Y_2O_3$		

表 1-5　典型氧化物透明陶瓷的性能参数[19]

透明陶瓷种类	添加剂	晶系	熔点/℃	薄片透过率/%	光波长/μm	薄片厚度/mm
Al_2O_3	0.25%（质量分数）MgO	六方	2050	40~60	0.3~2	1
BeO	—	六方	2520	55~60	0.4~3	0.8
CaO	约0.4%（质量分数）CaF_2	立方	约2500	40~70	0.4~8	1.25
MgO	1%（质量分数）LiF	立方	2800	80~85	1~7	5
ThO_2	2%（摩尔分数）CaO	立方	约3000	50~70	0.4~7	1.5
Y_2O_3	10%（摩尔分数）ThO_2	立方	约2400	>60	0.3~8	0.76
ZnO	1%（质量分数）Gd	六方	约1975	60	可见光	0.5
ZrO_2	6%（摩尔分数）Y_2O_3	立方	约2700	约10	可见光	1.0

从表 1 - 5 可以看出，透明陶瓷大部分是等轴的立方晶系，同时这类晶系的透明度也较高，而六方晶系的透明度不好，这符合上述透明陶瓷的必须具备的条件（6），即为了尽量降低材料内部折射和散射，材料的晶系最好是各个晶粒各向同性的立方晶系，而六方晶系由于存在着高次轴（六次对称轴或称极轴），因此存在双折射现象，即不同晶粒之间的光线传播容易发散，从而降低了透明度。

稀土氧化物和石榴石结构的铝酸盐属于立方晶系，从而是制备透明陶瓷的优良候选，经过近半个世纪的发展，作为透光材料的稀土透明陶瓷已经实现了商业化。例如稀土 Y_2O_3 透明陶瓷的透明度要比 Al_2O_3 高，在远红外区仍有 80% 的直线透光率，因此已经用于高温测孔、红外检测窗、红外元件、高温透镜和放电灯管等场合。

透明陶瓷在外界能量的激发下发射各种波长的光谱，并且被陶瓷自身吸收的数量很少，从而可以用于各种光学用途。如在 $Y_2O_3 - ThO_2$ 中添加少量的 Eu_2O_3、Dy_2O_3、Tb_2O_3、Nd_2O_3 等氧化物制成的透明陶瓷可作为激光工作物质。

发光型透明陶瓷的种类主要有闪烁透明陶瓷和激光透明陶瓷。另外，随着白光 LED 这种被誉为 21 世纪的绿色照明光源技术的发展，也有了 LED 透明陶瓷的报道，如将 $Y_3Al_5O_{12}$ 基的透明陶瓷和半导体芯片组装起来，就可以实现高亮，全方位角的白光发射。具体有关上述三类透明陶瓷的介绍详见第五章~第七章。

1.3.2　稀土电光透明陶瓷

20 世纪 70 年代初，Haertling 等人通过 La 部分置换 $Pb(Zr_xTi_{1-x})O_3(PZT)$ 陶瓷中的 Pb，并且利用氧气氛下的热压烧结工艺获得了高度透明的 $Pb_{1-x}La_x(Zr_yTi_{1-y})_{1-x/4}O_3$，即 PLZT 铁电陶瓷。这种陶瓷在加上电场的时候可以改变对入射光的折射和散射等，从而可用来制备光闸、光存储、偏光器和光调制器件等。类似的电光陶瓷还有铌酸盐、钛铌酸盐等。

除了透明性之外，电光陶瓷的另一个重要特征是一般需要掺入 La 促使结构畸变和自发极化。当 La 掺入后，Zr/Ti 会偏离原来的八面体中心，从而陶瓷产生自发极化，而且 Pb^{2+} 和 La^{3+} 电价不同，为了保持晶体的电中性，钙钛矿 ABO_3 结构中的 A 格位（Pb 占据）和 B 格位（Zr/Ti）都会出现缺位，这进一步畸形化了原有的结构，从而增加了电滞回线的矩形性，增大介电系数、降低矫顽场强、提高机电耦合系数等。同时 La 的加入提高了陶瓷的透明性，容易得到透光度高于 80% 的透明铁电陶瓷。表 1 - 6[19] 给出了一些常见的电光透明陶瓷及其应用。

表 1-6　常见稀土电光透明陶瓷及其应用[19]

透明陶瓷	主要的用途
$(Pb, La)(Zr, Ti)O_3$	光记忆元件
$(Pb, Sr)(Zr, Ti)O_3$	录像显示和贮存系统
$(Pb, La)(Hf, Ti)O_3$	光调制元件和光偏向元件
$(Sr, Ba)Nb_2O_6$ 或 $LiTaO_2$	光快门和光信息处理系统

1.3.3　稀土磁光陶瓷

在陶瓷中，稀土与氧等其他阴离子紧密键合在一起，这就限制了外层未饱和电子的数量及运动，而且陶瓷由晶粒构成的多晶本质也阻碍了各晶粒磁矩的协同作用，从而难以显现出优良的磁性或者磁效应。这也是稀土磁性材料一般是金属合金或者含氧酸盐单晶的来源。

目前利用稀土的金属性发展的永磁材料 RE-Co、RE-Fe-B、RE-Fe-N（RE 为稀土元素）系列属于金属合金，其性能超越了传统的铁氧体和过渡金属合金系列，是目前已知综合性能最高的永磁材料，广泛应用于微波通信、音像、电机仪表、自动化和磁医疗等领域。不过，这种具有磁性功能的材料是基于金属外层电子的非束缚运动，显然不适合于偏重于与氧等阴离子形成饱和化学键，外层缺少未成对电子，而且需要各晶粒协同关联的陶瓷材料。因此，与稀土相关，面向磁性功能的陶瓷材料主要是利用外部磁场的作用产生各种物理效应的材料，其中最典型的就是磁光材料。

在磁场作用下，物质的磁导率、介电常数、磁化方向和磁畴结构等发生变化，从而改变了入射光的传输特性，这种现象就称为磁光效应。已有的磁光效应包含了法拉第效应、科顿-普顿效应、磁二向色性、塞曼效应和克尔效应等。其中以法拉第效应最为常用。这种效应是指一束偏振光经过某物质后，偏振面会发生旋转的现象，相应的材料就称为磁旋光材料，简称磁光材料。这种材料可以用于制作法拉第旋光器、光隔离器、光非互易元件从而用于光纤通信、光学器件集成、逻辑运算、微波器件等场合；而且还能作为磁光存储器和磁光调制器用于计算机存储、磁光记录和磁光显示等领域，因此是现代工业和信息社会的关键功能性材料之一。

现有的稀土磁光材料主要是石榴石结构化合物，最为典型、应用最广泛的是铁基石榴石系列 $RE_3Fe_5O_{12}$（RE 为稀土元素），其代表材料是钇铁石榴石（$Y_3Fe_5O_{12}$，YIG）。德国和日本分别采用加速旋转坩埚技术和红外热浮区法生长大尺寸单晶，并成功进入了商业应用。但是 YIG 对 $1\mu m$ 以下的光具有较强的吸收，这就意味着不能用于可见光或更短波长的波段，因此，各类改性材料不断被探索出来，典型的有高掺 Bi 的材料和掺 Ce 的材料，前者虽然不能改善吸收，但是却可以提高旋光效率和居里温度，而掺 Ce 材料（Ce: YIG）可以降低光吸收，同时法拉第旋光效应也更大，据文献报道，在相同波长、相同掺杂数量下是 Bi: YIG 的 6 倍，因此成为当前最具发展前景的磁光材料之一。

另一类石榴石结构的稀土磁光材料是 Ga 基材料，以 $Gd_3Ga_5O_{12}$（GGG）为代表，新近的发展则是 $Tb_3Ga_5O_{12}$（TGG）。与 Fe 基材料由于 Fe 的变价性，基质在可见光区吸收严重，主要用于红外以及微波段不同，Ga^{3+} 外层电子全空，基质吸收为紫外短波段，因此这类磁光晶体可以用于可见光波段。但考虑到稀土元素自身的 4f 电子跃迁，TGG 就不能用于 $470 \sim 500nm$ 的绿光波段，这是因为其在此波段有严重的吸收。

需要指出的是，磁光陶瓷目前主要是提供生长单晶或者单晶薄膜的粉料以及溅射所用的靶材，商业化应用的依然是块体单晶或者单晶薄膜，这主要是因为磁光材料首先要求透光，这样才有光传输的磁场效应，其次要求具有足够高的磁光效率指标。然而常规陶瓷是不透明的，因此不能直接作为磁光材料。

随着透明陶瓷技术的发展，现在已有关于磁光透明陶瓷的研究报道，但是在透明性和磁光效率方面仍有待发展。但由于陶瓷相比于单晶，不仅成本低，而且容易制备形状不规则的块体，因此磁光透明陶瓷具有很好的发展前景。

此外，稀土磁致冷材料也使用了 GGG（$Gd_3Ga_5O_{12}$）、DAG（$Dy_3Al_5O_{12}$）、GAG（$Gd_3Al_5O_{12}$）、$Dy_2Ti_2O_7$ 等稀土基含氧酸盐，这类材料施加磁场后，磁矩按照磁场方向排列，磁熵降低，当撤去磁场后，材料从环境吸热，磁矩方向杂乱，磁熵增加，从而降低环境温度，达到制冷的目的。虽然这类材料对陶瓷的透光要求不高，但是却要求磁矩关联越强越好，而多晶中晶粒取向多，从而磁畴取向也多，变向较为困难，因此目前稀土磁致冷材料仍然是稀土金属 Gd 及其合金 GdSiGe 等以及过渡金属基的金属间化合物为主。显然，稀土磁致冷陶瓷的实用化除了需要考虑晶粒定向烧结的多晶陶瓷，还需要进一步开发新型的高磁－热转换效应的材料。

1.3.4 稀土陶瓷荧光粉

由于稀土元素 4f 电子属于内层轨道，在外层 s 和 p 轨道的屏蔽下，受外界环境的影响小，因此 f→f 跃迁光谱为尖锐的线状光谱，具有很高的色纯度，色彩鲜艳。同时，除了 La^{3+}、Lu^{3+} 的 4f 电子全空或全满以及没有 4f 电子的 Y^{3+} 和 Sc^{3+} 外，其余稀土元素的 4f 电子可以任意分布，产生丰富的电子能级，所发生的同一亚层和不同亚层之间的跃迁覆盖了从紫外到近红外区的波段，从而具有丰富多变的荧光颜色特性和寿命数值。因此，稀土元素在发光材料中应用广泛，其中一大类就是稀土基陶瓷荧光粉。

在荧光粉中稀土的作用主要是作为发光中心（激活剂），如常见的绿色长余辉材料 $SrAl_2O_4$:Eu、农用黑光灯的 YPO_4:Ce，Th，另外，稀土元素也可以直接作为基质组分使用，如红粉 Y_2O_2S:Eu、绿粉 $LaPO_4$:Ce，Tb 和蓝粉 $BaMg_2Al_{16}O_{27}$:Eu等。一般来说，由于稀土价格较高，因此采用稀土元素作为基质的荧光粉成本相对就高，这就使得将含稀土组分的基质改成其他非稀土元素，并且具有同样或者更好发光性能的研究成为稀土陶瓷荧光粉的一个主流发展方向。目前这一领域主要集中在一直由 Y 基氧化物或者硫氧化物唱主角的红色荧光粉方面，已经开发了一批硅酸盐、铝酸盐、锗酸盐、钛酸盐、钨酸盐等红色荧光粉。其中所报道的白钨矿结构的 $NaYW_2O_8$:Eu,Li 荧光粉的发光强度已经超过了商业红粉并申请了相关专利，如图 1-9 所示[20]。荧光粉的另一个发展方向就是克服光衰，如稀土三基色节能灯中，红粉 Y_2O_3:Eu、绿粉 $CeMgAl_{11}O_{19}$:Tb 和蓝粉 $BaMg_2Al_{16}O_{27}$:Eu 各自的光衰时间不同，从红到蓝依次增大，因此节能灯在使用 1000h 后色温会下降[13]，即蓝光等短波长光的亮度降低，因此需要发展新型高稳定性的发光材料或者直接实现单一发光中心宽带发光的材料。最后，理想荧光粉的发光量子效率是 100%，目前三基色稀土发光粉中，红粉 Y_2O_3:Eu 的量子效率已经接近 100%，而蓝粉和绿粉仅有 90%[13]，仍有提高的余地，因此发展新型高光效荧光粉也是一个重要的解决途径。

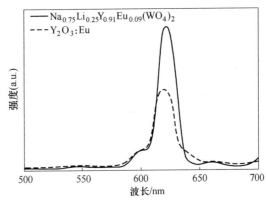

图 1-9　$NaYW_2O_8$:Eu,Li 荧光粉与商业红粉 Y_2O_3:Eu 的发光对比[20]

可以作为激活剂的稀土离子主要是三价的 Sm^{3+}、Eu^{3+}、Tb^{3+}、Dy^{3+} 以及二价的 Eu^{2+}，其中以 Eu^{3+} 和 Tb^{3+} 用得最多，而 Pr^{3+}、Ho^{3+}、Er^{3+}、Tm^{3+} 和 Yb^{3+} 主要作为上转换材料的激活剂或敏化剂。在实际使用中，也可以根据不同稀土离子能级的宽度进行共掺，如 Ce^{3+} 的 $4f{\rightarrow}5d$ 能级差较大，因此除了自身可以受激发光外，还可以将吸收的能量转移给其他稀土离子（敏化），如 Sm^{3+}、Eu^{3+}、Tb^{3+}、Dy^{3+}、Mn^{2+} 和 Cr^{3+} 等，从而获得这些离子的发射光。

稀土陶瓷荧光粉的种类非常广泛，按照激发方式不同可以分为光致发光（紫外、可见和红外光激发）、电致发光（直流电或交流电场激发）、阴极射线发光、高能射线（X 射线和 γ 射线等）辐照发光、光激励发光（光释光）、热激励发光（热释光）等。按照用途来分，主要包括照明、显示、检测和特种应用（艺术装饰、生物示踪、医学成像等）四类。关于这些材料的介绍已经有很多有关发光材料或者固体发光及其固体发光器件的优秀著作可以参考[21~23]，这里不再赘述。

1.3.5 稀土陶瓷釉

由于稀土具有未充满的 4f 电子，当受到不同波长的光照射时，这些电子不仅有选择地吸收和反射入射光，而且还可以发射出波长更长的光，因此稀土可以作为彩色釉用于陶瓷器皿的着色剂、助色剂、变色剂或光泽剂，从而得到五彩缤纷的陶瓷器皿。

另外，稀土离子电价高、半径大，容易受到极化，而极化强度越高，折射率越大，因此，陶瓷釉料中采用稀土元素，相对于普通的釉料，所得的产品颜色色泽更深，更为鲜艳。

更重要的是，稀土离子高温稳定，作为少数不多的高温彩色陶瓷釉，可以承受 1300℃的高温焙烧，满足高温制备陶瓷器皿的需求。

常用于陶瓷釉的稀土元素及其相应的用途主要有：

（1）La^{3+} 由于 4f 电子全空，因此无色，半径最大，所以极化系数也最高，折射率最好，常用于乳白色釉面光泽度的增强，或者与其他陶瓷颜料配合使用，达到宝石般晶莹夺目的效果。

（2）Ce^{4+} 常用作乳浊剂，遮盖瓷质中的杂色，从而提高白度，同时还可以减少釉面龟裂，效果要好于锡乳浊剂。

另外 La^{3+} 和 Ce^{4+} 可以用于金光釉的组成，促进 Li – Pb – Mn 所组成的金光釉的呈色和光反射，实现陶瓷器皿表面的仿金化，使得陶瓷器皿高雅华贵。

（3）Sm^{3+} 常用作助色剂，如 Fe、Cr、Co 和 Al 等组成的黑釉中添加了 Sm^{3+} 后，色泽更加纯正光亮，不再是原来的呈色不足的劣釉。

（4）Pr^{3+} 可以用于高温陶瓷，一般采用硅酸锆基的含镨釉料，可以得到淡黄色纯正鲜艳的效果，而且与其他颜料不起作用，因此可以混合配色，比如镨黄和钒锆可以合成镨绿，另外，根据釉料中所含 Pr_6O_{11} 的含量不同还可以改变色调的深浅，用于不同的陶瓷器皿。

（5）Nd^{3+} 可以用于高温变色釉（异光变彩釉），制得的陶瓷器皿在不同光源照射或者光线强弱变化时，釉面会呈现不同的颜色，这主要源于 Nd^{3+} 在可见光区的多带吸收和反射，如其吸收峰就包含了黄光、绿光和红光。另外，Nd^{3+} 还可以和 Pr、Sm 和 Yb 等多种离子组合来增强并且丰富变色效果。

1.3.6 稀土超导陶瓷

1911 年，荷兰物理学家翁奈斯（Onnes）发现水银（汞，Hg）温度降低到 4.2K 时[24,25]，水银便失去了电阻。这是国际上第一例超导现象，也是第一个超导材料。由于超导材料既具有零电阻的特性，又具有抗磁的能力，在诸如磁悬浮列车、无电阻损耗的输电线路、超导电机、超导探测器、超导天线、悬浮轴承、超导陀螺以及超导计算机等强电和弱电方面有广泛的应用前景，因此国际上迅速掀起了研究热潮，各国竞相开展提高超导温度的科研竞赛，以便能让超导材料工作在液氮温度（77K）以上，使得超导材料可以在价廉易得的液氮中甚至更高的室温中直接使用，将经济成本降到能被普遍接受的水平，从而促进超导产业的建立和发展。

刚开始的超导材料的研究受水银的启发，主要集中于金属及其合金领域，而且也确实取得了提高超导温度的成功，每年平均增长 0.27K，到 1973 年的铌锗合金（NdGe）为止，最高临界温度是 23.3K，随后再也没有任何进展。为了解释这一现象，巴丁、库柏和施里弗提出了以他们名字第一个字母冠名的 BCS 理论，利用成对电子（库柏对）的观点完美解释了已有金属及其合金的超导现象，但是也宣告了这类材料超导温度的极限是存在的，即麦克米兰极限（39K），谈不上任何实用。因此后来的十几年内不但超导材料的研究进入了冷清阶段，而且基于早期超导材料的组分，具有非成对电子的基质元素不会具有超导性的观念也深入人心，其中稀土和铁就属于此列。

这种传统观念随着 1986 年美国国际商用机器公司下属的瑞士苏黎世研究所的 Bednorz 和 Müller 在稀土陶瓷中发现了超导材料而被一下打破，同时被打破的还有"氧化物陶瓷是绝缘体"的观念。这种以稀土元素作为基质组分，分子式为 $Ba_2RECu_3O_{7-x}$ 的化合物（RE 为稀土）不但最低超导温度已经超过以往的记录（30~35K），而且首次获得了超过 90K 的 Y 系列超导陶瓷材料（目前最好实验室成果是 138K）。$Ba_2YCu_3O_{7-x}$ 及其相关的各类离子取代产物已经成为现代超导材料商业应用的主体，也是超导机制研究的主要对象。

稀土超导陶瓷与 1.3.7 节中的稀土离子导电陶瓷都属于稀土导电陶瓷，前者的导电机制至今仍存在争论，还没有如同金属及其合金体系的 BCS 理论一样公认的某种理论来指导新型超导材料的设计。但是，已有研究公认的观点就是空位缺陷（缺少氧离子，属于非化学计量比化合物）引起的超周期性结构（即化学计量比的晶胞要扩展为原来的整数倍才能将空位缺陷容纳进去并且获得一个完整的周期排列，当然，这个新晶胞体积是原来晶胞的整数倍，称为超晶胞）是造成超导的结构因素，参考 BCS 理论中有关电子耦合交换的观点，可以进一步认为超导现象的出现也是来自于这种超结构中电子存在的强关联作用，由于超导涉及的是外层束缚不紧密的电子，因此，这种强关联作用主要和稀土的4f电子有关，针对这个方向，目前量化计算的一个热门就是构建各种强关联作用模型来模拟电子的分布，从而获得完善的解释稀土基超导陶瓷的理论。

如果说稀土作为基质组分打破了 BCS 理论中关于基质元素不能具有磁性的观点，那么 2008 年日本东京工业大学细野等人发现的铁基超导材料（LaFeAsO，26K）又进一步引入了另一个磁性元素——Fe，该化合物的基质元素同时包含了 La，本质上也属于稀土基超导陶瓷的一个分支[26]。当前最高的超导温度记录是中国科学院物理研究所提出的氟掺杂钐氧铁砷化合物，可以达到 55K（-218.15℃）[26]。目前铁基超导陶瓷结束了过去 20 多年铜基高温超导材料一统高温超导材料江山的局面，成为当前超导材料研究的前沿之一，所提出的相关理论也是基于空位缺陷对结构的调整，同时还考虑了稀土元素和 Fe 的磁性。已有的研究主要是两个重要发现：一是铁和其他元素（如 As、Se）形成铁基平面后，已不再具有铁磁性；二是超导性发生在铁基平面上，属于二维的超导材料，与高温超导的铜氧平面类似，因此虽然目前铁基超导体的临界温度还没有突破77K，但是其研究不但有助于了解高温超导的机制，更重要的是有可能发现更高超导温度的潜在材料体系。

我国在高温超导材料的研究方面和国际几乎同时起步，当前研究成果也达到了国际先进水平。另外，我国已经成立了国家超导研究中心来统一管理协调全国各个有关超导研究的团队，同时也建立了超导国家实验室，组织过多次国际高温超导会议，因此，我国的高温超导研究不但在国际上占有一席之地，而且处于国际研究的前沿，这也为充分利用我国的稀土资源提供了一个高技术产业的切入点。

另外，针对铜基和铁基超导体的发现，有理由相信基于其他稀土基超结构化合物的探索，将有可能找到新型的，具有更高超导温度的材料，从而为稀土超导陶瓷添加新的重要成员。

1.3.7　稀土掺杂半导体功能陶瓷

如前所述，稀土在材料中的应用除了上述基于4f电子的光学和磁学性质直接作为基质组分或者功能中心进行使用外，还可以利用稀土元素的化学活泼性和大离子半径等化学性质调整材料的微观结构，从而改善材料的性能，其中稀土掺杂半导体功能陶瓷就是一个主要种类。这类材料的特点是利用稀土掺杂来控制材料的能带分布，从而改造材料的各种物理效应。常见的半导体功能陶瓷有电学、热电和敏感陶瓷三类，其中电学可以进一步细分为压电、介电和离子导电等，而敏感陶瓷则根据外界的刺激源头进一步细分为气敏、热敏、压敏、声敏和湿敏陶瓷等。下面分别做简单介绍。

　　压电陶瓷方面的稀土掺杂主要用于控制物相、调整晶界和相界，如钛酸铅（PbTiO₃）制备冷却过程中会发生立方—四方相变而出现显微裂纹，加入稀土后可以通过钉扎晶界而抑制相变，获得致密度为99%的陶瓷烧结块，同时也改善了显微组织结构，减小了介电常数和径向机电耦合系数，高频谐振峰也变得更为单纯，有助于制备高灵敏度、高分辨率的超声换能器。同样，碱土金属钛酸盐介电陶瓷添加稀土能显著改善其介电性能，如在 BaTiO₃ 陶瓷中添加 La 和 Nd 稀土化合物可以实现产品的介电常数在宽的温度范围内保持稳定，同时显著提高器件的使用寿命。而利用 La₂O₃ 对热稳定电容器钛酸镁陶瓷进行改性，可以在保持原有的介电损耗和温度系数小的优势下进一步提高介电常数。

　　顾名思义，稀土离子导电陶瓷特指具有导电特性的，而且传输电流的载流子属于离子的一类功能陶瓷。这种陶瓷又称为快离子导体[17]。

　　稀土离子导电陶瓷的微观晶体结构包括两套晶格：骨架离子构成的主晶格和迁移离子构成的亚晶格。迁移离子亚晶格中，缺陷浓度高达 $10^{22}\,cm^{-2}$，从而增加了迁移离子占据的格位数目，即迁移离子的位置总数超过了迁移离子的自有个数，从而有利于离子迁移导电。

　　目前常见的稀土离子导电陶瓷的主晶格或者基质主要有氧化锆（ZrO₂）、氧化铝（β-Al₂O₃）和氧化铈（CeO₂），稀土元素作为掺杂组分，通过与基质离子价态的差异以及对基质离子结构的改动来引入各种缺陷，从而实现离子迁移导电的功能。这里简单介绍一下 Y 掺杂的 ZrO₂ 的导电机制。

　　作为最早被发现的，同时也是目前固体氧化物燃料电池普遍采用的快离子导体，Y 掺杂 ZrO₂（YSZ）陶瓷具有稳定的物理与化学性能，可以承受电池中的氧化和还原环境的破坏作用。由于 Zr^{4+} 的扩散系数太小，因此，ZrO₂ 的离子电导主要来自 O^{2-} 的贡献，属于氧空位导电机制。但是纯的 ZrO₂ 中缺陷浓度很低，导电能力太弱，在引入 Y^{3+} 后，由于 Y^{3+} 与 Zr^{4+} 的电价不一样，因此需要产生大量的氧空位来维持材料的电中性，从而便于 O^{2-} 通过氧空位迁移而导电。

　　热电材料是电流引起的可逆热效应和温差引起的电效应的总称，通俗地讲就是在材料两端分别设置不同的温度，那么这种材料就会产生一个电势场，能给电路中的负载供电，从而实现了热能和电能的转换。热电材料在工业废热的回收利用方面具有诱人的前景，目前已经成功建立了废热发电示范工程。常见的热电材料是方钴矿结构的化合物 CoSb₃、CoAs₃ 及其固溶产物等，稀土主要作为填充剂用来调整材料内部的声子散射，从而显著降低声子的热导率，提高热电转化的效率[17]。

　　巨磁阻材料是指某种材料在施加磁场后其电阻率的变化要高于传统磁阻材料的10%[13]以上。这种材料主要是钙钛矿结构的化合物，如碱土基锰氧化物，研究表明，掺杂稀土后（如 La 和 Sc），这些材料的磁阻效应进一步增强，有利于在磁场敏感元件方面的应用。

稀土敏感陶瓷是一种在环境热、湿、气等的激发下会产生导电载流子的一类半导体材料，稀土离子作为掺杂的微量杂质可以增强对外界刺激的响应能力。如 La_2O_3 掺杂后，ZnO 压敏陶瓷的压敏电压显著提高；在 SnO_2 中掺加 CeO_2 可以提高对乙醇的敏感度；而湿敏陶瓷也是广泛掺杂的稀土氧化物，如 $SrO - La_2O_3 - SnO_2$ 系列、$La_2O_3 - TiO_2$ 系列和 $La_2O_3 - TiO_2 - V_2O_5$ 系列等。

1.3.8　稀土增强结构陶瓷

稀土增强结构陶瓷中稀土离子的作用与掺杂改性半导体功能陶瓷类似，主要在物相转变、晶界相形成、固溶掺杂和晶粒成长控制等方面发挥作用，从而改善结构陶瓷的各种力学参数。由于这类陶瓷主要是稀土掺杂的 Si_3N_4、SiC、ZrO_2 等耐高温的工程陶瓷，因此也称为稀土高温结构陶瓷。典型的例子有 Si_3N_4 掺杂稀土 La 或 Y 后，由于稀土的助溶和改善晶界的作用，提高了产品的烧结致密度，工作温度最高可达 1650℃，广泛应用于高温燃气轮机、陶瓷发动机和高温轴承等领域。而稀土 Y_2O_3 或者 CeO_2 掺杂的 ZrO_2 则抑制了高温下的晶型转变及体积膨胀而造成的陶瓷破裂，而且还具有增韧的作用，从而使得掺杂 ZrO_2 陶瓷可以作为刀片、模具、陶瓷轴承等耐磨材料。进一步详细的介绍可以参考郭景坤等人撰写的著作[27]。

1.4　稀土经济及发光透明陶瓷的地位

稀土经济所涉及的产品主要有矿产和材料两大类。因此，相应的问题及热点也是围绕这两个主题。以我国为例，在矿产方面，冶炼分离产能严重过剩，向国外出口以粗矿或者粗金属料锭为主，然后再进口高纯氧化物和金属，因此长期以来，稀土一直以低廉的价格供应国际市场，既浪费了我国的储量，也没有带来应有的回报，而且还存在各地胡乱开采所造成的环境破坏以及私自与境外商家直接交易矿山的损失。我国在稀土新材料开发和终端应用技术方面与国际存在很大的差距，以灯用荧光粉为例，国外要求节能灯的使用寿命在 10000h 以上，3000h 的光衰不超过 8%，并且有高的显色指数；而我国的节能灯由于荧光粉质量问题，不但显色指数较低，而且即使好的 100h 光衰也在 15%~18%，使用寿命不到 2000h。因此，在稀土材料方面，我国不但缺乏拥有知识产权的新型稀土材料，而且也缺乏成熟的生产工艺以及器件制造，只能提供各种永磁粉料或块体以及荧光粉等低端的产品，产能严重过剩。

中国稀土经济问题的另一个典型就是永磁体产业。目前美国、欧洲乃至日本已经缩减甚至取消了永磁体生产，并且将生产线转移到中国，因此，表面上，我国成了全球最大的稀土永磁生产基地，近三百家烧结稀土永磁厂家提供了世界

70%以上的产能,但是我国的工艺制度不成熟,工艺控制受人为和环境影响大。而且与日本和德国相比,在产品一致性和单位产量能耗等方面差距很大,成本比日本高出60%[13]。更严重的是商业化的永磁材料发明权掌握在日本和美国为首的国家中,有市场价值的新材料也都是国外专利,如双相纳米耦合材料的原创国是荷兰,钐铁氮则是日本和爱尔兰。专利就意味着市场,我国生产的稀土永磁材料的市场有90%在国外,这就需要购买稀土永磁材料的专利费,才能在相关材料专利覆盖的国外市场中销售,也就意味着我国产品的附加值很低,或者利润率很低,出口产品的价值由于专利费的外缴损失是成亿美元计算的[13]。总之,在稀土永磁材料产业繁华的背后,是我国自有新型材料知识产权的缺乏和高端产品市场的大片空白,竞争只能靠低价来取得优势,想要真正实现稀土经济,就必须在新型材料研发和高端产品工艺探索方面自力更生,取得与国际同步甚至有所超越的成绩。

目前稀土经济的热点在于提高矿产的有效利用以及高档次稀土材料的应用,正如我国在发展稀土产业的白皮书中所说的,国家鼓励稀土领域的技术创新,并且在《国家中长期科学和技术发展规划纲要(2006~2020年)》中将稀土技术列为重点支持方向,除了要求积极开发环境友好、先进适用的稀土开采技术,实现稀土高效清洁冶炼分离外,在新材料方面强调必须调整稀土加工产品结构,压缩稀土在低端领域的过度消费,顺应国际稀土科技和产业发展趋势,鼓励发展高技术含量、高附加值的稀土应用产业,重点放在发展高性能稀土磁性材料、发光材料、储氢材料、催化材料等稀土新材料和器件方面,从而推动稀土材料在信息、新能源、节能、环保、医疗等领域的应用[14]。

在现有的各种稀土陶瓷材料中,发光透明陶瓷产业是"顺应国际稀土科技和产业发展趋势,具有高技术含量、高附加值的稀土应用产业",这是因为:

(1)稀土在发光透明陶瓷中是基质组分和掺杂组分。如 Y_2O_3 中,Y的质量达到78.7%,而 $Y_3Al_5O_{12}$ 中,Y的质量也有45%左右,因此,发光透明陶瓷是稀土消费的大户,也是稀土相关产品担任主要角色的材料,不像稀土掺杂作为发光中心的荧光粉或者稀土掺杂作为改性材料的半导体功能陶瓷等,1000g产品所含稀土可能不到1g,而且产品的质量除了与稀土产品有关,更受限于基质的生产和质量,上述关于我国在节能灯用荧光粉的差距就是一个明证。相反地,我国目前以中科院上海硅酸盐所为首的研究单位在发光透明陶瓷研发方面已经与国际同步,而且展开了产业化探索,有能力与国外展开竞争。因此,在我国提高稀土冶炼和分离水平的基础上,直接将高纯稀土原料用于发光透明陶瓷要比用于生产荧光粉等来得经济有效,受限制也小。

(2)重稀土元素在世界其他国家储量很少甚至没有,而我国储量也不多,而且不可再生。目前,以 NdFeB 为主的永磁材料一方面在大量消耗 Tb、Dy 重稀土，另一方面轻稀土矿中除了 Nd、Sm 和 Pr 被大量采用，数万吨的 La、Ce 和 Y 的氧化物矿石未得到开发利用而被积压。因此，今后国内稀土产业的一个发展方向就是挖掘这些轻稀土元素的应用领域，由于发光透明陶瓷以 Y 基材料为主，而且 Y 是基质组分，因此大力发展发光透明陶瓷将是提高轻稀土矿利用率的主要途径。

（3）发光透明陶瓷既是当前国内外瞩目的先进材料，也是今后高新材料的发展方向之一。这是因为三大类发光透明陶瓷分别对应了激光、闪烁和白光 LED 材料，而这三者是现代化社会乃至 21 世纪的材料及其应用的基石。这是因为：

1）激光广泛应用于工业、农业、医疗和国防，是一个国家现代化程度的标志，当前及今后的发展方向是大功率固体激光器，基本要求就是发光中心必须高浓度掺杂，这不是容易分凝而只能低浓度掺杂的单晶可以胜任的。但激光透明陶瓷可以满足这个要求，代表着今后激光材料的发展方向，更是国防激光武器和核聚变研究所需的关键材料。

2）闪烁体是可以将高能射线，如 X 射线和 γ 射线转化为可见光的材料，常见的机场、火车站、大型体育场馆和海关进出口大厅等重要公共场所布置的安检设备中探测头的主要部件就是闪烁体。当安检设备发出的 X 射线或中子等高能射线透过物品时会产生不同的吸收，利用闪烁材料转化为强度不同的可见光，经过光电转换后在电脑上就显现物品的黑白像（也可以是经过处理的伪彩色像），从而起到鉴别物品的安全反恐目的。另外，现代医疗设备中用于探测人体内肿瘤、骨组织、脑组织等病变的 CT（计算机层析成像）或者 PET（正电子发射层析成像）设备也是采用闪烁体对高能射线成像，因此，闪烁体与现代医学及生物学攻克肿瘤等恶疾以及深入研究生命活动规律密切相关。相对于单晶，闪烁透明陶瓷除了具有掺杂发光中心浓度大的优点，还容易制备各种形状的块体，容易大尺寸化并且生长周期短，因此有望取代单晶材料。

3）至于白光 LED，作为 21 世纪的绿色照明光源，已经被世界各国列入了国家发展战略规划中，如美国的固态照明技术研究计划（SSL）、日本的"21 世纪光计划"以及我国的"国家半导体照明工程"。因此 LED 产业是当前及今后的高科技产业之一，发展面向白光 LED 使用的透明发光陶瓷既能成为 LED 产业的重要组成，又能满足国家照明战略规划的需要。

（4）发光透明陶瓷产业具有群聚和带动其他产业一同发展的作用。一块发光透明陶瓷的合成需要各种稀土氧化物等原材料，需要各类高温炉等设备，而从合成设备上取下后，随后要经过材料处理（退火、切割、研磨、抛光）、块体包装、阵列封装、器件集成、设备装配等阶段，才能最终发挥材料的功能服务于社会。因此，除了发光透明陶瓷的研发与生产外，还可以催生各种诸如冶炼、分离、工程机械、加工、封装、设计与集成、销售、培训等产业，即围绕着发光透明陶瓷产业中心，还可以新增或者带动相关产业的发展，从而更有利于旧有经济的改造和促进。

　　总之，稀土基发光透明陶瓷产业是当前及今后高新稀土材料产业的关键内容，也是今后新型稀土陶瓷材料发展的主流方向。研发并且产业化稀土基发光透明陶瓷，赶超国际先进水平，除了能满足我国各种战略规划的需要，尤其是国家安全、医疗卫生和照明工程的需要，还能确保今后我国的稀土经济健康、高质量发展，脱离以往以原材料为主的低级水平。

参 考 文 献

[1] Hawk3639. 多晶 Au 衍射标定 [EB/OL]. [2016 – 03 – 30]. http：//bbs. instrument. com. cn/shtml/20090629/1978439/.

[2] 华南师范大学实验中心. 第一节电子衍射的原理 [EB/OL]. [2016 – 03 – 30]. http：//syzx. scnu. edu. cn/temdoc/eels. htm.

[3] Luofulian. 如何判断此选区电子衍射图是多晶还是无定形的？ [EB/OL]. [2016 – 03 – 30]. http：//emuch. net/html/201405/7451260. html.

[4] 董琦. 中国瓷器的起源 [J]. 南方文物，2001（01）：65 ~ 69.

[5] 西风. 西风的相册——古陶器 [EB/OL]. [2016 – 03 – 30]. http：//www. douban. com/photos/photo/901907431/.

[6] 叶慧敏. 唐三彩拍卖市场价格 [EB/OL]. [2016 – 03 – 30]. http：//guwan. huangye88. com/xinxi/14389935. html.

[7] ROSE2012_04. 唐三彩骆驼图片 [EB/OL]. [2016 – 03 – 30]. http：//sucai. redocn. com/tupian/833313. html.

[8] 百度百科. 东汉青瓷双系壶 [EB/OL]. [2016 – 03 – 30]. http：//baike. baidu. com/link？url = 2xGaC8ilL5xYj6ilgOD23UzBkZwc2Of01waTaSQ5sOnby4teuYpQ1raUUHYFI2o9ZF – tSyjfiOkY – 7DFmZSm6q.

[9] 张总. 元青花鬼谷子下山 [EB/OL]. [2016 – 03 – 30]. http：//lipin. huangye88. com/xinxi/6436533. html.

[10] Kingery W D，Bowen H K，Uhlmann D R. 陶瓷导论 [M]. 清华大学新型陶瓷与精细工艺国家重点实验室，译. 第二版. 北京：高等教育出版社，2011.

[11] 维基百科. 陶瓷工程 [EB/OL]. [2016 – 03 – 30]. http：//zh. wikipedia. org/wiki/% E9% 99% B6% E7% 93% B7% E5% B7% A5% E7% A8% 8B.

[12] 郝素娥，张巨生. 稀土改性导电陶瓷材料 [M]. 北京：国防工业出版社，2009.

[13] 国家发展和改革委员会高技术产业司，中国材料研究学会. 中国新材料产业发展报告2007：新材料与资源能源和环境协调发展 [M]. 北京：化学工业出版社，2008.

[14] 中华人民共和国国务院新闻办公室. 《中国的稀土状况与政策》白皮书 [M]. 北京：人民出版社，2012.

［15］陈昊鸿．稀土和过渡金属基功能化合物的合成，结构及性质探索［D］．厦门：厦门大学，2003．

［16］黄春辉．稀土配位化学［M］．北京：科学出版社，1997．

［17］刘光华．稀土材料学［M］．北京：化学工业出版社，2007．

［18］施剑林，冯涛．无机光学透明材料：透明陶瓷［M］．上海：上海科学普及出版社，2008．

［19］潘裕柏，李江，姜本学．先进光功能透明陶瓷［M］．北京：科学出版社，2013．

［20］李梦娜．白光 LED 用钨/钼酸盐基荧光粉的制备及发光性能［D］．上海：上海大学，2013．

［21］史光国．半导体发光二极管及固体照明［M］．北京：科学出版社，2007．

［22］徐叙瑢，苏勉曾．发光学与发光材料［M］．北京：化学工业出版社，2004．

［23］徐家跃，杜海燕，胡文祥．固体发光材料［M］．北京：化学工业出版社，2003．

［24］黄良钊．稀土超导陶瓷［J］．稀土，1999（02）：78～80．

［25］李春鸿．稀土超导陶瓷材料研究情况介绍［J］．稀土，1988（05）：66～68．

［26］方磊，闻海虎．铁基高温超导体的研究进展及展望［J］．科学通报，2008（19）：2265～2273．

［27］郭景坤，寇华敏，李江．高温结构陶瓷研究浅论［M］．北京：科学出版社，2011．

2 稀土发光

2.1 发光基础

2.1.1 引言

"当某种物质受到诸如光的照射、外加电场或电子束轰击等的激发后，只要该物质不会因此而发生化学变化，它总要回复到原来的平衡状态。在这个过程中，一部分多余的能量会通过光或热的形式释放出来。如果这部分能量是以可见光或近可见光的电磁波形式发射出来的，就称这种现象为发光。"[1]发光材料本质上属于一种能量转换手段，即能够将外来能量转换成符合人类需要的光辐射的材料，外来能量（或载体）称为激发源。按照施加于发光材料上能量的形式，发光现象可以分为光致发光、电致发光、阴极射线发光、X射线及高能粒子发光、化学发光和生物发光等。

发光材料的种类除了基于上述的激发能量种类可以分为光致发光材料、电致发光材料、阴极射线发光材料、X射线及高能粒子发光材料、化学发光材料和生物发光材料等；也可以按照材料的用途进行划分，包括灯用荧光粉、阴极射线荧光粉、X射线荧光粉、高能射线闪烁体、长余辉发光材料、上转换发光材料、电致发光材料、稀土固体激光材料、光导纤维放大器材料等种类。

发光材料与人类社会文明的发展休戚相关。人类赖以生存的太阳就是一种自辐射的发光"材料"。太阳利用核聚变产生的大量热能转化为覆盖各种波长的宽带发射光谱，与人类生产和生活密切相关的就是其中的可见光波段，即所谓的白光，这也是现有的天然的白光照明的源泉。人工白光照明的实现有赖于发光材料的发展，20世纪30~40年代荧光灯的出现是实现这一梦想的突破。它使用的发光材料就是在紫外线激发下，能给出最大辐射值位于480nm附近宽带发光的掺锰硅酸盐 $(Zn，Be)_2SiO_4:Mn^{2+}$ 和钨酸盐 $MgWO_4$ 的混合物[2]。伴随着新型发光材料的出现和推广，人工白光照明从偏黄的白炽灯过渡到偏蓝的荧光灯，现在则进入了稀土三基色节能灯时代。而基于半导体芯片的发光二极管（light emitting diode，LED）则是今后照明载体的主角，在高光效和低成本方面正不断取得突破。

除了照明，发光材料在其他人类生产和生活领域也显示了重要的应用价值，如在光通信领域，掺稀土光纤放大器由于在光通信使用的红外波段具有宽带发光，能够利用泵浦光激发，发射出包括信号光所用波段在内的宽带辐射，从而使信号光得到增益。这种放大方式是直接光放大，无须转换成电信号，因此不但转换效率有所提高，而且设备简单，降低了成本[3]。正是由于掺铒、掺镨这些光纤放大器的出现，高速、长距离和宽带光通信的民用化才获得了长足的进步，从而推动了信息社会的发展[4]。另外，在安全反恐方面，基于闪烁体的探测器系统是有效实现预防或者提前制止恐怖行动发生的关键手段。2008 年北京奥运会期间，北京市 5 条地铁运营线路共 93 座车站设立的 180 个安检点就使用了 400 台以上的 X 射线安检设备，同时在医疗卫生领域，医疗 CT 诊断仪也已经成为中级以上医院的必备仪器。这些设备用于探测高能粒子的闪烁材料 NaI 和 $Bi_4Ge_3O_{12}$（BGO）等强度大，与光电管匹配性好的 X 射线激发闪烁发光材料[5]。

总之，发光材料在照明、显示、通信、医学成像、石油探测、工业探伤、信号标志、艺术装饰等都具有应用价值，是维持与发展人类社会文明的材料基石之一。

2.1.2 能级跃迁

发光作为一种能量转换现象，至少需要具备入射源、转换介质和出射光三种要素，其中入射源提供了需要被转换的能量，而转换介质提供了能量转换的场所，一般由基质和基质中与发光相关的结构组成，出射光则是转换后的能量，其所能达到的最大值就是入射源提供的总能量，相当于发光效率（出射光总能量与入射光总能量的比值）达到了 100%。与发光有关的结构如果体现为体积有限的离子、离子对、离子簇或者团簇等，可以称为发光中心，如稀土离子就是常见的发光中心。但是如果不能确认具体的位置和体积范围，只能以整体材料来描述，如常见的缺陷发光，就只能利用带有全局性的发光单元来描述，如激子发光、给体–受体发光，这就是所谓的能带机制（能带工程）。另外，传统有关发光的叙述还有激活剂和敏化剂的概念，其共同点都在于外层轨道电子可以接受外来能量，发生能级跃迁进入激发态，不同就在于前者当电子跃迁回基态后产生出射光，而后者则是交出能量，转移给激活剂或者转化为晶格振动的热能等。

发光的机制本质上都是基于电子的能级跃迁，即电子由谐振态（如第一激发态最低振动能级）向基态跃迁的辐射（称为共振辐射）。另外，由于无辐射跃迁的存在，发射波波长一般高于激发波波长——这就是 1852 年斯托克斯（Stokes）提出的"斯托克斯发光"——短波长光波可激发出长波长光波。其具体的体现就是由于能量损耗的存在，发光材料的发射光谱与吸收光谱或激发光谱的峰值位置会存在因无辐射跃迁等引起的位移。但是，当处于激发态的电子能从周围环境通过能量传递等吸收过多的能量而跃迁到更高的能级，当返回基态时就可以辐射出波长短于激发光的荧光，这称为反斯托克斯发光。

由于提供能级的物质主体可以多种多样，如离子、原子、分子、离子对、团簇，甚至是材料整体（能带），因此发光机制的解释一般分为三个步骤：明确能级的供体，确定能级分布和确定能级跃迁类型。其中第一步是关键，如以稀土离子掺杂的发光材料，通常稀土离子就是提供能级的供体，发光是基于稀土能级的跃迁，随后就要根据稀土离子周围的晶格环境确定稀土离子各个能级的能量，得到一张能级分布图，最后就是根据实验测试的发射光和激发光的能量，对比能级图，给出实际发生跃迁的能级名称。

有关能级跃迁的一个重要概念就是电子组态。电子组态是发光材料中表征电子所处能级的手段，其符号表达就是光谱支项$^{2S+1}L_J$（如果省略了右下标J，则称为光谱项，它表示一组同态能级，如Eu^{3+}的基态能级可以表示成光谱项为^7F）。光谱支项各个参数可以根据电子所处原子轨道的角量子数和自旋量子数计算得到，其中总自旋量子数（总自旋角动量）$S = \sum m_s$；总轨道量子数（总磁量子数、总轨道角动量）$L = \sum m_l$；内量子数J（轨道和自旋角动量耦合）取值为$|L-S|$和$(L+S)$及其之间间隔为1的整数值，至于能量由低到高，是从$|L-S|$到$(L+S)$还是反过来从$(L+S)$到$|L-S|$，这要根据具体的元素而定（取决于耦合效应），如当稀土离子处于基态且$4f < 7(La \sim Eu)$，$J = |L-S|$；当离子处于基态且$4f \geq 7(Gd \sim Lu)$，$J = L+S$。对于光谱支项来说，S和L一般不变（即属于同一光谱项），而内量子数可以变化，不过有的文献上也将对应能量最低的那个内量子数称为总内量子数或总角动量量子数。

传统的符号表示中，S和J直接用数字，但是L则沿用了字母符号，具体数字与字母符号的对照见表2-1。

表2-1 总轨道量子数L的数字与字母符号对照

L	0	1	2	3	4	5	6
符号	S	P	D	F	G	H	I

下面以钬离子（Ho^{3+}）基态光谱支项的计算作为例子介绍各种量子数的求值。

三价钬离子中，$4f$电子亚层有 10 个电子，基态属于能量最低状态，根据Hund规则，电子尽量成对分布，未成对电子自旋同向。又根据Pauli不相容原理，成对电子自旋必定相反，总自旋为零，因此基态时电子按照3对电子+4个孤电子的形式填充$4f$电子亚层的7个轨道，总轨道量子数$L=6$。查表2-1，$L=6$对应英文字母"I"，而总自旋量子数$S = (1/2) \times 4 = 2$，从而得到$2S+1 = 5$，$J = L+S = 6+2 = 8$，因此Ho^{3+}的基态光谱项用$^5I_8$表示，相应的光谱项为^5I。

常见的发光中心电子能级跃迁主要有过渡金属离子的d电子跃迁，主族元素的$s \to p$电子跃迁和稀土离子的$4f$电子跃迁，其中，除了稀土离子的$4f \to 4f$电子跃迁能提供窄带发射光，其他跃迁类型，包括稀土离子的$4f$电子往外层d轨道的跃迁，都属于宽带跃迁。由于本章 2.2 ~ 2.4 节将对稀土离子的发光进行详细介绍，为了让读者更好地理解另两种类型元素的跃迁特色，从而与稀土离子做对比，这里只做简单介绍，更详细的描述可以参考相关学术著作[1,2,6]。

（1）过渡金属离子d电子跃迁。由于d电子数目的不同，过渡金属离子存在多种价态，仅当外层电子不处于全满、全空或者半满状态时才可能成为分立发光中心。虽然 $d \rightarrow d$ 跃迁是宇称禁阻的，但是晶体场的微扰作用能实现部分解禁，因此仍可以观察到。

处于外层的 d 轨道受到周围配位原子、基团或缺陷的影响，能级简并被破坏而分裂，这是过渡金属离子宽带发光的根源。与稀土离子一样，过渡金属离子与周围配位原子的成键性质对激发光谱和发射光谱的重心位置起主要作用，共价越强，吸收中心和发射中心红移越大。而过渡金属离子周围形成的势场（晶体场）则影响到 d 能级的劈裂程度。

作为发光中心的过渡金属离子以 Mn^{2+} 最为常见，广泛用于商业化蓝绿荧光粉中，近年来，在单一发光基质中与发红光的 Eu^{3+} 一起，是开发多发光中心白光材料的首选之一[4,7]。其他常用的过渡金属离子还有 Mn^{4+}、Ti^{3+} 和 Cr^{3+}；而 Fe^{3+}、Co^{2+} 和 Ni^{2+} 由于能级丰富，能级间隔窄，在发光材料中起猝灭作用。

d 电子全空的过渡金属离子组成的化合物也可以发光，这是由配体原子的电子向空 d 轨道跃迁（电荷转移跃迁）产生的，发光中心是离子基团，属于复合离子发光中心，如 WO_4^{2-}、VO_4^{3-} 和 TaO_4^{3-}。这类发光受晶格影响更大，宽度一般高于 100nm，激发谱和发射谱的斯托克斯位移较大，发光热猝灭明显。

在已有发光材料中，过渡金属离子发光偏向于作为分立发光中心，即电子在单一离子内部跃迁，另外，由于 d 电子的暴露以及氧化-还原容易发生，发光材料容易出现劣化。

（2）主族元素 $s \rightarrow p$ 电子跃迁。主族元素 $s \rightarrow p$ 电子跃迁常见于第五周期和第六周期基态电子构型为 $(n-1)d^{10}ns^2$ 的离子，如 Sn^{2+}、Pb^{2+}、Sb^{3+}、Bi^{3+} 和 Tl^+ 等。跃迁激发态电子构型为 $(n-1)d^{10}ns^1np^1$。从跃迁选律看，宇称是允许的，但是除了 $^1P_1$ 外，对于 $^3P_J(J=0, 1, 2)$ 存在自旋跃迁禁阻的问题。与 f、d 电子跃迁一样，这种禁阻在晶格中被部分解禁，因此部分被允许。

同样，裸露在外的 p 电子亚层受晶格影响很大，而且，未满轨道也可以接收配体电子形成电荷转移吸收带。因此，主族元素的 $s \rightarrow p$ 电子跃迁也是宽带发光的重要来源。发光中心是孤立离子还是基团则需要考虑价态和晶体场共价性的大小。一般离子性较强的化合物，发光离子偏向于孤立存在，而 $nsnp$ 全空的离子则复合性增强。后者的典型例子就是含氧酸盐自激活发光材料，发光源于配体全充满轨道向中心离子空轨道的 $s \rightarrow p$ 电子跃迁。如 $ZnGa_2O_4$ 的吸收和发光就是基于 O 原子的 $2p$ 电子向金属原子（Ga 和 Zn）的空 $4s$ 轨道跃迁。这种跃迁与晶格结构的关系相对于孤立的发光中心离子更为密切。以 $ZnGa_2O_4$ 为例，这种面心立方正尖晶石结构仅占用了一半八面体间隙。因此，可以在剩余的空隙中继续填充 Zn 和 Ga 离子形成非化学计量比化合物。研究表明，这种缺陷结构是稳定的，会引起宽带发光的蓝移和红移以及热释发光带的增加。另外，尖晶石体系中不同半径的金属离子取代时还会出现反位置换，即在八面体空隙和四面体空隙中反向占位，表观上体现为反尖晶石结构（本应占据八面体空隙的原子分成两半，一半与原四面体空隙的阳离子对换）、缺位尖晶石结构（同种阳离子分别占据两种空隙，结构畸变严重，如 $\gamma - Al_2O_3$）和混合尖晶石结构（基于离子半径的优势，不同价态的同种阳离子或者不同种阳离子混占两种空隙）。这种反位置换同样会产生宽带发光及主发射峰频移的结果。

2.1.3　光谱

与发光材料有关的光谱表征的是光强度随能量或时间的变化，前者一般是稳态光谱或者常规光谱，而后者则属于瞬态光谱或者动力学光谱。除了自变量存在着能量与时间的选择外，光强函数的类型也可以改变光谱的性质，如以能量作为横坐标轴的时候，常规光谱就有激发光谱、发射光谱、吸收光谱、漫散射谱等。

发射光谱和激发光谱是表征发光材料的最主要手段。发射光谱是在某一特定波长激发下，发光材料所发射光波的强度分布。而激发光谱则是以某一波长的发射光作为监测光，记录发光材料在不同波长光的激发下，该发射光的强度与这些激发光波长的关系[2]。

如果以发射光谱的谱峰宽度来划分，发光材料包括两大类：窄带谱发光材料和宽带谱发光材料。宽带发光材料波长覆盖范围由几十纳米到几百纳米。当然，窄带和宽带之间的界限没有公认的标准数值，如有的学者将半高宽为 50nm 的也归于窄带[6]。稀土 4f 发光峰是公认的窄带发射，作者根据多年阅读文献和著作并详细测量其中所发表的稀土发光谱峰的半高宽所积累的经验认为，稀土 4f 发光峰的半高宽范围一般小于 20nm，如图 2-1 所示。

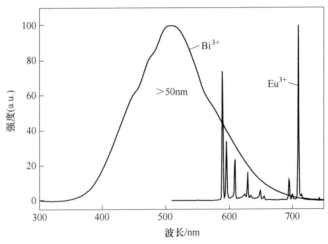

图 2-1　Bi^{3+}（$Bi_4Ge_3O_{12}$）和 Eu^{3+}（$Eu:Y_3Al_5O_{12}$）离子不同带宽的发射光谱

一般情况下，发射光谱必须注明激发波长，或者直接和激发光谱并列绘制，此时通常利用最大或者较强的激发谱峰对应的波长来激发样品，取其发射光谱，从而两者在强度的数量级上近乎一致，如图 2-2 所示[8]。

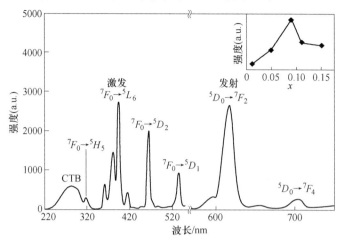

图 2-2 $NaY_{0.91}Eu_{0.09}(WO_4)_2$ 激发 - 发射光谱（$\lambda_{em} = 616nm$，$\lambda_{ex} = 393nm$）

（内置图为不同 Eu 掺杂浓度 x 值产物在 393nm 激发下发光强度的对比结果[8]）

另一种与能量有关的稳态光谱表征的是物质对光能的吸收。一束光入射到样品上，首先遇到的一般是基质，同样，当发光中心的电子跃迁回基态所产生的荧光在离开样品之前也是在基质中传播，因此，基质对光能量的吸收同时制约了入射能的利用和出射光的获取。表征基质对光能量的吸收有多种形式，主要有面向透明块体的测试透射光与入射光比例的透过率谱或者吸收光谱（现代化的光谱仪或分光光度计中，这两者可以现场进行换算）以及不透明样品（如粉末）所采用的表面漫散射光形成的漫反射光谱。图 2-3 给出了李江制备的掺 Nd 的 YAG

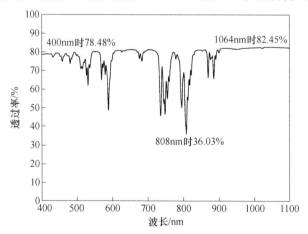

图 2-3 双面抛光 1.0%（原子分数❶）Nd: YAG
透明陶瓷的光学透过率（厚度 1.9mm）[9]

❶ 行业内常用 at% 表示，即 100 个 Y 原子有 1 个被 Nd 原子替换。

透明陶瓷的透过率谱图[9]，而图2-4则是掺Nd单晶和陶瓷的吸收光谱对比[10]，可以明显看出透明陶瓷相对于单晶而言，基质吸收带红移，这就意味着带隙变窄，其原因可能是陶瓷由小颗粒的单晶构成，存在晶界，相比于大块规则的单晶，容易引入其他缺陷能级，从而使禁带宽度变小。

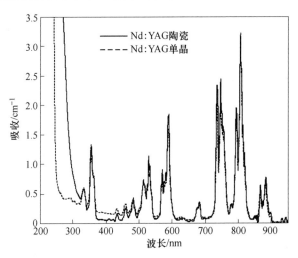

图2-4 1%（原子分数）Nd: YAG透明陶瓷和晶体的吸收光谱[10]

光强随时间变化的光谱中，最常见的就是发光衰减谱图。图2-5给出了李伟制备的CeF_3半透明陶瓷和单晶Ce^{3+}发光的衰减谱图对比[11]，具体测试时是以脉冲入射光辐照样品，然后监控Ce^{3+}的某一波长的发光（即300nm），记录从样品被激发后，该波长的光强随时间的变化。发光衰减谱图是发光动力学过程的反

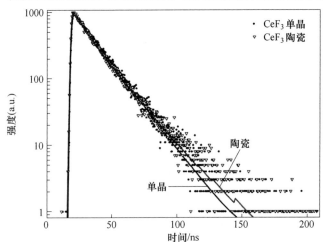

图2-5 CeF_3陶瓷和单晶中Ce^{3+}的衰减时间曲线[11]

（$\lambda_{ex}=265nm$, $\lambda_{em}=300nm$）

映，可以得到衰减时间常数 τ，而这个衰减时间常数是与能级跃迁的概率相联系的，结合其他理论推导的公式，就可以计算出能级跃迁概率，最终得到理论上的发光效率。另外，对于闪烁材料而言，衰减时间常数意味着基于这种闪烁材料所能实现的时间分辨率，因此发光中心的光衰测试就成了闪烁材料研究的必需过程。

理论与实验都表明，$s \rightarrow p$ 电子跃迁中，双重允许跃迁衰减寿命一般是纳秒级别，而部分解禁的跃迁如 $f \rightarrow f$ 则是微秒级别，这可以作为开发不同时间分辨要求的新型材料的设计依据。

值得一提的是，除了上述相对于时间和能量的原始或者一次光谱，实际应用中为了突出某一个或者某几个影响光谱的因素，还可以对原始光谱进行处理，提取相应的信息，然后转换成其他数值之间的相互关系，并以谱图的方式体现出来。这可以称为二次光谱，其中以依赖于掺杂浓度的发光强度和时间变化最为常见，图 2 - 6 所示为陈敏制备的 ZnS 透明陶瓷示例[12]。

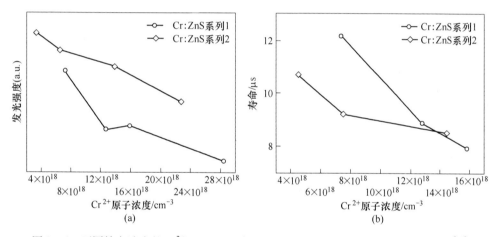

图 2 - 6　不同掺杂浓度的 Cr^{2+}：ZnS 透明陶瓷的发光强度（a）及寿命（b）对比图[12]

（两个系列厚度不同）

2.2　稀土发光的单离子模型

从理论可发生的自由原子或离子的能级跃迁看，具有未充满 $4f$ 电子壳层的稀土原子或离子可观察谱线大约有 30000 条；而具有未充满 d 电子壳层的过渡金属元素约有 7000 条，至于 p 电子壳层的主族元素则只有 1000 条左右。因此广泛应用于激光和发光材料、陶瓷和玻璃等工业领域的稀土发光材料既是稀土功能材料的主角，更是固体发光材料的主要成分，正所谓"只要谈到发光，几乎离不开稀土"[13]。

就单个稀土离子而言，其各个能级的能量与电子的组态直接相关，其中最重要的就是4f亚层的电子。大多数稀土元素具有未充满的4f亚层电子，并且这些4f电子被外层的$5s^25p^6$电子所屏蔽，其能量受外界环境影响小，主要取决于电子的各种排列，由于f轨道的轨道量子数$l=3$，相应的磁量子数m_l有±3、±2、±1和0，因此一共存在7个子轨道。根据Pauli不相容原理，镧系三价稀土离子的4f轨道中一共可以容纳14个电子。当4f电子依次填入不同的m_l值的子轨道中时，就构成了不同的电子组态，从而给出不同的总轨道量子数L、总自旋量子数S和总角动量量子数J，根据2.1节所述，基于这三个量子数就可以给出各自的光谱项和光谱支项。光谱学研究表明：在镧系离子的能级图中，钆以前的轻镧系元素的光谱项的J值是从小到大向上顺序排列，钆以后的重镧系元素的J值是从大到小向上反序排列。

稀土元素化合物的吸收光谱和自由离子的吸收光谱一样都是线状光谱。三价稀土离子（RE^{3+}）的吸收光谱、激发光谱和发射光谱都是4f亚层电子的$f \rightarrow d$组态或$f \rightarrow f$组态之间的跃迁。下面将分别介绍其各自的发光机理。

2.2.1　$5d \rightarrow 4f$电子跃迁

稀土离子的5d电子壳层在6s电子失去后就直接暴露于外界化学环境中，受到离子周围势场的作用，能级跃迁具有较宽的分布，所以激发光谱呈现宽带分布。因此$4f^{n-1}5d^1 \rightarrow 4f^n$电子跃迁发射具有宽带的特征，这是稀土离子作为分立发光中心用于宽带发光材料的基础。

另外，由于5d能级与4f能级差距相当大，就可以获得较大的斯托克斯位移，从而能够降低自吸收的影响；而且$5d \rightarrow 4f$跃迁是宇称允许跃迁，因此，稀土离子宽带发光在效率上比纯粹$4f \rightarrow 4f$窄带发光大，后者主要用于单色光要求高的场合。有关Ce^{3+}的基态和激发态光谱支项以及相应的能量可参考表$2-2^{[14]}$。

表2-2　气态Ce^{3+}的$4f^1+5d^1$组态及其能量值[14]

光谱支项	$^2F_{5/2}$	$^2F_{7/2}$	$^2D_{3/2}$	$^2D_{5/2}$
能量/cm^{-1}	0	2253	49737	52226

由于5d轨道裸露于晶体场环境中，其能级简并度的改变以及高能级和低能级之间能量差的大小严重受到晶体场强度以及电子云分布的影响，具体与配体所带的电价、配体离子半径、配体孤电子对分布以及配位构型等密切相关。这就使得Ce^{3+}、Eu^{2+}等离子能够实现从蓝光到红光的不同光色，从而满足不同领域的应用。以Eu^{2+}为例，其$5d \rightarrow 4f$跃迁类型是$4f^65d \rightarrow 4f^7$跃迁，即基态为$4f^7$的^8S，而最低激发态为$4f^65d$组态，不同基质材料的选择可以影响Eu^{2+}激发和发射光谱的峰位，而且一般情况下，Eu^{2+}所处基质晶格的共价性和晶体场劈裂程度越高，

越容易产生高效的可见荧光发射。例如当化合物 $CaGa_2S_4：Eu^{2+}$，Ho^{3+} 的 Ca 离子被其他碱土离子部分代替时，Eu 离子周围的配位环境发生变化，晶体场强度改变，$5d$ 能级相应改变，发射光谱出现红移（Mg 代替 Ca）或者蓝移（Sr、Ba 代替 Mg），并且产物内部缺陷，也由于取代离子半径的差异发生了变化[15]。对于磷酸盐系列，$KBaPO_4：Eu^{2+}$ 给出的是 420nm 峰值位置的发射峰，而同样激发波长作用下 $NaSrPO_4：Eu^{2+}$ 主峰位置却红移到 480nm，而且发射峰的半高宽更大。差异更显著的磷酸盐基发光材料还有 $KSrPO_4：Eu^{2+}$ 呈现蓝光发射[16]，而在 $KCaPO_4：Eu^{2+}$ 却可以得到绿光[17]。目前有关稀土离子 $5d \rightarrow 4f$ 跃迁的综述性文献可以参考 G. Blasse[18] 和 P. Dorenbos[19~23] 及其合作作者撰写的总结性文献，如 P. Dorenbos 等人详细研究了卤化物、氧化物和含氧酸盐中 Ce^{3+} 的发光，提出 $5d$ 能级重心位置取决于化学键的性质，共价性越强，激发光谱和发射光谱红移程度越大，而 $5d$ 能级劈裂则由晶体场强度决定，其宽带发射与场强有关[19,20,22,23]。

常用的调节晶体场强度而改变稀土离子外界化学环境的机制一般同时改变了稀土离子 $4f^{n-1}5d^1 \rightarrow 4f^n$ 跃迁发光的中心波长和强度，而仅仅通过能级差的重叠，即改变能量传输途径则主要影响材料的发光强度，甚至可以实现 $5d \rightarrow 4f$ 跃迁发光消失，而将能量转移给其他发光中心的结果。这一方面又以两种及其以上稀土离子共掺的材料最为典型。

由于不同稀土离子能级差存在重叠，即一种稀土离子可以作为另一种稀土离子的能量转移中介（敏化剂或淬灭剂），因此稀土离子宽带发光可以通过掺杂其他稀土离子种类进行调制。如 H. Jiao 等人[24] 在研究蓝绿荧光粉 $Y_2SiO_5：Ce，Tb$ 时发现当 Ce、Tb 共掺时，Ce^{3+} 在 400nm 处对应 $5d \rightarrow 4f$（$^2F_{5/2}$ 和 $^2F_{7/2}$）跃迁的宽带发光恰好与 Tb^{3+} 的 $4f$ 能级跃迁吸收带（360 ~ 380nm）重叠，Ce^{3+} 发射的光子被 Tb^{3+} 吸收并跃迁到激发态，因此 $(Y_{0.965}Tb_{0.03}Ce_{0.005})_2SiO_5$ 仅有 Tb^{3+} 的窄带发射。另外，当用其他非发光活性（离子的 $4f$ 电子全空、半满或者全满）的稀土元素置换 Y 时，La^{3+} 和 Lu^{3+} 可以提高光致发光强度达 30%，但是 Gd^{3+} 和 Sc^{3+} 的作用却相反，产物发光强度降低约 20%，而在阴极射线激发发光中，La^{3+}、Gd^{3+} 和 Lu^{3+} 都可以提高发光强度，Sc^{3+} 仍然起淬灭发光的作用。因此，这种非发光活性稀土离子影响发光强度的机制为调制稀土离子发光性质提供了一种新的途径。

总之，稀土离子宽带发光材料是基于 d 电子能级易受外界影响而分裂，可以利用能级重叠和离子置换来调节发光强度，主峰波长及发射峰半高宽等因素。更重要的一点在于理论与实验都表明，$5d \rightarrow 4f$ 的电子跃迁属于不同电子亚层之间的允许跃迁，因此衰减寿命通常是纳秒级别，从而现代对时间分辨率要求高的高速显示器用荧光粉以及闪烁材料所采用的离子型发光中心都是基于能实现 $5d \rightarrow$

4f电子跃迁的稀土离子，其中以 Ce^{3+} 和 Eu^{2+} 最为典型。

2.2.2 4f→4f电子跃迁

由于4f→4f跃迁属于 $\Delta l = 0$ 的跃迁，按照光谱选律是禁阻的，仅当4f组态与宇称相反的组态发生混合，或对称性偏离反演中心时才部分解禁。这种跃迁的一大特色就是激发态（亚稳态）的寿命比较长，从而发光衰减寿命一般是 10^{-2} ~ 10^{-6}s，即微秒和毫秒级别，这也是稀土离子激光材料发光中心的基础。

三价稀土离子的4f→4f跃迁发光一般都有各自对应的光谱支项符号，而且由于4f电子被外层电子屏蔽，因此受外界环境影响小，所以相应的能级跃迁给出的发光峰值就比较固定，这就给解释三价稀土离子4f→4f跃迁发光所得的发射光谱和激发光谱提供了便利。一般情况下，只要对比已有文献中相应位置或者差别不大的位置处谱峰所属的光谱支项符号，就可以判断某个谱峰到底属于哪两个能级之间的跃迁，然后针对所有的谱峰绘制出所研究材料体系的能级图。以 Tb^{3+} 为例，$Gd_2O_2S\!:\!Tb^{3+}$ 纳米荧光粉所得发射谱的一系列谱峰起源于 $^5D_3$ 和 $^5D_4$ 能级到基态 ^7F_J $(J = 0 \sim 6)$ 能级的辐射跃迁，其中 $^5D_3 \rightarrow {}^7F_J$ $(J = 0 \sim 6)$ 跃迁引起的发光落在 370 ~ 490nm 之间，而 490 ~ 650nm 之间的发射谱线是由 $^5D_4 \rightarrow {}^7F_J$ $(J = 6$, 5，4，3）跃迁引起的，由于温度引起的热振动的影响，在室温下很难观察到 $^5D_4 \rightarrow {}^7F_J$ $(J = 2$，1）的跃迁。

另外，实际发光材料能发生的同一激发态到不同基态光谱支项跃迁而产生的谱峰是具有不同的相对强度的，这就导致了不同的发光色彩。如上述的 $Gd_2O_2S\!:\!Tb^{3+}$ 纳米荧光粉，由于对应着 $^5D_4 \rightarrow {}^7F_5$ 跃迁的 547nm 处发光峰最强，因此就得到明亮的绿色发光。

从整个稀土离子的角度看，理论和实验都表明基态与激发态的能级差对发光强度有重大影响，如果能级差过小，非辐射跃迁的概率就增大，这就意味着荧光发射会减弱。对于稀土离子的4f电子跃迁，除了 Sm^{3+}、Eu^{3+}、Tb^{3+} 和 Dy^{3+} 的能级差比较适中，是常用的发光中心，其余离子发光就比较弱，而4f电子全空和全满的 La 与 Lu 则不发光[25]。

需要指出的是，所谓4f→4f跃迁发光的峰位置比较稳定并不意味着一成不变或者单一峰值，在外界的作用下某个4f能级（光谱支项）同样会有劈裂，只不过程度很小，而且这种劈裂的能级差多数和热振动能级差在同一数量级，这就意味着要研究这类劈裂，高分辨的、低温的发射光谱和激发光谱是理想的选择。另外，室温下有时观测到的所谓劈裂是源于不同的物相，需要谨慎分析。

目前关于4f→4f跃迁的各个能级在实验测试上已经扩展到真空紫外波段，而相关的理论计算精度也不断提高，P. S. Peijzel 等人基于 Carnall 报道的有关参数数值计算了三价稀土离子$4f \rightarrow 4f$跃迁在LaF_3中的能级分布[26]，从而得到了如图2-7所示的结果。这张理论计算图不但和实验所得的著名的Dieke能级图符合得很好，更重要的是理论计算将能量扩大到50nm，这就意味着可以为后继高能稀土光谱的研究提供指导。图2-7与实验所得的Dieke能级图一起，可以作为三价稀土离子$4f \rightarrow 4f$跃迁产生的发射光谱和激发光谱的分析依据。

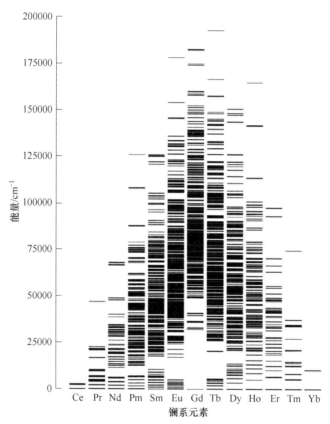

图2-7 采用Carnall参数计算的完整三价镧系元素在LaF_3中的$4f^n$能级图[26]

为了便于研究发光稀土陶瓷，下面举例介绍稀土透明陶瓷中常见的$4f \rightarrow 4f$跃迁及其相应的三价稀土离子。由于稀土元素在物理与化学方面的性质是相似的，因此此处详细介绍Eu^{3+}离子的$4f \rightarrow 4f$跃迁发光及其相关研究，其余+3价稀土离子的研究可以类比扩展，不再赘述，更详尽的介绍可以参考以稀土发光作为中心的学术著作[27]。

2.2.2.1 Eu^{3+}

Eu^{3+}典型$4f \rightarrow 4f$能级跃迁是$^5D_0 \rightarrow {}^7F_J$（$J = 0$，1，2，3，4）跃迁，这是因为虽然$Eu^{3+}$离子还存在更高的激发态能级：$^5D_1$、$^5D_2$、$^5D_3$等，但是除非$Eu^{3+}$所处的

基质晶格热振动能量低，从而位于这些更高能量的激发态的电子无辐射跃迁到低能量激发态 $^5D_0$（即声子弛豫）的概率就下降，这时才可能发生电子直接从这些更高能量的激发态到基态的跃迁，分别辐射出绿色（$^5D_1 \rightarrow ^7F_J$）、绿色及蓝色（$^5D_2 \rightarrow ^7F_J$）以及蓝色（$^5D_3 \rightarrow ^7F_J$）的荧光，如图 2 - 8 所示。

在红色发光材料中，Eu^{3+} 较强的能级跃迁一般体现为 $^5D_0 \rightarrow ^7F_1$ 和 $^5D_0 \rightarrow ^7F_2$ 两种（见图 2 - 2），从人眼的视觉看，分别是橙光和红光。如果 $^5D_0 \rightarrow ^7F_1$ 跃迁比较强，如大多数的 Eu^{3+} 掺杂的稀土硼酸盐（$LnBO_3$）在紫外光激发下只能得到橘红色的荧光[29]，真正的红光材料所需要的是位于 610nm 附近的 $^5D_0 \rightarrow ^7F_2$ 跃迁。由于 $^5D_0 \rightarrow ^7F_1$ 跃迁属于磁

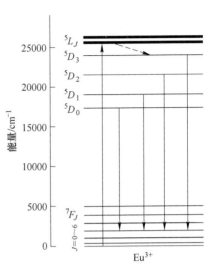

图 2 - 8　Eu^{3+} 的能级图[28]
（紫外激发下所得的发射光从左到右依次为红、绿、黄和蓝光）

偶极跃迁，基本不受配位环境的影响，而 $^5D_0 \rightarrow ^7F_2$ 属于电偶极跃迁，对 Eu^{3+} 周围的晶体结构环境非常灵敏，受晶体场的影响很大，越不对称的晶格位置越容易破坏这种禁阻跃迁的宇称，从而产生更强的红光。另外，这种电偶极跃迁也是 Eu^{3+} 可以作为结构探针的基础，如 Eu^{3+} 掺杂的 $LaBO_3$ 单晶中，电偶极跃迁强度是磁偶极跃迁强度的两倍，就可以表明在 $LaBO_3$ 单晶中的 Eu^{3+} 处在低对称的位置上[30]。显然，当一种基质材料选定后，$^5D_0 \rightarrow ^7F_1$ 磁偶极跃迁的强度就基本确定了，但是 $^5D_0 \rightarrow ^7F_2$ 电偶极跃迁强度，或者说两种跃迁的相对比例却和 Eu^{3+} 离子所处的格位有关，而且，从理论上讲，如果整个结构发生了畸变，原来中心对称的结构会偏离中心对称，而非中心对称的结构会更加畸形，这就增强了 $^5D_0 \rightarrow ^7F_2$ 跃迁的强度。但是由于实际块体材料基本上是正常的晶体结构配置，即使表面结构有畸变，也因为表面与本体相对比例非常小而不能显著体现出来。不过，随着纳米技术的发展，这种表 - 体比例发生了相反的变化，这就可能获得畸变调整发光的效果，已有报道的 Eu^{3+} 掺杂的纳米尺寸 YBO_3 中发现红橙比和色纯度较块体有大幅提高就是一个明证[31,32]。

从图 2 - 8 可以明显看出，如果某种材料能实现更高能量激发态 $^5D_1$、$^5D_2$、$^5D_3$ 等到基态的直接跃迁，那么就可以获得 Eu^{3+} 在全谱范围内均有荧光发射（$^5D_{0,1,2,3} \rightarrow ^7F_J$）的结果，从而得到白光。当然，这种白光是多个锐线光谱的组合。已报道的这类典型具有足够低声子频率的材料有 $CaIn_2O_4$，如图 2 - 9 所示[33]。

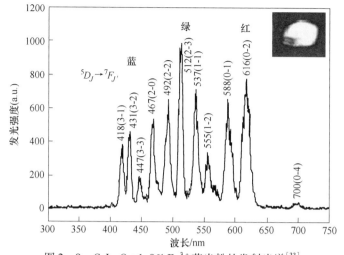

图 2 – 9　$CaIn_2O_4 : 1.0\% Eu^{3+}$ 荧光粉的发射光谱[33]

（加速电压为 3kV，灯丝电流为 16mA，其中各个谱峰相应的能级跃迁类型用
各自对应的 J 值表示，而内图给出了紫外激发下样品的发光）

值得一提的是，利用窄带发射的 $4f \rightarrow 4f$ 跃迁获得宽带光谱除了上述高能能级窄带发射跃迁的叠加外，近年来还发展了一种基于复合思想的新技术。Baris和 Ballato 等人在纳米无机化合物粒子表面进行有机基团的功能修饰，联合有机基团的发光实现了整个材料体系的宽带发光并且光色可调。图 2 – 10 给出了纳米 LaF_3 表面包覆苯甲酸盐所得产物的能级图和发光照片[34]。在这类荧光粉中，三价稀土离子一般体现为常规的窄带发射，如这里的 Eu^{3+} 仅有 614nm 处的红光，

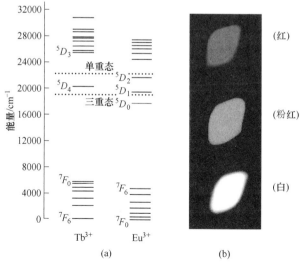

图 2 – 10　Tb^{3+} 和 Eu^{3+} 以及有机功能基团单重态和三重态的能级图（a）和包覆
有机功能基团的纳米粉 $LaF_3 : Eu$ 在不同激发波长下的发光照片（b）[34]

关键在于有机功能基团在不同波长入射光激发下从三重态跃迁回基态会发出各种不同的色光，同时还能将能量转移给三价稀土离子，维持其 $4f \rightarrow 4f$ 跃迁的发光，从而两种光色结合起来就实现了发光颜色可调乃至白光，最终极大提高了整体的发光强度。这种组分体系材料中，有机功能基团的三重态能级必须位于三价稀土离子最低激发态能级的上方，从图 2 – 10 中的能级图可以看出，Eu^{3+} 满足这个要求，因此可以获得复合发光乃至纯粹 Eu^{3+} 的红光，而 Tb^{3+} 由于最低激发态能量高于所用有机功能基团的三重态能量，因此多组分材料仅有有机功能基团自身的发光，没有 Tb^{3+} 的 $4f \rightarrow 4f$ 跃迁特征发射光谱[34]。

2.2.2.2 Nd^{3+}、Er^{3+} 和 Yb^{3+}[35]

传统激光材料常用的稀土发光中心主要是 Nd^{3+} 和 Er^{3+}。图 2 – 11 为 Nd^{3+} 在 YAG 晶体中的能级结构图，由于基态光谱项符号为 ^4I，即具有 4 个光谱支项，而最低激发态 $^4F_{3/2}$ 具有比较长的寿命（即跃迁到此激发态的电子能较长时间存留，从而可以实现高能态数目高于低能态数目的所谓粒子数反转现象——这是实现激光的基础），因此称为亚稳态。当 Nd^{3+} 接收外界能量后，将从基态跃迁到高能激发态，随后各个激发态通过能量弛豫跃迁到亚稳态 $^4F_{3/2}$，再由该激发态跃迁回基态，相应于 $^4F_{3/2} \rightarrow {}^4I_{9/2}$，$^4F_{3/2} \rightarrow {}^4I_{11/2}$ 和 $^4F_{3/2} \rightarrow {}^4I_{13/2}$ 能态间的跃迁分别产生 $0.946\mu m$、$1.064\mu m$ 和 $1.318\mu m$ 的荧光，最后经光辐射跃迁回到最低的基态 $^4I_{9/2}$。上述三种波长的荧光经过振荡，放大后可以产生激光输出，其中最常用的就是 $^4F_{3/2} \rightarrow {}^4I_{11/2}$ 跃迁，即 1064nm 激光。由于 Nd^{3+} 的激光输出相对应的荧光跃迁包括四个能态，因此 Nd^{3+} 的激光跃迁属于四能级系统。

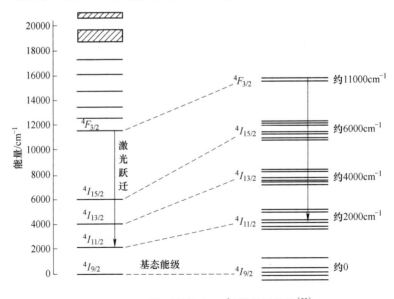

图 2 – 11   石榴石晶体中 Nd^{3+} 的能级结构[35]

相比于 Nd^{3+} 简单的能级结构，Er^{3+} 的能级更为丰富，如图 2-12 所示，这主要归因于各能级之间的能量差较小，这就意味着特定的跃迁在晶格振动（即声子能级）参与下可以包覆较宽范围的多个激发态。Er^{3+} 在激光应用中主要涉及的能级是基态光谱项中的 $^4I_{11/2}$、$^4I_{13/2}$ 和 $^4I_{15/2}$ 三个能级，即利用的是基态中能量差较大的能级之间的跃迁。以 $^4I_{13/2}$ 作为公共能级，这三个能级的跃迁可以产生两套发光：$^4I_{11/2} \rightarrow {}^4I_{13/2}$（$2.6 \sim 3\mu m$）和 $I_{13/2} \rightarrow {}^4I_{15/2}$ 跃迁（$1.5 \sim 1.7\mu m$）。

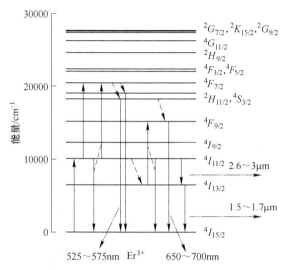

图 2-12　Er^{3+} 能级结构以及 980nm 激发下的荧光发光机制[35]

Yb^{3+} 的激光机制与前述两种离子的不同，从常规能级图上看，Yb^{3+} 在低能段，仅有两个属于同一光谱项的能级：$^2F_{5/2}$ 和 $^2F_{7/2}$，两者的能量间隔为 $10000cm^{-1}$。在晶体场作用下，这两个能级会发生斯塔克分裂，分别分裂成 4 个和 3 个子能级，如图 2-13 所示，当 Yb^{3+} 从最低激发态能级跃迁回基态的时候，可以在基态三个能级处产生激光，最终回到最低基态能级。由于这些能级并不是正常电子组态的变化而产生的，因此这种激光跃迁称为准三能级系统，其结果就是 Yb^{3+} 在 1030nm 附近具有较宽的发射谱带，有利于宽调谐及超快激光输出。

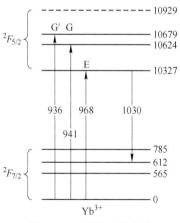

图 2-13　石榴石晶体中
Yb^{3+} 的能级结构[35]

随着激光功率的增高，激光材料的热效应或者热稳定性就成了稀土离子类型的选择依据。如果有关激光发射的各能级之间的能量差比较小，就有更多的能量可以通过晶格振动等消耗于材料的发热过程，即容易发生无辐射弛豫，这对激光材料的寿命以及激光的质量是不利的。以前述的三种稀土离子为例，Nd^{3+} 和 Yb^{3+} 的能级相距较远，这就有利于降低无辐射弛豫概率，从而是开发大功率激光器的备选。当然，就这两种离子而言，准三能级跃迁的 Yb^{3+} 还要考虑基质的影响和匹配，即新型高效基质的研发是 Yb 基激光材料的关键，因此目前激光透明陶瓷在面向大功率固态激光器应用时更多的是采用 Nd^{3+}。

另外，Tm^{3+}、Ho^{3+} 也是常用的激光稀土离子，其性质以及在激光材料中的应用特性与 Er^{3+} 等上述离子类似，这里不再赘述。

2.2.2.3　Pr^{3+}

近年来，Pr 基发光材料随着超快衰减和高能量分辨率发光材料（主要是闪烁发光材料）发展的需求而备受国内外的重视。相对于其他稀土离子，Pr^{3+} 的 $4f$ 能级分布范围处于中间，因此如果外界激活能足够高，就可以将 Pr^{3+} 激发到 $5d$ 能级，从而发生 $5d \rightarrow 4f$ 跃迁发光，如上所述，这种选律允许的跃迁衰减很快，而且宽谱发光峰值可调。由于激发闪烁材料的能量一般都很高（1keV 及其以上），完全能够将 Pr^{3+} 激发到 $5d$ 能级，而 Pr^{3+} $5d \rightarrow 4f$ 跃迁发光的快衰减和宽光谱也是闪烁材料所需要的，前者可以提高探测器的时间分辨率，满足闪烁材料记录高速发生事件的需求，而后者除了能提高探测器所收集的光子数，还意味着发光峰值波长是受外界环境影响，可以调整到与探测器所用光电倍增管最大灵敏度所要求的数值，从而实现探测效率的最优化。

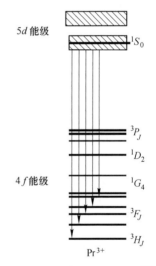

图 2 - 14　Pr^{3+} 的能级结构[36]

Pr^{3+} 离子的 $4f \rightarrow 5d$ 跃迁产生的吸收一般位于 250nm 左右，而 400 ~ 700nm 的吸收峰则相应于 $4f$ 亚层内部基态 $^3H_{4,5,6}$ 能级到激发态 ^3P 和 $^1D_2$ 的跃迁，如图 2 - 14 所示，在 LuAG 陶瓷中，$5d \rightarrow 4f$ 跃迁的发射光谱中，主发射峰位于 313nm，次发射峰在 367nm 左右，发光衰减寿命约 20ns[36]。

2.3　稀土发光的能带模型

2.3.1　发光的能带机制

如果发光更重视整体的效应，如体结构、表面结构、缔合体等的影响，难以用孤立的原子、离子或基团来解释时，就需要采用基于以原子能级组合及电子尽可能占据低能轨道为出发点而得到的能带模型。这种发光机制与常规基团的复合发光既有联系又有区别。首先，能带机制不否认常规发光中心的结果，其相应的能级跃迁机制仍然有效，所不同的是这时发光中心的能级跃迁必须纳入能带的范畴，在能带中找到自己对应的位置，然后再以最终的能级图来解释各种发光跃迁机制，这就是能带机制的基本观念。目前所讨论的能级（发光中心或各种缺陷）一般都是位于禁带中，而且可以统称为缺陷能级（因为相对于纯净半导体而言，不管是外来杂质还是各种非原子缺陷，都属于广义的"缺陷"），能带机制所依据的通用模型可参见图 2 – 15。

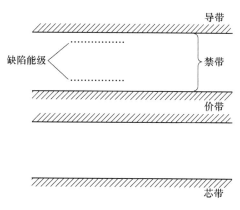

图 2 – 15　能带发光机制模型示意图[37]

能带发光跃迁机制包括纯净半导体的发光跃迁以及在这种本征跃迁基础上的缺陷调制两大部分，实际以后者更为重要。

纯净半导体的吸收和发射光谱源于电子的价带 – 导带跃迁，吸收边就是禁带宽度，发射光谱理论上属于窄带型。当半导体材料存在缺陷的时候，就会在本征能带结构中引入新的能级。根据这些缺陷俘获电子/空穴能力的差异，可以将缺陷能级分为施主能级和受主能级。缺陷能级的存在导致在能量更低的范围出现新的吸收和发射带。因此，各种能量水平的施主或受主能级是改造或者调控半导体材料发光的关键。

当然，缺陷能级导致的新发光现象及规律是建立于纯净基质本征跃迁的基础上的，即禁带及其宽度是一个重要因素，如宽能隙（或者说宽禁带）的存在为杂质能级的多阶分布提供了更大的空间，有助于实现宽带发光，以 GaN 为例，其禁带宽度约 3.4eV，那么只要最低缺陷能级达到 1.6eV，理论上就可以得到对应太阳发射的 365～760nm 范围的发光，这就是半导体照明领域重视 GaN 等 Ⅲ – Ⅴ 半导体化合物（宽能隙材料，禁带宽度 3～4eV）的掺杂产物场致/光致发光研究的主要原因。

除了常见的价带 – 导带跃迁外，纯净半导体中电子跃迁还可以发生在芯带 – 导带，芯带 – 价带之间，即所谓的第二能隙间的跃迁（相应地，禁带或禁带中的缺陷能级跃迁称为第一能隙间跃迁）。如 BaF_2 的 220nm 发光就是因为 Ba^{2+} 的 $5p$ 芯带电子被激发到导带（能隙为 18eV）后，产生的芯带空穴与价带电子复合所产生的发光，由于芯带空穴周围是"电子海洋"，因此这种复合发光寿命非常短，仅有 0.6ns[37]。

另外，半导体受到高能辐照后可以产生电子 – 空穴对，这类电子 – 空穴对一般在半导体内传输时很快就彼此复合而湮灭，如果这些电子 – 空穴没有被俘获，也没有处于自由状态，而是波函数互相耦合作为一个整体运动，此时半导体整体总电荷为零，不表现出光电导，那么这时的载流子（即电子或空穴）就称为激子，从而产生了半导体特有的发光机制——激子发光。电子与空穴之间存在着库仑静电力，以该力的作用范围大小可以将激子分为弗伦克尔（Frenkel）激子（强束缚作用）和万尼尔（Wannier）激子（弱束缚作用），后者在半导体中最为常见。电子与空穴分离成为激子相当于激子在外来辐射作用下实现了基态－激发态的跃迁，而电子与空穴复合发光则相当于激子从激发态跃迁回基态而产生发射谱。显然，激子发光本质上也属于本征发光的类型，即具有很短的发光衰减时间（皮秒级别），而且严重受到晶格振动的影响，即激子可以将能量通过晶格振动消耗掉而产生发光湮灭，仅在低温下才能观测到。高纯氧化锌（ZnO）的蓝紫发光带就属于典型的激子发光，其衰减时间为 400ps 左右，由于其激子结合能高于室温热振动，因此在室温下也可以观察到蓝光发射，随温度升高，晶格振动参与激子之间的相互作用，使得发射光谱并且强度下降，半高宽增大，在低能区形成严重的拖尾，该发光带属于万尼尔激子发光。值得一提的是，ZnO 还存在着黄绿发光，这种常温下具有较高强度的发光源于氧缺陷，发光峰中心位于 520nm 左右，半高宽超过 120nm[37]。

讨论半导体材料的发光，还必须注意声子的影响，一般情况下，声子是发光猝灭的根源，但也不排除增强发光的可能性，在关于 BaF_2：Eu, Gd 量子剪裁发光研究中，声子的参与则导致其共掺离子时发光增强。

综上所述，发光的能带机制是在半导体能带模型中各种可能跃迁的基础上叠加发光中心的能级分布后所产生的一种基于材料整体的发光机制，相比于不考虑或者仅仅考虑近邻局域环境的离子型发光中心模型，能带机制充分考虑了长距作用的影响，从而可以不考虑杂质或缺陷的绝对分布位置，而集中于讨论其平均结构所导致的能级分布和变动，这是能带发光机制的优点。虽然能带的概念并不包含周期性的因素，但是现有计算技术下，原子轨道的组合必须在周期性框架之下才能得到简化，从而获得目前作为各种材料物理与化学性质推导前提的能带的态密度分布和能级分布的信息，即便如此，由于计算时所依据的模型有不少是近似的，因此计算结构都需要进行校正。换句话说，能带模型虽然将环境的作用考虑得更为全面，但是相关的影响因素和机制也更为复杂。

2.3.2　稀土发光的能带解释

2.3.2.1　能带发光模型与能级图

如前所述，对于 +3 价的稀土元素来说，基于大量的实验结果已经发现相关的 $4f \rightarrow 4f$ 跃迁发光受外界环境的影响很小，因此这类稀土发光的解释一般都是基于单离子发光模型，讨论时可以对比已发表的文献找到谱峰对应的能级跃迁，研究的目标主要是发光强度方面的改进，甚至连衰减时间（纯粹稀土能级的跃迁动力学过程）也变化不大。然而，如果电子跃迁的高能级涉及 5d 亚层的时候，单离子模型就不适用了，如在碱土基发光材料中，随着碱土金属从 Mg 变化到 Ba，化学键的共价性不断减弱，离子性不断增强，Eu^{2+} 的发光可以从长波的红光过渡到短波的蓝光[15]，相应的衰减时间也发生了变化。这时有关发光机制的解释就不能单独依赖已有的文献，而必须多种测试手段交差验证，最终给出能解释能级跃迁的发光机制，这一般都体现为能带模型的图像。

利用能带模型图像，可以表达出各个能级的相对位置，系统反映能量的传输过程。如李伟等人在研究 CeF_3 透明陶瓷的时候，将长波宽带发光归因于 Ce^{3+} 的 5d 能级受到外界畸变环境的扰动从而激发态能级重心下移，如图 2 − 16 所示[11]，另外，基于正常态和扰动态下高能侧发光强度的变化可以认为 Ce^{3+} 离子之间存在着能量转移。这些关系利用图 2 − 16 所示的价带、导带和 Ce^{3+} 离子的 5d 与 4f 能级的相对分布得到了清楚的展示。

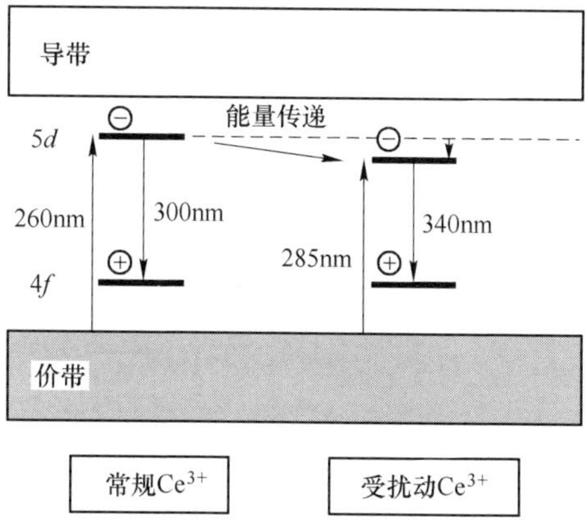

图 2 − 16 CeF_3 中常规 Ce^{3+} 和受扰动 Ce^{3+} 发光过程示意图[11]

更复杂的能态模型解释则将缺陷也包含在内。相关的研究在 20 世纪 80 ～ 90 年代半导体卤化物的发光机制解释中就出现了。图 2 – 17 是日本 I. Yasuo 等人对 $BaFBr:Eu^{2+}$ 光致发光机理能级图的解释[38]。

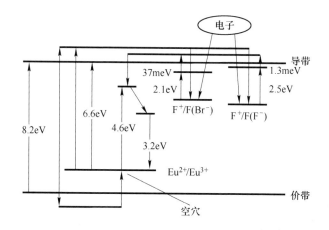

图 2 – 17 $BaFBr:Eu^{2+}$ 光致发光过程的能级图[38]

在图 2–17 中，利用各种发光波长位置获得了禁带、Eu 离子跃迁、Br 离子和 F 离子跃迁的能级大小，然后基于发光跃迁的来源推出了变价的存在，这就要引入被变价离子束缚的带电载流子（电子和空穴）。这种光生载流子参与下的发光是没办法利用单离子模型来解释的，甚至单独测试化合物，也检测不到光致发光机制中存在的过渡变价离子。

2.3.2.2　稀土发光能带模型的典型应用

利用稀土发光的能带模型可以解释很多常规离子型发光中心模型不能解释的现象。其中最典型的就是发射光谱中常见的"长波拖尾"。

所谓的"长波拖尾"就是在低能侧，发射光谱在临近基线的时候都要降低斜率，缓慢下降，从而使得中上部看起来非常对称的峰形也变得不对称了，如图 2–18 所示。如果这种拖尾长度较大，那么还可以分出一个长波发光的成分，但是其波长位置与主发光峰位置差别很小，一般不到 1eV，这是不能利用前述类似 Eu^{2+} 在共价性–离子性不同环境中的发光波长变化来解释的。

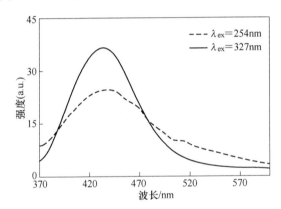

图 2–18　Eu 掺杂单斜钡长石在不同激发波长下的发射光谱对比

另外，从图 2–18 中可以看出这类"长波拖尾"还随着激发光波长的缩短而更加严重，这就暗示这类发光是与激励过程相关的。P. Dorenbos 以 Eu^{2+} 为例，总结了含氧酸盐化合物中的这类发光，发现这些异常长波发射与主发光峰的差别约为 0.6 ~ 1.2eV，而且谱带更宽、斯托克斯位移更大。利用能带模型，P. Dorenbos 认为这是因为 5d 下限能级距离基质导带底很近或有小部分已进入导带，从而 Eu^{2+} 易产生自离化（Eu^{2+}/Eu^{3+}）[39]，这个结论一方面解释了低能发光的来源，另一方面又不用引入晶场环境的共价性发生巨大变异的难以支持结构分析结果的结论。需要指出的是，P. Dorenbos 的这个结论不仅仅是将稀土离子的能级嵌入能带中，而且还更进一步考虑了二者的相互作用。

近年来在闪烁材料方面，能带发光模型的作用日益受到重视。如 S. Liu 等人发现掺杂 Mg 能够提高 $Lu_3Al_5O_{12}$:Ce 的发光强度以及加快发光衰减[40]，利用稀土发光的能带模型，他们认为这是因为常规 Ce^{3+} 在高能辐射激发下的发光过程包括了三个步骤：

$$Ce^{3+} + h \longrightarrow Ce^{4+} \tag{1}$$

$$Ce^{4+} + e \longrightarrow (Ce^{3+})^* \tag{2}$$

$$(Ce^{3+})^* \longrightarrow Ce^{3+} + h \tag{3}$$

　　显然，如果体系中能够促进 Ce^{4+} 的生成或者含有 Ce^{4+}，那么对发光的高光产额和快衰减（至少可以省略（1）步）是非常有利的。而 Mg 的加入可以产生氧空位，如果在空气里退火，为了弥补电价平衡，这些氧空位在被氧原子占据的同时，体系里的 Ce^{3+} 将转化为 Ce^{4+}，从而建立了高光产额和快发光的基础。图 2 – 19 给出了两种不同价态的 Ce 离子同样发光光谱的能带解释。

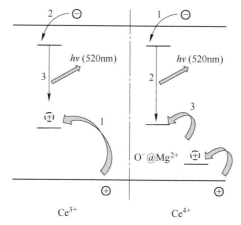

图 2 – 19　LuAG:Ce,Mg 透明陶瓷中 Ce^{3+} 和 Ce^{4+} 的共激发机制[40]

　　S. Liu 等人基于这张能级图，提出陶瓷中的 Ce^{4+} 俘获激发的电子进入 $(Ce^{3+})^*$ 激发态，从而实现与 Ce^{3+} 离子同样的发光。需要指出的是，她们给出的能级图直接采用能带模型的本源——电子与空穴的概念来解释，虽然将机制仍然归属于具体的离子，但是在解释的时候是以空穴和电子所处的能级及其复合来进行的，如图 2 – 19 中，Ce^{4+} 对电子的俘获与能级的变化就相当于价带中的空穴的两次跳跃，最终导带中的电子与空穴在同样能隙的条件下进行复合发光。

　　基于以稀土离子作为功能元素的闪烁发光晶体和陶瓷中缺陷对各种发光性能的调制作用，以 Martin 为首的一批学者提出了能带工程和缺陷工程的概念[41,42]，二者其实并没有本质上的差别，缺陷工程的目的就是合理设计并实现材料中缺陷的产生和可控制，从而获得特定的功能，而相关的理论依据就是能带发光模型，这也意味着对纯粹基质能带的合理设计与改造。相关概念及示例将在 2.4 节的缺陷影响发光中进一步介绍。

总之，稀土发光的能带解释已经成为当前稀土陶瓷发光理论的前沿领域，由于材料内部影响发光因素的多样性和彼此关联的复杂性，相关理论的完善仍需要长期不断的努力。

2.4　缺陷对稀土发光的影响

实际材料的晶体表面或结构中存在着缺陷，从而产生独特的荧光现象。如纳米 Ga_2O_3 由于存在内部缺陷，$\beta - Ga_2O_3$ 在紫外光的照射下呈现出明亮的紫光，而 $\gamma - Ga_2O_3$ 在尺寸为 3.3nm 时在紫外光照射下发紫光，当粒子尺寸增加到 6.0nm 时其荧光转为蓝色，如图 2 - 20 所示[43]。$GdVO_4$ 在紫外激发下的强烈的蓝光发射也是由表面氧缺陷的存在造成的[44]。

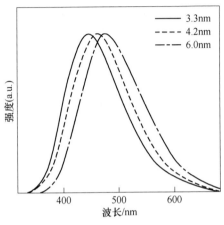

图 2 - 20　不同纳米尺寸的 $\gamma - Ga_2O_3$ 的发射光谱图
（激发光波长为 250nm）[43]

2.4.1　缺陷类型

缺陷如果按照分布体积的大小可以分为点缺陷、线缺陷和面缺陷三种。由于陶瓷一般是微米级的晶粒所组成的，这些晶粒一般是单晶，另外稀土发光陶瓷的化合物晶体结构大多数都是三维网状结构，因此较难产生稳定的位错、层错等更高尺度的缺陷。总之，稀土发光陶瓷内部能存在的缺陷一般是点缺陷。

按照点缺陷的分布位置，有间隙型、置换型和空位。由于间隙型除了要求结构有较大的畸变或者原来存在大空隙，还要求间隙周围的原子能进一步和间隙原子形成化学键，这对于无方向和饱和性的金属键是可以满足的，但是对于有方向性或者饱和性的共价键和离子键而言就难以满足。这是因为周边原子一方面要满足原来正常的价态和配位，另一方面还要分流一部分电子云形成新的化学键，增加配位原子（间隙原子），这更难以维持结构的稳定，从自由能的角度看，更可能形成的是分相的结果。事实上有关间隙原子的报道一直都存在着学术争议，如 ZnO 的绿色发光就有人解释为填隙 Zn，理由是在 Zn 气氛下这个发光增强了，但是也有人反过来认为 Zn 会剥夺 O，所以来自氧空位。实际上，已报道的发光机制研究成果往往缺乏严格的结构分析，从而使得根据合成条件而解释的机制带有歧义性。因此可以认为稀土发光陶瓷中常见的点缺陷主要是置换型和空位型。

置换型缺陷是稀土发光陶瓷中最为常见的缺陷。所谓掺杂稀土离子发光，本质上就意味着存在置换型缺陷，即掺杂的稀土离子取代了晶胞中一种或若干种原子类型，如 $Lu_3Al_5O_{12}$ 中掺入 Ce，就意味着部分 Lu 位置上的 Lu 原子被 Ce 置换了。置换缺陷除了杂质置换，还有本征置换，即内部组成原子互相换了位置，其结果可以是组成原子的得失，也可以整体组成不变。前者就是反位缺陷，如 $Y_3Al_5O_{12}$ 中 Y 取代 Al，这样 Al 原子数目就降低了；而后者则是混合无序，如某些铝硅酸盐中，铝和硅可以随意互占位置，此时单晶结构解析给出的是平均结构。

至于空位，就是本身应占据原子的格位并不存在原子，一般缺陷定义中都提到两种空位机制：Frenkel 和 Schottky 缺陷。前者形成填隙原子，如前所述，很难实现骨架空隙和成键的满足，并不是常规现象，而后者的本质就是需要考虑表面态，但是对于陶瓷材料而言，本体的体积要远大于表面，因此对整体材料的影响只需考虑内部的空位，相应地，电荷平衡也要有新的机制，不可能利用迁移到表面的本征原子来补偿。

2.4.2　影响方式

没有缺陷就不会有丰富多彩的发光材料。其主要原因在于原子、离子、分子或基团吸收外来能量后要将能量以光子的形式释放出来是有一个前提的，即没有再吸收或者再吸收足够小。对于完美的基质，当一个基质组成原子、离子、分子或基团吸收能量后，很容易将能量转移给相邻的具有同样物理与化学性质的成分，而这种转移伴随着能量的损耗，最终外界能量只是提高了材料的温度，即主要转化为热能。因此，只有采用缺陷，即掺杂置换的方式，才能让起发光作用的原子、离子、分子或基团被不同物理与化学性质的原子、离子、分子或基团包围，从而实现前者利用后者吸收的外界能量而跃迁发光。但是由于两者的性质差异，发光中心在吸收能量后很难无辐射又还给基质晶格。可以说，置换型缺陷所得到的发光材料构成了现有发光材料的绝大多数种类，其中就包括了掺杂稀土发光材料。

当然，置换型的缺陷并不是简单地唯一地促进发光，实际的影响要复杂得多，甚至在不等价置换时还会和空位缺陷相联系。而且如果这些杂质缺陷与本征空位、填隙、反位取代缺陷缔合，能级结构会更为复杂，发光性能会更为多样化。

需要指出的是，发光的跃迁本质上是电子在不同能级的跃迁，并不要求电子必须依附于某个原子核，因此，俘获电子或空穴的空位缺陷也具有自己的能级结构，在可见光照射下可以跃迁而呈现对可见光有选择性地吸收，从而使得材料在光照下呈现不同的颜色，因此早期在研究卤化物这种空位型缺陷的时候，形象地将其称为"色心"。由于稀土发光陶瓷一般都是氧化物或含氧酸盐,这就意味着容易存在与氧空位有关的色心,其吸收光一般在 $300 \sim 400nm$ 的蓝紫光部位,波长稍长于常见的 ME – O(ME 为金属原子) 价电荷转移跃迁。其实,由于价电荷转移跃迁就是外层电子的跃迁,受原子核影响小,可以类比于空位中也受类似晶场环境作用的俘获电子的跃迁,因此两者的能级结构和能量是可以彼此借鉴的。

就稀土发光材料来说,俘获电子或空穴也可以发生在稀土离子上,尤其是容易发生变价的稀土离子。如图 2 – 21 所示,偏离在 Gd 两侧的 Eu、Sm 和 Tb,以及前面和尾部的 Ce 和 Yb 等都容易产生这类缺陷。当然,这类缺陷对发光的影响要根据各自的地位而定,如 Eu 一般是发光中心,其变价主要是引起发光成分的变化,而 Sm 则可能作为俘获陷阱,有助于长余辉发光[45]。

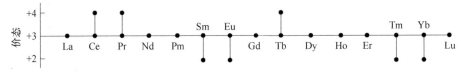

图 2 – 21 稀土元素可能存在的价态[45]

当然,缺陷除了自身的能级跃迁,还可以作为陷阱,俘获电子与空穴,这就同时获得了能量,进入激发态。如果被俘获的电子与空穴重新复合放出的能量转化为热,这种缺陷就成了发光猝灭的源头,即无辐射复合中心。但是如果能量转化成光子,或者再次传递给发光中心,就可以实现激发态到基态的跃迁。显然,这种俘获—释放过程一般将造成发光的时间延迟效应,这就产生了磷光现象,也就是余辉。长余辉稀土发光陶瓷就是充分利用这类能暂时俘获电子与空穴的缺陷而得到的。但有些情况下,这种俘获所产生的激发态如果恰好是发光过程中的一部分,那么反而可以起到相反的效果,即既提高了发光强度,也加快了发光衰减,如前述的 Mg 掺杂 $Lu_3Al_5O_{12}$:Ce 的透明陶瓷发光中,Ce^{4+} 缺陷的存在以及对电子的俘获是提高 Ce^{3+} 发光和加快衰减的缘由[40]。

对于稀土发光透明陶瓷而言,需要提到的一种重要的缺陷就是本征置换缺陷——反位缺陷(antisite defect,AD)。反位缺陷的研究可以溯源到 20 世纪 70 年代,当时就发现富 Y 的石榴石 $Y_3Al_5O_{12}$(YAG)单晶中,部分的 Al 会被 Y 所置换,而这种组分偏离被归因于单晶生长熔化原料的温度过高会造成 Al 的挥发。随着石榴石材料在激光和闪烁方面的应用,反位缺陷的研究也得到了重视,就目前的报道看,反位缺陷存在着如下特色:(1)形成能很低,在常规合成温度下可以发生;(2)形成材料中的陷阱能级,参与发光过程,如影响载流子的输运等;(3)AD 对发光的影响一般就是提供了慢发光分量[46]。值得注意的是目前关于 AD 的表征并没有确定性的报道,因为热释光和发光都具有歧义性,而结构表征通常采用的晶胞体积变动也具有歧义性，如大离子半径的 Y 取代 Al，晶胞会增大，但是这种增大也可能是源于其他因素尤其是同时掺杂其他稀土的时候。因此，有关反位缺陷的研究仍有待今后进一步的完善。

2.4.3 能带模型解释

由于缺陷与周围化学环境密切相关，并且在材料中的分布多样化，如孤立缺陷、缔合缺陷、浓度各向异性分布等，因此缺陷一般是利用能带理论来进行解释的，即在禁带中引入缺陷能级，以此表示缺陷对材料的整体影响。

关于缺陷的能带模型解释示例除了上述 Mg 掺杂 $Lu_3Al_5O_{12}$: Ce 透明陶瓷的发光机制研究，也体现在当前有关缺陷工程和能带工程的研究上。

能带工程（缺陷工程）是从能带的观点来获得所需发光性能的思想。如 Martin 等人为了降低石榴石中反位缺陷的影响，基于能带模型，他们提出是否可以将反位缺陷能级湮没掉，从而不再独立而产生慢发光分量，基于这一思想，他们开发了 Ga 掺杂的 LuAG 闪烁材料，并且基于密度泛函理论（DFT）计算进行论证，其能带模型图可参见图 2-22。

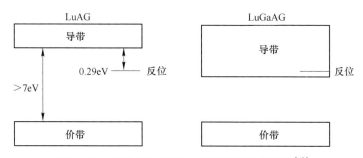

图 2-22   掺杂 Ga 前后 LuAG 能带结构的变化[42]

总之，缺陷是改造稀土发光材料发光性质的主要手段，就目前而言，一般都是利用反应气氛和原料配比来控制材料中缺陷的种类和数量，但是缺陷在材料体内的可控分布仍是一个挑战。从理论上说，定域于晶体格点位置或附近的缺陷是解决这个问题的方向之一。另外，缺陷理论及计算模型的发展也有助于促进这种改性作用的进步。

2.5 稀土发光动力学

发光是一种能量传输的动力学过程，常规的发光测试，如激发光谱和发射光谱其实是一种时间平均的图像，即将大量的瞬态发光现象进行统计平均的结果，虽然可以揭示能量转移相应的能级类型，但是还不能给出能量传输的动力学信息，如时间、途径等，而后者就是发光动力学需要讨论的内容。就目前的理论模型而言，发光动力学或者更具体的发光动力学的研究与前述发光能级跃迁的机理研究相似，也可以分为能带模型和离子模型两种，其中能带模型更强调直接从外界能量激发的载流子入手，直接考虑电子与空穴的复合，而较少或者不考虑载流子产生、传输和复合时相应的物质负载，即具体的原子、离子和分子等，离子模型则相反，强调离子类型以及配位环境的考虑，下面将分别加以说明。

2.5.1 能带模型发光动力学

材料受辐照尤其是高能辐照后，内部将产生电子与空穴，这就破坏了原有的热平衡状态，产生了非平衡的载流子，在外界作用持续存在时可以认为载流子的产生多于复合，当外界作用停止后，载流子的复合将超过产生，非平衡载流子逐渐消失，材料回到原来电子与空穴浓度相等的平衡态（本征态）。可以定义非平衡载流子从产生到复合所经历的平均生存时间，即 τ_c，其数值等于外界作用停止后，非平衡载流子浓度减少到初始值 $1/e$ 所需的时间。

非平衡载流子的复合主要有两种，一种是直接复合，即电子从导带直接跃迁到价带，电子与空穴成对消失；另一种是间接复合，即材料中存在杂质或缺陷，在禁带中引入了复合中心能级，此时电子与空穴分别跃迁到各自的施主和受主能级，或者是其中之一，然后进一步跃迁复合。间接复合是功能性掺杂发光材料能量传输的主要方式，基于复合发生的位置，又可以分为表面复合和体内复合，即载流子分别通过表面复合中心能级和体内复合中心能级产生复合。

不管是直接复合还是间接复合，电子与空穴在成对消失的时候必须释放所携带的能量，通常有发射光子（辐射）、发射声子和 Auger 复合三种，后两者属于非辐射复合，其中 Auger 复合要求载流子浓度非常高，较为少见，在发光材料中不予考虑。

对于直接复合，理论分析表明：

$$\tau_c \propto \frac{1}{\Delta p} \quad \text{或} \quad \tau_c = \frac{1}{r_c \Delta p} \tag{2-1}$$

式中，Δp 为同种非平衡载流子相对于本征载流子浓度的差值；r_c 为复合系数。

理论计算发现直接复合所得的寿命很长，如 Ge 的 $\tau_c = 0.3\text{s}$，而 Si 的 $\tau_c = 3.5\text{s}^{[47]}$，这主要由于复合系数非常小，数量级为 10^{-14}。这种理论计算结果与实验数据不符合，因此，实际更低的寿命主要来自间接复合的贡献。

典型的间接复合过程就是导带电子先进入复合中心能级，然后在跃迁到价带与空穴复合，即至少需要两步跃迁。同时也可能存在上述两个过程的逆过程（复合中心能级的电子被激发到导带和复合中心能级向价带发射空穴），基于这种四个微观过程的动力学分析可以得到类似直接复合的关系式：

$$\tau_c \propto \frac{1}{N_t} \tag{2-2}$$

式中，N_t 为复合中心的浓度。

需要指出的是式（2-2）的正比关系不存在直接复合那样简单的直线关系，因此没办法直接添加一个比例因子而产生等式。

能带模型的一个内涵就是禁带宽度是影响发光动力学性质的关键因素，较小的禁带宽度有利于载流子的产生，但是也使得复合能级的分布更为狭窄，从而提高了自吸收。理论上，当温度升高时，电子运动更加剧烈，趋于自由电子，而晶格振动的变大也会增加原子间距，此时禁带宽度将变窄，极端情况下则是禁带消失，成为导体。一般半导体的禁带宽度随温度的变化关系是[47]：

$$E_g(T) = E_g(0) - \frac{\alpha T^2}{T + \beta} \qquad (2-3)$$

式中，$E_g(T)$，$E_g(0)$ 分别为 T K 和 0 K 时的禁带宽度；α，β 为温度系数，为常数，具体数值因材料而变。

因此，就具体一种材料，可以预期随温度升高，发光衰减下降。

2.5.2　离子模型发光动力学

离子模型中将给出能量的单元称为施主（D），一般对应基质或者敏化剂，而接受能量的则称为受主（A），一般就是发光中心。这种定义不要和能带模型中以接受和施与电子而区分的受主和施主混淆，实际上，就发光动力学（能量传递）的离子模型而言，同种离子，既可以是 D，也可以是 A。目前最常用的模型就是 Dexter 等人提出的适用于弱激发条件的 D-A 能量传递模型以及各种衍生改进模型。

基于施主和受主在能量传递中的能量变化，可以将能量传递分为两种：完全匹配和失配。前者就是 Dexter 提出的"谱重叠"——施主的发射谱和受主的吸收谱重叠，Dexter 认为能量传递是利用共振过程来完成；而能量失配的时候就需要声子进行能量补偿，即要采用声子辅助能量传递的理论，目前也称微扰理论。

一般来说，由于外界能量首先是被基质等吸收，体系中存在着能量传递，因此掺杂稀土离子材料的发光强度随时间的衰减曲线都是偏离单指数曲线的。具体的能量传递可以简单分成 D-A 和 D-D 之间的能量传递两大类[48]。

D-A 能量传递过程就是处于激发态的 D 离子通过无辐射弛豫将能量传递给与 D 离子不同种的 A 离子，使之进入激发态。如果激发态的 D 离子无辐射弛豫到一中间能态，同时将损失的能量传递给与其同种但处于基态的 A 离子，将其激发到一中间激发态，此过程称为交叉弛豫。显然，D-A 能量传递要求 D 和 A 之间具有能级匹配关系，如果能量差不对等，但是差别在一两个声子能量范围内，那么能量差可由放出或吸收声子来平衡，此时传递速率要小一些。

D-D 能量迁移可以看做是上述交叉弛豫的特例，此时受激发的 D 离子给出了全部吸收的能量，无辐射跃迁到基态，同时将损失的能量传递到另一个处于基态的 D 离子，使之激发到相同的激发态。显然，小浓度掺杂时 D－D 能量传递会起到主要作用。

在均匀弱激发及无 A－D 逆传递的近似下，对于 D 和 A 随机分布的体系，可以推导出某一时刻 D 处于激发态的概率与 D－D 和 D－A 能量传递速率的关系式，从而描绘出衰减寿命曲线。

目前 Dexter 理论主要是用于反向过程，即利用实验测得的衰减寿命来拟合出各种动力学参数，从而给出能量传递机制。常规的实验一般就是利用不同浓度掺杂时同一发光的衰减寿命谱拟合得到作用参数 s 的数值，根据 s ＝ 6、8、10，分别将能量传递归结为偶极－偶极、偶极－四极和四极－四极作用，并且计算能量传递的特征距离 R_0。然后基于级数近似，利用具体掺杂浓度的衰减寿命、离子间距和上述的特征距离，计算出能量传递的速率。

造成 Dexter 理论的这种应用局限就在于速率的直接计算尚不明确，所以只好反过来考虑。虽然近年来涌现了不少改进的、计算能量传递速率的模型，但是值得指出的是，所有这些模型都需要对 D 和 A 的分布等进行限制，因此实际应用的时候必然存在偏离。目前最常见的是 I－H、D－H 和 V－F 模型[48]。其中 I－H 模型是将 D 周围的 A 分布近似为随机连续分布，并且每个 A 的分布是独立的，不受其他 A 分布的影响，这种假设要求 D－A 没有短程作用，而且 A 浓度要比较低。D－H 模型中 A 分布不再是连续分布，而是更接近实际晶格的壳层分布，该模型逐层考虑不同 A 分布及其相应能量传递的影响，比 I－H 更为客观，但是模型仍然采用了 I－F 的独立占位近似，从而造成 A 格位的壳层分布误差，这是其主要缺点。V－F 模型则在 D－H 模型上假定 A 在某壳层上的占位是存在概率的，从而能利用组合的方法考虑 A 的分布，避免前面两种甚至会出现同一格位被多个 A 同时占据的错误，但这种组合占位本质上还是假定 A 的分布独立，只不过增添了位置的限制。另外，这三种模型都没有考虑 D－D 能量传递的影响，因此 Burshtein 进一步给出了考虑 D－D 能量迁移的跳跃模型（B 模型），该模型先考虑了无 D－D 能量迁移时 D 处于激发态概率的变化，然后加入了 D－D 迁移的影响作用，并且假定 D－D 能量迁移的结果就是各个 D 发生 D－A 能量迁移的概率趋于平衡（因为实际上不同 D 周围的 A 分布不同，因此各个 D 返回基态的概率是不同的）。显然，上述 I－H、D－H 和 V－F 模型给出的速率可以看做是无 D－D 能量迁移时的速率，从而可以将这三者与 B 模型组合起来，得到更准确的 I－H－B、D－H－B 和 V－F－B 模型。一个典型的例子就是对稀土掺杂冰晶石体系的计算模拟，对比各类计算结果，与上述关于模型的优缺点讨论一致，即 V－F－B 给出了符合实验数据更好的结果，如图 2－23 所示[48]。

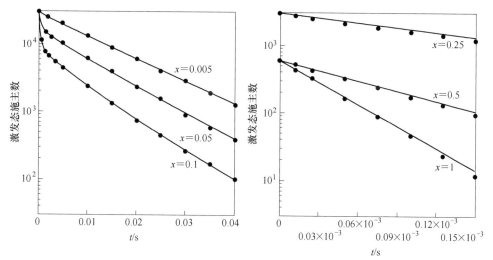

图 2 - 23　$Cs_2NaSm_xY_{1-x}Cl_6$ 体系中 Sm^{3+} 的 ${}^4G_{5/2} \rightarrow {}^6H_{7/2}$ 关于 6 种不同 Sm^{3+} 离子浓度 x

（$x = 0.005$，0.05，0.1，0.25，0.5，1）的发光时间演化曲线计算与实验结果[48]

——计算结果来自 V - F - B 模型发光；●实验得到的发光衰减曲线

2.5.3　光强、光产额、量子效率和光衰减

　　虽然发光动力学已经提出了基于整体的能带模型和基于局部的离子模型，但是如前所述，这些模型都各有其优缺点，因此，实际的发光动力学计算主要采用基于这两类模型的推导公式或者利用实验数据回归拟合的经验公式。在理论计算仍远未完善之前，这些公式可以作为半定量的工具来指导相应的材料研发。下面简要介绍一下稀土发光动力学常用的经验公式。

2.5.3.1　温度依赖关系

　　基于能带模型可以知道禁带宽度是随温度变化的，这就影响到电子的跃迁以及复合。因此发光强度大小与温度有关，一般情况下高温下自吸收加重，发光会变弱，但是低温下发光的变化还与热激活能有关[49]：

$$I(T) = \frac{I_0}{1 + A\exp(-E/kT)} \quad (2-4)$$

式中，I_0 为 0K 时的强度；A 为无辐射（P_{nr}）与辐射（P_r）跃迁几率的比值；k 为玻耳兹曼常数；E 为热激活能。

　　基于实验数据的拟合可以得到 I_0、A 和 E 的值，还能估测衰减时间：

$$\tau = \frac{1}{P_r + P_{nr}} \approx \frac{1}{P_{nr}} = e^{\frac{E}{kT}} \quad (2-5)$$

　　显然，利用这个近似式，也可以根据不同温度下的衰减时间测试值来求取热猝灭后的激活能。

　　值得注意的是，温度升高引起的发光强度下降和发光衰减时间的缩短由于本质原因是一样的，因此其变化具有相同规律，即减少的数量级是一致的。如果一种材料存在多个发光峰，那么变化规律会随波长而不同，一般波长增加，衰减时间增长，发光强度下降较慢。

2.5.3.2　Judd – Ofelt 模型[50]

　　稀土离子在化合物中原先禁阻的电偶极跃迁可以实现，从而获得很强且尖锐的吸收与发射谱线，这迫使人们思考晶体场的影响。1937 年，Vleck 首先利用奇宇称静态晶体场和奇宇称晶格振动定性解释了电偶极跃迁的解禁现象，1962 年，Judd 和 Ofelt 几乎同时给出了定量描述与公式，这就是著名的 Judd – Ofelt 模型，其常用的三参量公式为：

$$P = \frac{(n^2 + 2)^2}{9n} \cdot \frac{8\pi^2 m\nu}{3h(2J + 1)} \sum_{i=2,4,6} \Omega_i \left| \langle f \| U^{(\lambda)} \| i \rangle \right|^2 \qquad (2-6)$$

式中，P 为吸收振子强度；n 为材料折射率；ν 为跃迁平均频率；m 为电子静止质量；h 为普朗克常数；i 为成分分量，其取值为 2、4、6；f 为终态；$U^{(\lambda)}$ 为跃迁矩阵元；Ω_i 为 Judd 强度参量，其中 Ω_2 对环境很敏感。

　　Judd – Ofelt 理论的优势在于可以描述晶体场的影响，更重要的是 Ω_i 与描述跃迁强度的参量相联系，从而理论上可以计算发光寿命和发光强度。不过，与其他理论类似，直接从头算出式（2-6）中所需的各个参数值超越了现在的技术条件，实际应用中存在着不少假定，最重要的一个就是跃迁矩阵元被认为是不变的，不同基质之间可以通用，一般是直接利用水溶液等基质中已发表的数据。

　　除了实用中的假定，就连 Judd – Ofelt 公式也是基于简并缔合近似的，即将所有需中间激发态的能量都取为其平均值，从而可以简化计算公式。这种近似假定中间态的贡献都是一样的，如果某种材料的能级跃迁中中间态的贡献明显不同，计算结果与实验就有很大的偏差，这种例子并不少见，如稀土磷酸盐的电子喇曼散射强度计算值与实验值的严重偏离就是一个典型[50]。

　　目前 Judd – Ofelt 三参量公式广泛应用于激光材料。一般分析程序如下：测试吸收谱，接着利用式（2-6）拟合出 Ω_i，然后计算激光能级向所有下能级的辐射衰变几率，利用这些几率之和的倒数算出辐射寿命，最后与实验测得的寿命比较可以进一步得到无辐射寿命（忽略能量传输几率）[50]。另外，基于拟合某一跃迁得到的 Ω_i 可以用于其他能级的计算（正向计算），一方面有助于预测其他能级跃迁的强度和寿命，另一方面也可以利用实验结果来验证已经拟合的 Ω_i 的准确性。

　　值得一提的是，虽然近年来已经有改进 Judd – Ofelt 公式的报道，但是这些改进同样是基于其他的拟合和近似，所得结果的准确性不一定比原始的三参量公式更为优越，因此，Judd – Ofelt 模型或公式在稀土材料中的应用仍然是以三参量公式为主。

2.5.3.3 理论光产额和衰减时间

由于将材料发展为实用的单晶和透明陶瓷是一项繁重的工作，需要消耗大量的时间和经费，因此近年来以闪烁材料为主的发光材料迫切需要对光产额和衰减时间进行预期，从而避免在性能较差的材料上的投入浪费。基于能带模型，外来一个光子将激发若干对电子－空穴，其浓度与禁带宽度密切相关，进一步假定能量传递是理想的无损耗的，就可以得到一个光产额估算的经验公式[51]：

$$Y = \frac{10^6}{2.5E_g} \qquad (2-7)$$

式中，Y 为光产额；E_g 为禁带宽度。

值得注意的是，式（2－7）是假定所产生的电子－空穴对完全实现辐射发光的能量传输，另外，产生电子－空穴对的能量与禁带宽度不是直接相等的，这一差异就包含于右边分母中的系数中（此处是 2.5，实际取决于化合物的成键方式等物理化学因素）。式（2－7）是用于卤化物和硫化物半导体闪烁材料的理论光产额估计的，以 ZnS:Ag 作为基准，从而得到另一个系数（右边分子项中的 10^6）。显然，利用式（2－7）可以对离子键为主的化合物进行估值，但是必须注意其局限性。就现有研究看，不管是哪种卤化物或硫化物，这个理论值都高于实际得到的实验值。

就衰减时间方面的预测，已有的模型认为其与折射率和跃迁振子强度有关。如 Ce^{3+} 的衰减时间存在如下的表达式[51]：

$$\frac{1}{\tau} \propto \frac{n}{\lambda_{em}^3}\left(\frac{n^2+2}{3}\right)^2 \sum_f |\langle f \|\mu\| i\rangle|^2 \qquad (2-8)$$

如前所述，在稀土离子发光跃迁中，跃迁振子强度的矩阵元（μ）是假定不随基质变化的，因此，当基质结构差别不大的时候，从式（2－8）可以看出，衰减时间与基质的折射率和发射波长密切相关，分别是四次幂和三次幂，这就意味着折射率越大，波长越短，衰减越快。另外，式（2－8）的推导与 Judd － Ofelt 理论是有关联的，具体可以参考更专业的书籍介绍。

具体的完整衰减时间计算公式仍有待发展，就上述正比关系而言，由于折射率、跃迁振子强度以及发射波长并不是彼此独立的，因此实验拟合的经验公式可以实现表达式的简化。如卤化物掺杂 Ce 的闪烁材料中，衰减时间满足如下的简单关系式：

$$\tau = \beta\lambda^2 \qquad (2-9)$$

式中，$\beta = 1.5 \times 10^{-4} \text{ns/nm}^2$。

2.5.3.4 量子效率

量子效率也称为量子产率，其值等于能量传输各阶段的效率的乘积，一般的理论计算可以假定发射时的转换效率是 100%，因此重点考虑能量传递效率，而这个能量传递效率可以利用衰减时间的测试得到。下面以 Ce - Yb 能量传递为例进行说明[52]。

对于 Ce 和 Yb 双掺的 YAG 样品，由于存在着 Ce 到 Yb 的能量传递，其效率 η_{ET} 为：

$$\eta_{ET} = 1 - \frac{\tau_{Ce,Yb}}{\tau_{Ce}} \qquad (2-10)$$

式中，$\tau_{Ce,Yb}$，τ_{Ce} 分别为双掺和单掺时 Ce 发光的衰减时间，那么 Yb 发光的量子效率 QY_{Yb} 可以按式（2-11）计算：

$$QY_{Yb} = 2\eta_{Yb}\eta_{ET} \approx 2\eta_{ET} \qquad (2-11)$$

假定 Yb 发光时能量转换效率 η_{Yb} 是 100%，那么由此就可以算出双掺时 Yb 的发光量子产率是 96% 左右。

2.5.4 小结

稀土发光动力学理论研究的困难是由稀土原子结构决定的。一方面稀土原子或离子具有未充满的 4f 壳层，本质上属于 N 电子体系，而能带模型则对应单电子近似；另一方面，稀土原子或离子的电子存在轨道与自旋角动量的多种耦合，存在着强关联作用和相对论效应，其精确表达已经超出了现有技术的范畴，即目前的稀土光谱从头算工作给出的结果只能作为参考。另外，实际材料中的稀土离子不是自由的，必须考虑环境的影响，或者说简化的球形对称性不再适用，能级简并度也被破坏，这就有了宇称禁阻的电偶极跃迁可以出现在占据非中心对称格位稀土离子中的现象，也出现了 4f 亚层内部跃迁的精细光谱（劈裂）。虽然一般性光谱测试中，由于晶体场对 4f 电子的影响比较弱，稳态激发 - 发射光谱多数表现为单峰或者 2~3 个劈裂峰，但是这种影响在发光动力学计算中是需要考虑的，因为它涉及跃迁振子强度的计算，决定了发光强度与发光衰减。晶体场的影响可以利用局域化的模型来描述，而能带模型则强调平移对称，强调价电子波函数的扩张和价电子的公有化，难以体现晶体场的作用。

就前述基于 Dexter 等人提出的理论而获得的能量传递模型可以知道，这些模型本质上是将原子或离子看做是粒子来处理的，因此不能体现原子或离子内部的电子结构及其与环境的相互作用对能量传递的影响，这也是这些公式只能用于拟合而不能从头推导的原因。

同样的，Judd - Ofelt 公式及其衍生公式包含了发光强度、吸收强度和衰减寿命等重要参数，但是仍然是反向的拟合计算作为主流，即利用实验测得的吸收、发光和衰减，反过来获得表征晶场化学环境的参数，然后再利用这些重要参数保持不变的假定来估算其他能级跃迁的强度和衰减。

总之，在稀土发光材料方面，能级与强度的理论计算还未成熟，而关于激发态的各种弛豫（衰减）、能量传递速率等动力学问题更是困难重重，因此"拟合理论目前仍是主导的"[50]。

2.6 稀土发光的其他影响因素

2.6.1 基质

如前所述，稀土陶瓷的发光性能与化合物的结构缺陷和杂质缺陷有关。前者引起的发光称为非激活发光（自激活发光），后者引起的发光称为激活发光，相应杂质（掺杂稀土离子）称为激活剂，这类发光材料在稀土发光陶瓷中占主要地位。一方面，在外界能量激发下，发光主要来自激活剂的电子跃迁（特征性发光），如果存在多种激活剂，发光性能还和各激活剂及其激活剂间相互作用有关，如在共激活剂中，其中一种激活剂可作为敏化剂，将吸收的能量传给另一个激活剂。如 Sb、Mn 激活的卤磷酸盐中的 Sb 就可作为敏化剂，因此发射光谱和激发光谱取决于激活剂在晶格中的位置（置换或间隙）、激活剂周围环境（如基质各成分元素的浓度等）以及是否存在共激活剂等因素。另一方面，外界能量主要由发光材料基质的晶格所吸收，此时，基质和激活剂间相互作用的增强有利于提高发光效率。因此，基质对稀土发光的影响主要体现为两个方面，首先就是基质提供了起发光作用的稀土离子的占据位置和在这些位置上占据的数量，这些位置最主要的就是晶胞中的原子格位——虽然稀土离子在陶瓷中也可能分布到晶界等，但是由于能量因素和晶界体积限制，公认的并且常见的稀土发光仍然是基于原子格位的。其次就是吸收，一种良好的基质一方面要充分吸收外界能量，有效传递给稀土离子，另一方面还要对稀土发光少吸收或者不吸收。

就当前研究而言，吸收一般可以利用能带模型的观点，通过计算禁带宽度来预测，因此，下面重点介绍一下基质晶格对稀土离子 $4f$ 跃迁的影响[45]。

基质晶格对 $4f$ 跃迁的影响主要表现在 3 个方面：

（1）改变三价稀土离子在晶体场所处位置的对称性，使不同跃迁的谱线强度发生明显的变化，常见的就是 Eu^{3+}，如果处在反演对称位置，其发光谱线主要磁偶极跃迁，强度很弱。而如果处于没有反演对称的位置，原为禁戒跃迁的电偶极跃迁就变为允许跃迁，得到强度增加好几个数量级的强烈红光。另外，$5d \rightarrow 4f$ 能级跃迁的 Ce^{3+} 和 Eu^{2+} 等的发光同样也强烈受到基质的影响，见表 2-3。

（2）影响某些能级的分裂。仍以 Eu^{3+} 为例，不同格位对称性，如二次轴对称的 C_2 和四次轴加镜面对称的 C_{4v} 格位，能级分裂就不一样，从而得到的发光强度也不一样。

（3）基质的阴离子团可吸收激发能量并传递给稀土离子，起敏化中心的作用，即利用基质吸收与稀土离子激发光谱甚至发射光谱的重叠程度来改变最终稀土离子的发光。

表2-3　Ce^{3+}在不同基质中的发光峰值位置[45]

基　　质	YPO_4	Y_2SiO_5	Ba_2SiO_4	$Y_3Al_5O_{12}$
Ce^{3+}峰值/nm	320	410	442	550

2.6.2　制备与后处理

　　稀土陶瓷的制备与后处理主要是从物相组成和缺陷两方面影响所得材料的发光。不同的制备工艺条件所得的物相组成和纯度是不同的，即可以造成基质方面的差异，从而影响到稀土发光离子的分布，这本质上与基质对稀土陶瓷发光的影响是一样的，只是这时需要处理的既有多种基质的考虑，还有不同基质之间彼此影响的考虑。一个典型的例子就是同种稀土离子，在构成陶瓷的单晶晶粒（基质A）和烧结助剂形成的晶界（基质B）中的配位是不一样的，从而发光也会有所区别。

　　另外，制备方法会引入各种缺陷，对所得陶瓷材料的后处理，一般是不同气氛环境下的退火（即明显低于合成温度下的长时间保温）也是以改变陶瓷材料内部的缺陷为主。现代陶瓷，尤其是透明陶瓷的制备和后处理已经没有明显的界限，如最近报道的热等静压后处理（post-HIP）技术就是如此[53]。这种技术先利用常规的真空反应性烧结短时间（30min）并以较低的温度（1550℃）处理一下由氧化物混合成的素坯，然后就转入长时间高压并且较高温度的热等静压处理（150MPa，1~6h，1650℃），所得产物的微观结构与直接采用高温真空反应性烧结的陶瓷样品明显不同，如图2-24所示。从图中可以明显看出同种烧结过程而不同烧结助剂，或者同样的烧结助剂采用不同的烧结过程所得的产物的晶界、气孔和晶粒尺寸分布都是不一样的，这就意味着各自缺陷的影响效果是不同的。相关影响可以参考2.3节与2.4节中有关能带模型和缺陷影响的部分，这里就不再赘述。

2.6.3　发光稳定性及统计学考虑

　　陶瓷材料一般是以块体的形式进入应用的。如前所述，一方面构成陶瓷材料的是单晶颗粒，其组成和尺寸会受到制备与处理方法的影响；另一方面，陶瓷材料是单晶颗粒的聚集体，存在着晶界甚至气孔等第二相或者更多的物相。这就意味着同一批次甚至同一块陶瓷材料的发光性能会存在差异，因此发光性能的测试和描述严格来说必须引入尺寸、位置和批次等因素。但就目前的文献报道，一般并不考虑这些，更多的是报道最好的数值，而不给出该数值所对应的陶瓷材料的空间位置、尺寸以及制备批次。

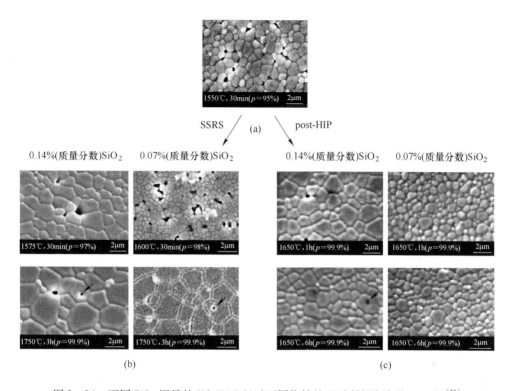

图 2-24　不同 SiO_2 用量的 Nd:YAG 经过不同烧结处理后所得陶瓷的 SEM 图[53]

（a），（b）直接高温真空反应性烧结；（c）附加热等静压后处理

　　另外，稀土陶瓷发光稳定性和统计学考虑也有助于衡量制备方法的优劣。如前所述，对于稀土掺杂发光的陶瓷材料，发光稀土离子可以分布在单晶颗粒的晶格中，也可以分布在晶界和其他物相中，由于单晶晶格位置的对称性约束，显然，来自于单晶晶格中的稀土离子的发光是稳定的，而且就批量生产的稀土陶瓷发光材料而言，统计学上也是属于窄分布的类型。但是如果发光性能包含了过多的晶界或其他非基质晶格占位的贡献，那么这类发光的波动就相当大，甚至同一个人、同一批、同样配比乃至同样制备和处理条件得到的样品也会产生发光性能存在较大离差的现象。即发光性能属于宽分布，这显然不利于量化生产以及材料的器件应用。而且，其各种光学性能也缺乏规律性。因此，一种有用的发光材料更多的是考虑晶格占位类型的发光机制，而将晶界等的影响归为次要缺陷或者尽量避免。

　　总之，稀土陶瓷发光的基质选择、制备和后处理除了确保获得所需的发光性能，还必须考虑这种性能的稳定性以及批次产品的统计学分布。

参 考 文 献

[1] 徐叙瑢，苏勉曾. 发光学与发光材料 [M]. 北京：化学工业出版社，2004.

[2] 孙家跃，杜海燕，胡文祥. 固体发光材料 [M]. 北京：化学工业出版社，2003.

[3] 彭勇，曹望和，刘文力. 掺铒光纤放大器在光通信中的应用 [J]. 应用光学，2003，24（1）：2.

[4] Kim J S, Kwon A K, Park Y H, et al. Luminescent and thermal properties of full – color emitting $X_3MgSi_2O_8$: Eu^{2+} , Mn^{2+} (X = Ba， Sr， Ca) phosphors for white LED [J]. Journal of Luminescence，2007，122，123：583 ~ 586.

[5] 汪婧，陈伯显，庄人遴. 无机闪烁探测器综述 [J]. 核电子学与探测技术，2006（06）：1039 ~ 1045.

[6] 吴璧耀，张超灿，章文贡. 有机—无机杂化材料及其应用 [M]. 北京：化学工业出版社，2005.

[7] Kim J S, Jeon P E, Park Y H, et al. White – light generation through ultraviolet – emitting diode and white – emitting phosphor [J]. Applied physics Letters，2004，85（17）：3696 ~ 3698.

[8] 李梦娜，雷芳，陈昊鸿，等. Li，Eu 掺杂 $NaY(WO_4)_2$ 荧光粉的合成与红色发光 [J]. 无机材料学报，2013（12）：1281 ~ 1285.

[9] 李江. 稀土离子掺杂 YAG 激光透明陶瓷的制备、结构及性能研究 [D]. 上海：中国科学院大学上海硅酸盐研究所，2007.

[10] 吴玉松. 稀土离子掺杂 YAG 激光透明陶瓷的研究 [D]. 上海：中国科学院大学上海硅酸盐研究所，2008.

[11] 李伟. CeF_3 透明闪烁陶瓷的制备及其性能研究 [D]. 上海：中国科学院大学上海硅酸盐研究所，2013.

[12] 陈敏. Cr^{2+} :ZnS/ZnSe 中红外激光材料的制备技术和性能研究 [D]. 上海：中国科学院大学上海硅酸盐研究所，2014.

[13] 李建宇. 稀土发光材料及其应用 [M]. 北京：化学工业出版社材料科学与工程出版中心，2003.

[14] NIST ASD Team. NIST Atomic Spectra Database (ver. 5. 3) [EB/OL]. [2016 – 03 – 30]. http：// physics. nist. gov/asd/.

[15] Guo C, Tang Q, Huang D, et al. Tunable color emission and afterglow in $CaGa_2S_4$: Eu^{2+} , Ho^{3+} phosphor [J]. Materials Research Bulletin，2007，42（12）：2032 ~ 2039.

[16] Tang Y, Hu S, Lin C C, et al. Thermally stable luminescence of $KSrPO_4$: Eu^{2+} phosphor for white light UV light – emitting diodes [J]. Applied Physics Letters，2007，90（15）：151108.

[17] Zhang S, Huang Y, Seo H J. The spectroscopy and structural sites of Eu^{2+} ions doped $KCaPO_4$ phosphor [J]. Journal of the Electrochemical Society，2010，157（7）：J261 ~ J266.

[18] Poort S H M, Meyerink A, Blasse G. Lifetime measurements in Eu^{2+} – doped host lattices [J]. Journal of Physics and Chemistry of Solids，1997，58（9）：1451 ~ 1456.

[19] Dorenbos P. Light output and energy resolution of Ce^{3+} – doped scintillators [J]. Nuclear Instruments and Methods in Physics Research Section A：Accelerators, Spectrometers, Detectors

and Associated Equipment, 2002, 486 (1, 2): 208 ~ 213.

[20] Dorenbos P. 5d – level energies of Ce^{3+} and the crystalline environment. IV. Aluminates and "simple" oxides [J]. Journal of Luminescence, 2002, 99 (3): 283 ~ 299.

[21] Dorenbos P. 5d – level energies of Ce^{3+} and the crystalline environment. III. Oxides containing ionic complexes [J]. Physical Review B, 2001, 64 (12): 125117.

[22] Dorenbos P. 5d – level energies of Ce^{3+} and the crystalline environment. I. Fluoride compounds [J]. Physical Review B, 2000, 62 (23): 15640.

[23] Dorenbos P. 5d – level energies of Ce^{3+} and the crystalline environment. II. Chloride, bromide, and iodide compounds [J]. Physical Review B, 2000, 62 (23): 15650.

[24] Jiao H, Zhang N, Jing X, et al. Influence of rare earth elements (Sc, La, Gd and Lu) on the luminescent properties of green phosphor Y_2SiO_5: Ce, Tb [J]. Optical Materials, 2007, 29 (8): 1023 ~ 1028.

[25] 孙为银. 配位化学 [M]. 北京: 化学工业出版社, 2004.

[26] Peijzel P S, Meijerink A, Wegh R T, et al. A complete energy level diagram for all trivalent lanthanide ions [J]. Journal of Solid State Chemistry, 2005, 178 (2): 448 ~ 453.

[27] 张思远. 稀土离子的光谱学: 光谱性质和光谱理论 [M]. 北京: 科学出版社, 2008.

[28] 张竞超. 稀土硼/钼/钨酸盐的合成及其荧光性质的研究 [D]. 吉林: 吉林大学, 2012.

[29] Jia G, You H, Song Y, et al. Facile chemical conversion synthesis and luminescence properties of uniform Ln^{3+} (Ln = Eu, Tb) – doped $NaLuF_4$ nanowires and $LuBO_3$ microdisks [J]. Inorganic Chemistry, 2009, 48 (21): 10193 ~ 10201.

[30] Giesber H, Ballato J, Chumanov G, et al. Spectroscopic properties of Er^{3+} and Eu^{3+} doped acentric $LaBO_3$ and $GdBO_3$ [J]. Journal of Applied Physics, 2003, 93 (11): 8987 ~ 8994.

[31] Wei Z, Sun L, Liao C, et al. Size dependence of luminescent properties forhexagonal YBO_3: Eu nanocrystals in the vacuum ultraviolet region [J]. Journal of Applied Physics, 2003, 93 (12): 9783 ~ 9788.

[32] Jia G, You H, Liu K, et al. Highly uniform YBO_3 hierarchical architectures: facile synthesis and tunable luminescence properties [J]. Chemistry – A European Journal, 2010, 16 (9): 2930 ~ 2937.

[33] Liu X, Lin C, Lin J. White light emission from Eu^{3+} in $CaIn_2O_4$ host lattices [J]. Applied Physics Letters, 2007, 90 (8): 81904.

[34] Kokuoz B, Dimaio J R, Kucera C J, et al. Color kinetic nanoparticles [J]. Journal of the American Chemical Society, 2008, 130 (37): 12222, 12223.

[35] 潘裕柏, 李江, 姜本学. 先进光功能透明陶瓷 [M]. 北京: 科学出版社, 2013.

[36] 沈毅强. 高光输出快衰减 Pr: LuAG 石榴石闪烁陶瓷的制备与研究 [D]. 上海: 中国科学院大学上海硅酸盐研究所, 2013.

[37] 赵新华. 固体无机化学基础及新材料的设计合成 [M]. 北京: 高等教育出版社, 2012.

[38] Yasuo I. Mechanism of photostimulated luminescence process in BaFBr: Eu^{2+} phosphors [J]. Japanese Journal of Applied Physics, 1994, 33 (1R): 178.

[39] Dorenbos P. Anomalous luminescence of Eu^{2+} and Yb^{2+} in inorganic compounds [J]. Journal of

Physics：Condensed Matter，2003，15（17）：2645.

[40] Liu S，Feng X，Zhou Z，et al. Effect of Mg^{2+} co – doping on the scintillation performance of LuAG：Ce ceramics［J］. physica status solidi（RRL）– Rapid Research Letters，2014，8（1）：105～109.

[41] Nikl M，Kamada K，Babin V，et al. Defect engineering in Ce – doped aluminum garnet single crystal scintillators［J］. Crystal Growth & Design，2014，14（9）：4827～4833.

[42] Fasoli M，Vedda A，Nikl M，et al. Band – gap engineering for removing shallow traps in rare – earth $Lu_3Al_5O_{12}$ garnet scintillators using Ga^{3+} doping［J］. Physical Review B，2011，84（8）：81102.

[43] Wang T，Farvid S S，Abulikemu M，et al. Size – tunable phosphorescence in colloidal metastable γ – Ga_2O_3 nanocrystals［J］. Journal of the American Chemical Society，2010，132（27）：9250～9252.

[44] Su Y，Li G，Chen X，et al. Hydrothermal synthesis of $GdVO_4$：Ho^{3+} nanorods with a novel white – light emission［J］. Chemistry Letters，2008，37（7）：762，763.

[45] 唐明道. 发光学讲座　第五讲　稀土发光［J］. 物理，1990（06）：366～371.

[46] 冯锡淇. YAG 和 LuAG 晶体中的反位缺陷［J］. 无机材料学报，2010（08）.

[47] 刘晓为，王蔚，张宇峰. 电子信息与电气学科规划教材：固态电子论［M］. 北京：电子工业出版社，2013.

[48] 马义，闫阔，杨波，等. 掺杂稀土离子发光动力学模型［J］. 物理学报，1999（07）：180～190.

[49] 施朝淑，魏亚光，刘波，等. $PbWO_4$ 闪烁晶体的发光动力学模型［J］. 发光学报，2003（03）：229～233.

[50] 夏上达. 稀土发光和光谱理论的研究进展［J］. 发光学报，2007（04）：465～478.

[51] Birowosuto M D，Dorenbos P. Novel γ – ray and X – ray scintillator research：on the emission wavelength，light yield and time response of Ce^{3+} doped halide scintillators［J］. Physica Status Solidi（A），2009，206（1）：9～20.

[52] Ueda J，Tanabe S. Visible to near infrared conversion in Ce^{3+} – Yb^{3+} co – doped YAG ceramics［J］. Journal of Applied Physics，2009，106（4）：43101.

[53] Chretien L，Boulesteix R，Maitre A，et al. Post – sintering treatment of neodymium – doped yttrium aluminum garnet（Nd：YAG）transparent ceramics［J］. Optical Materials Express，2014，4（10）：2166～2173.

3 稀土陶瓷表征技术

3.1 物相分析

　　X 射线的波长很短，与构成物质的原子之间的距离处于同一数量级（约 0.1nm），从经典波动学理论出发，周期性排列的原子必然会对入射的 X 射线产生衍射现象，因此通过实验测试的衍射数据就可以反过来推导原子排列的结构信息，从而获得诸如原子坐标、原子种类、晶胞大小和化合物相态等信息。这就是 X 射线衍射结构分析的基础。

　　X 射线衍射现象来源于原子的周期性排列。对于单晶，由于原子在整个三维空间都是按照同一规则周期性扩展的，因此衍射图案是明锐的斑点，但是陶瓷属于多晶，即构成陶瓷的小晶粒之间存在着取向差异，理想条件下同一方向的衍射在整个三维空间的各个方向都能观测到，即这时的衍射斑点彼此连续成了衍射环，实际测试的时候，如果采用点探测器，得到的就是切割各衍射环直线与环相交点的强度，如果采用二维面探测器，就可以获得一圈圈同心的环状图案。到目前为止，一般所谓的多晶衍射都是基于颗粒足够小（100～10000nm）的粉末建立起来的理论和技术，因此也称为粉末衍射，相关说法有 XRD(X - ray diffraction)、PXRD(powder X - ray diffraction) 和 XRPD(X - ray powder diffraction)，其中又以 XRD 这一术语用得最为广泛。

　　由于陶瓷等多晶样品的粉末衍射图案是由化合物的晶胞和晶胞内的原子组成唯一决定的，因此粉末衍射具有"指纹性"，即对比实验所得谱图和已知化合物的谱图，如果两者在谱峰强度和位置上保持一致，就可以确认该实验谱图对应的样品就是这个已知化合物。实际上，由于不同测试得到的谱图具有不同的绝对强度，因此，广泛采用的是相对强度比值，即以最强峰作为 100% 进行归一化，利用衍射峰分布和相对强弱比值的组合信息作为谱图比较的标准。这种组合信息也构成了标准数据库的基本数据。另外，由于衍射峰的强度正比于试样被照射的体积，因此利用衍射峰强度还可以求取物质的含量，完成定量分析。这种定性判断化合物的晶相并估计该晶相的相对含量统称为 X 射线粉末衍射物相表征。

　　在定性分析方面，国际公认作为物相归属依据的粉末衍射文件（Powder Diffraction Files，PDF）来自国际衍射数据中心（International Center for Diffraction Data，ICDD）的粉晶数据库。目前该数据库由于所含化合物数量非常庞大，因此按照有机、无机和金属矿物等又划分成若干个子库，而且依据功能和商业用途还专门设置了针对粉末衍射仪的 PDF－2 数据库。这些数据库的名称采用 PDF－x，其中编号"x"用于区分不同的数据类型，陶瓷行业一般购买 PDF－2 数据库即可满足需求。另外，数据库的信息录入一般都滞后于新化合物的报道，通常相差半年或更长，因此，对于前沿性研究，需要根据文献报道的晶体结构数据（晶胞参数＋原子信息）自行建立标准数据。很多软件如免费的 Fullprof、GSAS 和商业的 Match、Jade、TOPAS 等都提供了这类功能。值得一提的是，由于粉末衍射技术在 20 世纪初已经开始广泛使用，而计算机及其电子数据库则是半个世纪以后才逐渐发展起来，因此，早期提供的标准文件采用硬纸卡片的形式（后来也出现了成册装订的版本），称为 JCPDS（Joint Committee on Powder Diffraction Standards）卡片，这也是有些文献在提到参考谱图的时候仍然采用 JCPDS 说法的原因。

X 射线衍射物相定性表征的三个原则是：（1）优先考虑衍射峰位置；（2）辅助考虑衍射峰强度相对比例；（3）优先考虑强峰的存在性。这是因为粉末衍射谱图的强度不但来自样品，也包括了背景和杂相等的贡献，而且样品本身也会因为择优、表面粗糙、荧光等因素干扰了强度的正确表达。因此实际所得的相对强度甚至可能出现弱峰和强峰反向的情况，相对来说，衍射峰位置受到的影响要少很多。所以定性分析首先对比谱峰位置，然后兼顾谱峰强度，如果位置对上而强度出现反常，一般应当重新制样或者仔细分析。第三个原则主要用于杂相分析，由于杂相衍射强度比较弱，因此很难看到所有的衍射谱峰，最多找到强峰，因此，判断杂相的时候以是否找到两条以上的衍射峰作为基础，然后结合原料、合成等进一步判断。如图 3－1 所示，首先通过查找数据库，可以发现主相与 PDF#48－0886 谱图一致，根据原料组成，确认是白钨矿结构的 $NaY(WO_4)_2$，在较低温度下（1000℃ 和 800℃）存在着没有对应的谱峰（杂相峰），通过对比强峰的位置，找到了 PDF#20－1324（WO_3）和 PDF#05－0386（$W_{10}O_{29}$），然后结合反应条件，可以认为的确存在着氧化钨的杂相。当然，更进一步的证明还可以利用衍射峰的分解，从而获得更多的杂相衍射峰进行分析。

X 射线衍射物相的定量表征存在着多种技术。在假定谱图不存在系统和人为误差的前提下，传统做法有内标法、外标法和参比法。其中参比法也称为相对强度比例法（reference intensity ratio，RIR），即首先选择一种化合物（目前是刚玉 Al_2O_3）作为参比，其他化合物的不重叠最强衍射峰的强度与其最强峰强度进行比较，得到了一个比值，利用这个 RIR 值，不同化合物之间就可以直接比较，而且可以给出相应化合物各自的含量。PDF 数据库中绝大多数化合物都具有 RIR 数据，可以直接使用，Jade 等软件也提供了直接使用 RIR 法进行定量分析的操作。不过，RIR 法没有考虑制样和测试时对谱峰强度的影响，因此，只能归属于半定量分析。

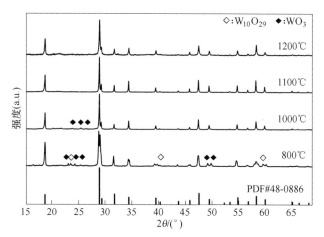

图 3 – 1　不同煅烧温度时未掺 Eu 的 NaY(WO₄)₂ 荧光粉的 XRD 图谱[1]

更先进的 X 射线衍射物相的定量表征是建立各种影响谱图强度的物理模型，通过对比实验谱图和计算谱图，调整参数获得二者的最佳拟合。Rietveld 法就是这类精修表征物相含量技术的典型代表。

Rietveld 算法属于一种优化算法[2]。它将实验 X 射线粉末衍射谱图与基于物相含量、晶胞结构、谱峰线形、背景函数、表面粗糙度、择优取向、应变展宽函数等理论模型产生的计算衍射谱图进行对比，通过调整定义各类模型的变量数值，使得二者的差异低于预先指定的阈限，从而得到合理的描述问题结构的精修参数值，而物相含量参数就是其中之一。每一套参数所得的衍射谱图与实验谱图的一致性一般是利用品质因子 R（也称残差因子）的数值来进行评价，常用的 R 因子类型有谱图 R 因子（R_p）、加权谱图 R 因子（R_{wp}）和布拉格 R 因子（R_B）三种，不同精修软件的定义可能有所差别，需要参考相关的软件技术手册。上述三种 R 因子中，由于 R_{wp} 同时考虑谱图的拟合程度和数据点的误差（通过权重来表征），因此最具代表性，也是最常使用的衡量结果的数学性指标。

Rietveld 精修定量相分析理论上可以得到绝对的定量相分析结果，但是到目前为止，不少效应的物理模型仍然没有明确或者不具有普适性，如微吸收效应和谱图展宽效应等，因此，虽然它全面考虑了影响强度的各种因素，但是仍需要进一步完善。

使用 X 射线粉末衍射进行物相表征时，一般需要记录相关设备的信息，作为实验报告和学术论文中有关实验测试表征的内容，相关信息包括设备型号、X 光源电压电流和单色器等。如对于实验室用 X 射线粉末衍射仪，可以如下介绍：Huber G670 平板成像 Guinier 相机，Cu $K_{\alpha1}$，锗单色器，40kV/30mA。对于同步辐射光源则需要更详细的说明，如：上海同步辐射光源 BL14B1 X 射线衍射光束线站的 Huber 六圆衍射仪，弯铁光源，以预准直镜 + 双晶单色器 + 后置聚焦镜获得较高能量分辨率和角分辨率的单色 X 光源，能量分辨率为 $\Delta E/E$ 在 10keV 时约为 1.5×10^{-4}，聚焦模式时发散角约为 $2.5_H \times 0.15_V \text{mrad}^2$，波长 12.438nm。

3.2 化学法组成分析

原子外围的电子具有不同的能级，其中越靠近原子核的电子受到外界的影响越小，能量也更加稳定。不同种类的原子，由于原子核与核外电子的相互作用不同，这就使得表征内层电子所处的能量可以鉴别出原子的种类，而相应的电子数量可以代表原子的个数，即利用外来能量辐照材料后，构成材料的原子的内部电子发生能级跃迁所产生的特征谱线及相应谱线的强度能够实现元素的定性、半定量和定量分析，这就是化学法组成分析的基本原理。另外，基于原子核数与带电电荷数（即离子的荷质比）也可以鉴别离子来源，反馈元素种类，但由于荷质比存在着多义性，即一个数值可能对应多种离子，因此与上述基于原子光谱的化学成分分析是有区别的。目前陶瓷领域，常用的元素分析手段包括电感耦合等离子体原子发射光谱（inductively coupled plasma atomic emission spectrometry，ICP – AES）、电子探针微区分析（electron probe microanalysis，EPMA）、常规化学分析以及辉光放电质谱（glow discharge mass spectrometry，GDMS）。

电感耦合等离子体原子发射光谱（ICP – AES）的测试原理是在等离子体高温作用下，样品中的分子、原子或者离子被气化，从而进一步降低了原子内部电子能级跃迁受周围环境的影响，并且能够和已经建立的基于气态原子的标准能级数据进行比较。此时通过内部电子能级跃迁所产生谱线的波长和强度就可以确定样品所含成分及百分比。ICP – AES 操作简单便捷，而且分辨率很高，可以达到 10^{-6} 数量级，同时适用于杂质和基质，但在实际使用中，仪器为了追求高灵敏度都是尽量提高弱谱线的强度，如果同样的部件不加修改应用于基质元素分析，将因为谱线信号过强而产生饱和，得不到基质的正确组成，因此，实际操作中也有专用于杂质含量分析，而将基质元素分析划入常规化学分析的范畴的做法。目前 ICP – AES 已有商业化产品，代表型号有美国 Thermo Scientific 公司的 Iris Advantage 系列和美国 Varian 公司的 Vista AX 系列。

电子探针微区分析的基本原理是当电子束入射到样品上，构成样品的原子受激发射特征 X 射线，这些特征 X 射线的波长代表了元素种类，而其强度则可以用于定量分析。由于电子束可以利用磁场聚焦，等同于可见光和光学玻璃透镜的关系，因此实际使用中电子束可以聚焦到微米级甚至纳米级，从而实现微米级甚至纳米级区域整体元素平均分布的分析，这就是所谓的微区分析的由来，相应的这种技术称为电子探针微区分析（electron probe micro – analysis，EPMA）。通常 EPMA 功能模块都是集成于电镜上，在完成扫描电子显微镜（SEM）或者透射电子显微镜（TEM）操作的同时，即可完成 EPMA 测试，EPMA 代表设备有日本

Shimadzu 公司的 EPMA – 8705QH2 电子探针仪。该设备二次电子像分辨率为 6nm，元素分析范围：B ~ U；元素检测极限约为 0.01%；定量分析的总量误差小于 ±3%。

基于特征 X 射线的化学成分分析还有一种重要的技术，就是 X 射线荧光，它与 EPMA 的主要区别在于入射光源采用的是高能 X 射线。另外，由于 X 射线没有合适的聚焦透镜，因此区域分析一般采用的都是遮光原理，即利用光阑或者光圈来选择，这就限制了区域的尺寸，而且浪费了光源，因此 X 射线荧光适合于宏观尺度（几百微米以上，主要是厘米区域）的整体元素平均含量分析。近年来，通过毛细管透镜和波带片实现了 X 射线的聚焦，达到微米级的光斑，但是这种聚焦是以能量的损耗作为代价的，因此目前仅在同步辐射光源上开始初步应用，有待今后的发展和普及。

常规化学分析法是基于化学反应，首先将待测样品转化为某种合适的能参与化学反应的试剂，通过化学反应的现象如颜色变化等来确定反应终点，然后利用已知的参与反应的试剂用量和反应方程来推算待测样品所转化试剂的用量，从而进一步得到待测样品的组成。常规化学分析法的优点在于操作简单、设备易得和经济性强，但是需要大量样品，不适合于 0.1% 以下的元素的精确分析以及不能多元素同时分析。具体陶瓷成分的化学法分析可以参考相关教材[3]，这里不再赘述。

近些年来，在有机化合物中广泛使用的质谱技术随着高能激发源等技术的进步，也引入到陶瓷块体的研究中，辉光放电质谱仪就是这类设备的代表。其原理如下：高压电场电离惰性气体产生的正离子撞击作为阴极的样品表面（阴极溅射过程），产生的二次离子大部分回到样品表面，而中性气态原子则可自由运动，在负辉区（离阴极比较远）被电子和处于亚稳态的惰性气体原子电离，所得离子（一般为 +1 价位）进入探测器，形成质谱。辉光放电质谱的优点在于可以直接分析固体样品中的痕量杂质，而且它检测的是荷质比，记录的是带电离子的动能，因此涉及元素几乎覆盖整个元素周期表，具有超低检出限，响应灵敏度因子动态范围宽等优点，已成为固态高纯材料杂质分析的主要手段，代表商用设备有英国 Thermo Elemental 公司生产的 VG900 型辉光放电质谱仪，大多数元素的检出限为 $0.1 \sim 0.001 \mu g/g$。

3.3　热分析

物质的物理和化学变化与温度关系密切，温度的变动引发体系热运动的改变，所以广义上的热分析包含了对各种随温度变化而发生变化的物理量（如热量、质量、力学性质、发光、荷质比等）的表征。陶瓷领域常用的热分析技术一般包括两种类型：测试质量随温度的变化的热重分析（thermogravimetric，TG）

和测试热流（吸热或者放热）随温度变化的差热分析（differential thermoanalysis, DTA——测试样品与参比物的温差随温度的变化）或者差示扫描量热法（differential scanning calorimetry, DSC——测试维持样品与参比物温度等同时所消耗能量（即电能）随温度的变化）。一般的热分析设备也是针对上述功能而提供的。

目前国内常用的热分析设备有德国 Netzch 公司的 STA 系列以及北京光学仪器厂推出的 FRC/T 和 WCT 系列。热分析测试时需要考虑的实验条件包括样品、升温速率、气氛和盛放样品的坩埚。相关的影响因素可参考专门的论述[4,5]，归纳起来主要有如下要求：

（1）样品必须尽量磨细，而且用量合适，过少则信号弱，过多则造成加热不均，谱峰宽化。

（2）升温速度过快会导致谱峰往高温移动，并且湮没肩峰，但是过慢除了测试时间延长，还要受到系统噪声的影响。

（3）气氛选择要合适，否则热分析时会由于气体的释放或者吸收从而产生信号强度的古怪变化，影响结果分析。

基于热重、差热或者差示扫描量热分析可以获得陶瓷的熔化温度、分解温度、烧结温度、去水温度、中间反应成分、反应热效应等重要物理化学参数，从而指导陶瓷粉体的制备，陶瓷块体的烧结、陶瓷浆料的处理、陶瓷纯相的判断以及陶瓷制备动力学的分析等。

另外，陶瓷领域的热分析技术还有热膨胀分析：表征陶瓷在温度改变时的膨胀率；热应力分析：表征陶瓷在温度改变时的应力变化以及热扩散分析：表征陶瓷在温度恒定或者温度存在梯度时组分的偏析现象等。

值得一提的是，物质中如果存在缺陷，当它受外界能量激发产生电子 - 空穴对后，部分电子/空穴就会被俘获。当加热该物质时，这些电子/空穴获得能量，从陷阱中脱离，电子 - 空穴对重新复合并产生光辐射，这就是热释光。本质上，热释光就是研究加热过程中物质的发光现象的技术，也属于热分析技术的一种。通过分析热释光谱峰，可获得材料内部的可能缺陷的数目，估计缺陷能级和振动因子，然后依据光谱波长对缺陷种类进行定性判断，同时可以根据已经建立的各种动力学模型计算缺陷寿命等，从而为陶瓷材料的缺陷研究提供理论和实验依据。目前热释光设备既有自建设备，也有商业化设备，国产的热释光设备以北京核仪器厂的 FJ427A 型微机热释光剂量仪（microcomputer thermoluminescent dosemeter）作为代表，仪器主要参数如下：线性度范围 $1 \times 10^{-4} \sim 4Gy$；温度范围：$RT \sim 500℃$，升温速度 $0 \sim 40℃$，恒温时间 $0 \sim 500s$；仪器灵敏度不大于 5%；最大相对误差不大于 ±5%。热释光测试时需要注意的事项与上述热重、差热和差示扫描量热分析需要注意的事项类似。

3.4 光学显微

顾名思义，光学显微表征就是利用光学显微镜观察陶瓷样品的技术。

基于近轴光学理论，当物体 AB 远离透镜焦距所处位置时，在透镜的另一边会得到倒立的放大映像 A′B′。映像的长度与物体长度之比就是放大镜的放大倍数（放大率）。这个放大倍数反比于透镜的焦距，即焦距越短，放大倍数越大。但是当焦距不断缩短的时候，近轴的假设就不成立了，此时反而会因为表面曲率的过分增大而使映像变得模糊不清，因此普通的放大镜焦距在 10 ~ 100mm，仅能放大 2.5 ~ 25 倍，放大倍数更高的显微镜必须采用多级透镜组合，即所谓的目镜 - 物镜组合来实现更高的放大倍数。光学显微除了涉及透镜的焦距问题，还必须考虑光源的波长问题，因为实际成像过程是先在焦平面上形成衍射像，然后衍射光经会聚后才形成映像，这就意味着要获得清晰的映像，衍射峰要能明显分辨，理论上已经证明这种分辨率正比于波长，即观察所用的光源波长越短，分辨率越高，可以看到更底层的细节。由于光学显微镜一般工作于可见光波段，因此最多只能达到 2μm 左右的级别，而电子束的波长更短，利用电磁透镜进行聚焦，可以达到几十纳米的级别。

传统上，光学显微表征技术常用于分析陶瓷的宏观性质，如古陶瓷宋代均窑釉中的方石英析晶[6]，磨料研磨抛光后陶瓷表面的宏观损伤[7]以及陶瓷表面经过化学腐蚀后的晶界图像和气孔[8]等，从而对陶瓷的宏观质量做出评价，同时也可以作为进一步介观和微观结构研究的依据。近年来，随着激光光源、共聚焦光路和相位技术的引入，光学显微表征技术逐渐向微米级、可剖面分析和 3D 体视的方向发展。由于激光属于相干光，相比于金相显微镜常用的卤钨灯光源，所得的衍射像更为清晰，成像分辨率更高，而且激光能量集中、亮度大，因此利用透镜将光束聚焦到样品纵向深度的某一点，此时该点所成物像相对于其余部分更为清晰，通过计算机技术进一步处理后，就可以获得指定深度处的图像，实现剖面分析。同理，基于不同深度距离焦点的远近所产生的不同欠焦像的处理和叠加，可以 3D 重构物像，获得立体的图像。另外，计算机软件附带的图像元素识别和处理功能还可以方便实现粒度分析统计和气孔识别分析等功能。因此，目前配有强大计算机软件和数字 CCD 成像技术的激光光学显微镜在表征陶瓷的宏观和介观性质方面起着越来越大的作用。

如果按照成像模式来区分，光学显微镜常见的是透射型，即光源在下面，人眼或者成像 CCD 在样品的上方；另外对于非透明的陶瓷，也可以模仿金相显微镜，采用反射型，利用不同组分反射率的区别来实现对陶瓷表面不同部位的成像并且进行分析。对于透光和反光性能差别不大的陶瓷颗粒，还可以利用相衬显微镜，在一般显微镜上附加了相环和 1/4λ 环形相板进行区分。

陶瓷样品在光学显微成像之前一般都要经过前期处理。这些处理必须根据拟要观察的对象进行决定。例如要观察陶瓷样品内部的气孔分布,粗略估计气孔尺寸,就需要对样品进行光学级别的抛光,而且采用激光光源。如图 3-2 所示就是以日本 Olympus 公司生产的 BX51 激光体视显微镜对 Yb 掺杂的 $Y_3Al_5O_{12}$ 透明陶瓷的光学显微成像图[9]。其中图 3-2(a) 和(c)是表面成像图,而图 3-2(b) 和(d)是利用共聚焦调整激光束聚焦位置得到的内部图像,由此可以获得不同掺杂浓度下气孔的表面和体内分布对比,并且进一步估算气孔的浓度。

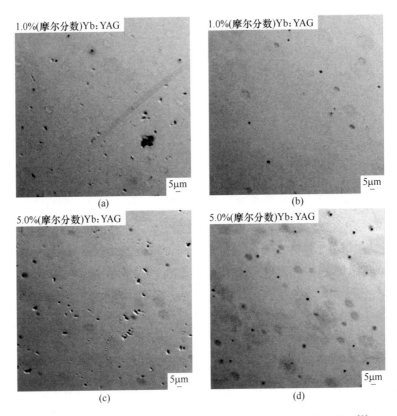

图 3-2 Yb 掺杂的 $Y_3Al_5O_{12}$ 透明陶瓷抛光后的光学显微成像图[9]

(a),(c)表面像;(b),(d)内部像

3.5 光学透过率

一束光通过材料后入射光强发生变化的现象就称为吸收。透射光与入射光强度之比称为透过率,所谓透过率曲线就是透过率沿不同波长的分布。如果忽略入射光在材料表面的散射(镜面反射或者漫散射),透过率曲线也代表了材料对入射光的吸收,根据公式:透过率 + 吸收率 = 1,就可以获得相应的吸收光谱。

透过率曲线或者吸收光谱可以表征基质的吸收，从而判断是否具有发光应用方面的价值，如发光材料的高发光效率就要求材料不能存在对发射带的吸收（即自吸收）[10]。非基质吸收峰的来源分析可以判断掺杂类型，是否存在其余的缺陷，如本征非化学计量比缺陷、辐照诱导缺陷等。

透过率曲线除了可以定性表征材料内部的能级跃迁规律，还可以进行理论的定量计算，计算的基础就是材料的吸收系数。对于透明的溶液或者块体，当入射光垂直于表面进入样品时，吸收规律符合朗伯 – 比尔 – 布格定律（Lambert – Beer – Bouguer's law）：

$$I = I_0 e^{-\alpha l} \tag{3 – 1}$$

式中，I 为透过光光强；I_0 为入射光强；α 为吸收系数；l 为入射光传播距离。

对于非透明样品，如陶瓷粉体或者不透明陶瓷，由于透射光很弱甚至无透射光，因此只能通过测试反射部分来表征吸收能力。当颗粒尺寸达到微米或者纳米级别，光辐射通过这些颗粒就产生了漫反射，并遵循 Kubelka – Munk 方程：

$$F(R) = \frac{(1 - R_\infty)^2}{2R_\infty} = \frac{\alpha}{S} \tag{3 – 2}$$

式中，α 为吸收系数，即吸收光谱中的吸收系数；S 为散射系数；R_∞ 为无限厚样品的反射系数；$F(R)$ 为漫反射吸收系数。

显然，对于 S 基本一样的同一系列样品，$F(R)$ 正比于 α，因此，通过测试样品的反射系数，换算成 $F(R)$，就可以表征材料的吸收能力。实际测试中，使用积分球收集漫反射光，并且将样品的测试数据与标准白板（硫酸钡或者 PTFE，测试波段的反射系数约为1）作比较就得到相对反射率曲线。

目前商业吸收光谱仪常称为分光光度计，通过附件的更换可以同时实现透射与漫散射的测试，如日本 Shimadzu 公司的 UV – 2401PC/2450 紫外 – 可见分光光度计可以实现 200～900nm 内的透过率曲线和漫散射测试。对于粉末或者不透明样品，也有专用的漫反射光谱仪，常见的有美国 B&W TEK Opto – electronics 公司的 BWS003 紫外 – 可见漫反射光谱仪等。

3.6 稳态发光

陶瓷材料的发光表征主要面向原子外层电子的能级跃迁，因此发光一般位于可见光波段及红外波段。这也是发射光谱的波长扫描范围，而激发光谱则根据具体采用的光源而定，波长范围包括了短于发射光波长的任何辐射源。因此，入射光源是表征发光性质及其测试的重要特征，根据入射光源，常用的发光可以分为紫外 – 可见激发发光、阴极射线发光、X 射线激发发光、场致（电场）发光和机械应力发光等。

稳态发光测试的特征是入射光源连续辐照样品，获得发射光，然后由电脑记录发射光或者激发光强度随波长变化的谱线，不考虑时间因素。

由于稀土离子的发光能级跃迁的一般分布已经有了大量的文献报道，如 Eu^{3+} 的 $^5D_0 \to {}^7F_2$ 跃迁一般是红光，位于 612nm 附近，并且半高宽小，10nm 左右。因此如果某种掺 Eu 材料的发射光谱在这个位置附近出现了窄带发射，就可以定性认为是 Eu^{3+} 的发光，并且归属于 $^5D_0 \to {}^7F_2$ 能级跃迁。

显然，稳态发光的一个主要功能就是可以利用文献调研，定性描述发光峰的归属，包括发光中心离子类型和能级跃迁，对于稀土掺杂发光的材料研究更是如此。然后基于发光峰的位置移动、强度变化和重叠程度等，可以进一步给出晶场环境、掺杂分布和能量转移等信息。

稳态发光的另一个主要功能是可以表征基质及其缺陷的发光。当发光峰没有特定的发光中心离子可以归属的时候，就必须结合基质的吸收光谱以及相应发光峰的激发光谱进行分析，判断是否属于导带与价带之间的跃迁等。

值得一提的是，高能辐射如 X 射线等能在材料中产生光生电子 – 空穴对。这些光生载流子作为载体将能量传递给发光中心，完成辐射发光过程。X 射线等高能辐照激发荧光光谱可以揭示材料对高能射线能量的转化效率以及转化机制，一方面有助于确认材料在闪烁体应用方面的价值；另一方面也能激发材料更深层的电子跃迁，扩展能级分布信息的研究。因此这类光源激发下的稳态发光性质研究也极为重要。

目前较为常见的稳态发光测试设备是以氙灯作为激发光源的紫外 – 可见荧光光谱仪，通过光栅和探测器更换，发射波长可以扩展到红外区域。另外，以激光二极管等激光器作为入射光源的荧光光谱仪也有商业化产品，这类设备由于入射光源的波长单一，因此一般用于特定的场合，如研究非线性光学转换或者通信线路的红外增益放大材料。高能辐射源作为激发光源的荧光光谱仪目前主要是自建设备为主，如中科院上海硅酸盐所自建的 X 射线激发荧光分析设备，目前该设备已经在原来 FluorMain X 射线激发荧光光谱仪[11] 的基础上进一步改造，X 射线光源采用钨靶，额定电流从原来的 30mA 提高到 50mA，荧光光谱范围扩展到近红外波段，整机实现启动、复位和数据收集一体化控制，并且具有发射光谱校正功能，波长位置采用标准低压汞灯进行校准，发射光以标准白光光源加以校正。

由于真空紫外光在空气中容易衰减，而且实验光源太弱，因此，真空紫外光作为入射光源的测试一般需要在同步辐射实验室完成，国内常用的测试系统主要有合肥国家同步辐射光源（NSRF）和北京同步辐射光源（BSRF）负责真空紫外光谱测试的线站。其中 NSRF 的真空紫外光谱实验站配置的荧光单色仪型号是 Seya – Namioka，探测器为 Hamamatsu H5920 – 01 光电倍增管，波长分辨率为 0.2nm，激发光谱测量范围为 130 ~ 350nm，发射光谱探测范围为 200 ~ 900nm，样品的激发光谱用同一条件测试的水杨酸钠激发光谱进行校正。

3.7 瞬态发光

对于发光材料而言，除了稳态发光测试，更高层级的研究还必须表征瞬态发光测试，提取发光动力学参数。这是因为发光动力学研究是了解能量转移过程的关键。从动力学参数出发，除了可以推导已知发光中心或者能级跃迁类型的跃迁几率、量子效率、衰减寿命等信息，还可以作为发光成分分析的交叉验证手段。如大量理论和实践都表明 Eu^{3+} 的红光发射处于毫秒级别，如果某个掺杂 Eu 的发光材料存在红光发射，而且峰位置也处于常见的发光位置，但是所测的衰减寿命却在纳秒范围，那么就不能简单定性为 Eu^{3+} 的发光，此时有可能存在新的发光中心，不过是发射波长偶然地落入 612nm 附近。其次，发光动力学过程的研究也是某些材料应用所必需的。如高速成像就要求发光的余辉要尽量短，从而避免"重影"，提高时间分辨率，这就必须测试发射光谱的衰减寿命和余辉，即进行瞬态发光表征。

瞬态发光表征设备的关键部件包括三大部分：脉冲光源、高速探测器和事件触发机构。根据事件触发机构的工作原理可以分为时间关联单光子计数法和电子门控技术等，目前常用的商业设备一般采用时间关联单光子计数法，普遍可以测试纳秒级别的衰减寿命，配有皮秒脉冲光源以及超高速探测器的设备也已经实现了皮秒级别的寿命测试。

瞬态发光测试一般得到的是监控给定发射光强度随时间的衰减曲线，拟合曲线一般采用多指数加和项：

$$I(t) = \sum_{i=1}^{n} A_i \exp(-t/\tau_i) \qquad (3-3)$$

式中，τ 为衰减时间，ns；I 为经过模数转换由计算机记录的衰减 – 时间曲线的发光强度；t 为时间，ns；i 为各发射光组分的序号，取值为 1，2，3，…，n 等自然数；A 为分项常数（正比于激发停止瞬间各发射光组分的光强），以下标 i 相区别。

需要指出的是，探测器在测试的时候自身也存在一个信号的衰减过程，作为仪器函数被卷积进了原始数据中，因此拟合之前必须先进行解卷积，得到真实的实验谱线，否则就会发生将设备的快衰减贡献作为样品的快衰减分量的错误。

目前紫外 – 可见激发的瞬态发光测试已经有了商业化产品，而且技术较为成熟，如 Edinburgh Instrument 公司（英国）的 FLS 920 系统。而高能辐照源相应的瞬态发光测试设备主要是自建，如国内同济大学物理系顾牡教授组自制了超短脉冲 X 射线激发荧光寿命谱仪[12]，该仪器由 Hamamatsu PLP – 01 光脉冲控制器、LDH065 激光器、Philips XP2020Q 光电倍增管和 N5084 光激发 X 射线管（钨靶）组成，可以实现的激光脉冲宽度为 98ps，时间偏差 ±10ps，实际产生的 X 射线的脉冲宽度约113ps，仪器的时间分辨率 $\sigma = 0.95\%$ 。

3.8 缺陷

陶瓷中的缺陷根据空间体积大小可以分为点缺陷、线缺陷和面缺陷三种，对于构成陶瓷的单晶颗粒已经达到纳米级别的透明陶瓷，主要的缺陷是点缺陷，如空位、色心、间隙和格位取代等。线缺陷的位错以及面缺陷的小角晶界涉及的尺度范围较大，主要见于大块单晶或者晶粒为毫米级以上的块体。

缺陷的表征技术实际上已经体现于其他测试表征技术中，如通过粉末衍射精确求得晶胞参数和晶胞密度后，与标准晶体学数据比较，就可以判断是否存在空位或者格位取代。由于各种相关技术已经在其他小节中做了介绍，因此这里先简略概括相关技术的应用，然后重点介绍电子顺磁共振和X射线光电子能谱表征技术。

如前所述，粉末衍射谱图与材料原子级别的结构密切相关，理论上如果缺陷是周期性的，就能够利用粉末衍射实验进行表征，如格位取代，可以通过格位的占位率来显示，而空位和色心，同样可以通过占位率，也可以通过原子的键价来体现。而且，介于点缺陷和线缺陷之间的层错，在粉末谱图上会体现为卫星线，从而识别并解析出来。一般利用粉末谱图的谱峰偏移可以粗略判断可能的缺陷类型，然后通过精修结构参数进一步证实并且获得定量结果。

材料的透过率曲线或者吸收光谱也是表征缺陷的重要手段，通过与已知样品的谱图对比，或者逐个剔除已知的吸收源，就能鉴别属于缺陷的吸收峰，然后与稳态和瞬态发光相结合，进一步分析缺陷的类型。

热释光是陶瓷领域常用的缺陷表征手段，由于缺陷能够俘获电子，形成所谓的"陷阱"，深浅不同的陷阱束缚电子的能力不同，电子逃离陷阱所需的动能（即加热温度）也不同，因此热释光谱图能够给出缺陷的数目以及浓度，依据理论模型可以进一步给出陷阱能量甚至陷阱寿命等。

对于没有周期性的缺陷，也可以通过X射线吸收精细结构技术、中子或者X射线散射技术、电子顺磁共振、X射线光电子能谱等对缺陷周期性排列不敏感，能表征局域结构的技术来测量，一般可以将缺陷看做"哑"原子（dumb atom）进行建模或者将缺陷赋予具体原子的价态变化进行表征。当然，上述技术也可以用于周期性结构，区别就在于前者得到的是样品的整体平均结构，而后者得到的是单个结构单元的结构。

基于材料的电中性原理，当材料中存在空位、色心和格位取代的时候，为了维持电荷平衡，必然产生未成对电子或者元素的变价，因此可以利用电子顺磁共振和X射线光电子能谱进行表征。

电子顺磁共振（electron paramagnetic resonance，EPR）又称为电子自旋共振

(electron spin resonance，ESR)，这是因为这种共振源自存在未成对电子的原子，而具有这类原子的材料就是固有磁矩不为零的顺磁材料，因此称为电子顺磁共振。同理，由于分子或者固体中的磁矩贡献主要来自电子自旋磁矩，因此又称为电子自旋共振。从本质上说，EPR 是基于塞曼效应，即未成对电子的磁矩能级在外加磁场时会分裂为两个能级，处于低能级的电子在吸收外界能量后能跃迁到高能级，如果外界能量与能级差一致，就产生强烈的共振吸收，从而吸收强度沿能量或者电磁波频率的分布出现了一个峰。电子自旋共振非常适用于带未成对电子对象的研究，如具有奇数个电子的原子、分子以及内电子壳层未被充满的离子，受辐射作用产生的载流子及半导体、金属等。

首先，由于原子核的磁矩很小，可以略去不计，因此原子磁矩由电子的轨道磁矩和自旋磁矩构成，即原子的总磁矩 μ_J 与总角动量 P_J 之间满足：

$$\mu_J = - g \frac{\mu_B}{\hbar} P_J = \gamma P_J \tag{3-4}$$

式中，$\hbar$ 为约化普朗克常数（$\hbar = h/2\pi$）；γ 为回磁比。

重排式（3-4）的各个项目可得：

$$\gamma = - g \frac{\mu_B}{\hbar} \tag{3-5}$$

对于原子序数较小（满足 $L-S$ 耦合）的原子的 g 按式（3-6）计算：

$$g = 1 + \frac{J(J+1) + S(S+1) - L(L+1)}{2J(J+1)} \tag{3-6}$$

根据式（3-6），显然，如果原子的磁矩完全由电子自旋磁矩贡献（$L=0$，$J=S$），则 $g=2$。反之，若完全来自电子的轨道磁矩（$S=0$，$J=L$），则 $g=1$。一般情况下 g 的值介乎 1 与 2 之间，因此，EPR 不同位置的峰来源于不同的 g 值，对 g 值的定性与定量分析是 EPR 分析的内容。一般测试过程是将顺磁物质置于外磁场 B_0 中，则低与高磁能级之间的能量差为：

$$\Delta E = \gamma \hbar B_0 \tag{3-7}$$

此时在垂直于外磁场 B_0 的方向上施加一个交变磁场，并且角频率 ω（共振圆频率）满足：

$$\hbar \omega = \gamma \hbar B_0 \tag{3-8}$$

这时电子就在相邻磁能级之间共振跃迁，从而可以得到 g 因子。

$$g = \hbar \omega_0 / (\mu_B B_0) \tag{3-9}$$

实际测出的 EPR 谱线为了突出共振峰的位置，通常通过求取各点的一阶导数，转化为一次微分谱线，一般量取一对正负两极值的中间点对应的频率值作为共振吸收的频率。通过分析共振谱线和 g 值可以获得有关未成对电子的状态及其周围环境的信息，从而进一步求得有关物质结构和化学键的信息。

X 射线光电子能谱（X-ray photoelectron spectra，XPS）的原理是当用高能

X 射线入射材料表面时，表面原子的内层电子会被撞离并以不同的速度逃离样品表面。入射光子的能量用于克服内层电子的结合能并提供逃逸动能，在已知入射光子能量并且用探测器表征电子动能的条件下就可以获得内层电子的结合能数值[13]。由于结合能与原子所处化学环境有关，所以同一元素的 XPS 谱峰的位移能够反映原子所处化学环境的差异，从而给出化合价和配位结构等信息。显然，如果某一原子格位束缚了空位或者游离电子，那么该格位的原子相对于正常原子必然产生了变价，这就改变了内部电子的结合能，从而通过 XPS 谱图可以反映出来。XPS 测试一般可涉及表面 5nm 左右的结构[14]。为了保证材料表面不受污染，必须在真空条件下进行，因此样品必须是固态物质或气态物质，不能直接检测液态样品或用于现场检测。目前 XPS 设备已经实现了商业化，代表设备有英国 Kratos 公司生产的 Axis Ultra DLD 型 X 射线光电子能谱仪，Al 靶，全谱通能为 160eV，元素谱通能为 40eV。

3.9 常用同步辐射测试

同步辐射具有高准直、高亮度和高偏振性的优点，能够将测量的信噪比提高成千上万倍，从而不但提高了常规实验室测试手段，如衍射、吸收、散射和荧光等的分辨率，而且实现了以往囿于入射光源的低强度而不能采用的测试技术，如吸收精细谱、真空紫外激发发射谱、大分子单晶衍射和高通量快速摄谱等。

陶瓷常用的同步辐射测试技术主要有 X 射线粉末衍射、X 射线显微成像、真空紫外激发发射光谱和 X 射线吸收精细结构谱等。其中 X 射线粉末衍射测试可以参考 3.1 节，同步辐射作为入射 X 射线所得的粉末衍射谱图不但强度是实验室的上万倍以上，而且峰形对称，半高宽小，分辨率也提高了数千倍以上，因此很适合于进行微量（质量分数为 0.1% 及其以下）杂相鉴别、掺入射剖面分析和结构精修工作。X 射线显微成像主要有两种模式，利用特征 X 射线的吸收或者特征 X 射线的发射，前者一般与 X 射线吸收精细结构测试共用设备，通过扫描入射 X 射线强度随能量的变化来鉴别元素及其含量，而后者则利用固定能量的高能 X 射线辐照样品，测试激发的特征 X 射线荧光来分析元素及其含量。有关真空紫外激发发射光谱的介绍可以参考 3.6 节，正是因为同步辐射光源的高亮度，才使得真空紫外测试成为现实，发光材料进入了远紫外区的高能级分布的研究阶段。下面重点介绍 X 射线吸收精细结构测试。

X 射线吸收精细结构（X-ray absorption fine structure，XAFS）是 X 射线吸收谱（X-ray absorption spectroscopy，XAS）的特例。XAFS 的原理为：近程原子对 X 射线激发的光电子波会产生散射，这些散射波与原来从中心原子发出的光电子波之间叠加就形成了振荡，如果以能量对强度作图，就可以在中心原子的吸收限附近观察到一系列强度变化不均匀的振荡峰，通过数学处理这些振荡信号可以逆向推导该中心原子周围的近程原子的分布，从而表征中心和近程原子的种类、配位间距、配位数以及基团排列无序度因子等结构信息。根据分析的能量范围相对于吸收边的距离，XAFS 包括 X 射线吸收近边结构（X – ray absorption near edge structure，XANES）和扩展 X 射线吸收精细结构（extended X – ray absorption fine structure，EXAFS）。

除了表征中心原子的局域结构，XAFS 也可以表征中心原子局域内的缺陷，一般的做法是建立模型，如格位取代模型或者将游离电子或空穴等看做一个假想的原子（哑原子），然后理论计算谱图，通过修正各类变量来逼近实验谱图，从而给出谱图的实验解释。同样的，XAFS 的这种功能还可以为其他测试所得的缺陷模型提供一种交叉验证手段。

XAFS 测试首先必须根据中心原子的吸收限考虑同步辐射光源的选择，如上海光源（SSRF）BL14W1 XAFS 线站提供的光子能量范围分别是：4 ~ 22keV（聚焦）及 4 ~ 40keV（非聚焦）；能量分辨（10keV 时）：2×10^{-4}Si(111) 晶体；聚焦光斑尺寸不大于 $0.5\text{mm} \times 0.5\text{mm}(H \times V)$，这就意味着该线站不能用于 Si 及其以下的轻元素，这些元素必须使用更低的能量范围。其次，XAFS 测试必须根据待测中心原子的含量选择测试模式，一般低浓度的掺杂考虑荧光法，而高浓度如中心原子本身就是基质组分，则考虑透射法。

目前 XAFS 数据处理已经有多种商业和免费学术软件。最广泛使用的是通过 Python 语言提供了友好用户界面的 IFEFFIT 程序包，它已经成为国内用户常用的数据去噪、校正、归一化、傅里叶转换、建模和拟合的综合性软件。

3.10 红外–喇曼

红外光谱（infrared spectrum，IR）主要来源于非对称分子振动（分子单键或多键振动的叠加产生的净偶极矩），由于这种振动频率范围处在红外区域，因此体现为红外光的吸收。在红外光波段中，近红外区 12820 ~ 4000cm^{-1}(0.78 ~ 2.5μm) 属于 – OH 和 – NH 的倍频吸收区，信息量少，远红外区 400 ~ 20cm^{-1} (25 ~ 500μm) 对应纯转动吸收，影响因素复杂，因此常用的是表征振动吸收的中红外区 4000 ~ 400cm^{-1}(2.5 ~ 25μm)。其中 4000 ~ 1300cm^{-1} 是官能团区，而 1300 ~ 400cm^{-1} 是指纹区。一般所说的红外光谱就是中红外区的红外吸收谱[15]。

红外光谱对应的振动根据化学键的键长、键角大小的周期性变化，可以分为伸缩振动（ν 表示）和弯曲振动（变角振动，δ 表示）两大类，对原子数不少于 3 的基团，两种振动都包括对称和不对称类型，不对称伸缩振动 ν_{as} 频率高于对称伸缩振动 ν_s。

红外光谱测试常用的设备有美国 Thermo Scientific 公司的 Nicolet NEXUS 型傅里叶变换红外光谱仪等，由于常规设备一般采用透射模式测试入射红外光的透过率，因此陶瓷样品如果较厚，就可能测不到信号，这时必须研磨成粉末，然后与KBr 混合压成薄片进行测试。

红外光谱的分析一般采用比较法，即将实验所得的谱图与标准数据库或者文献报道进行对比，然后将各谱峰归因于各自化学键伸缩振动或者弯曲振动。目前根据简谐振动模型和原子所处格位的对称性分析，可以从对称元素构成的不可约矩阵的特征标推导可能的红外振动模式，然后通过理论计算得到各个振动模式的频率，从而解释红外光谱图。不过，囿于量化计算在处理电子相互作用和电子与原子核之间相互作用的不精确性，理论计算的频率与实验频率存在偏差，因此主要用于谱图解释时提供借鉴，实际分析仍以对照数据库和文献结果为主。

喇曼散射源于介质分子的振动和转动能级跃迁，从而相对于入射光，被介质散射的光频率变化覆盖几个波数（cm⁻¹）到几千个波数的范围。自 1928 年印度物理学家喇曼首次报道喇曼效应以来，喇曼散射已经成为物质成键结构分析的有力工具。由于喇曼散射的频率位移（即入射光与散射光的频率之差）由分子振动、转动等的能级差决定，对特定物质具有指纹作用，不随入射光频率改变，因此喇曼光谱可以定性表征物相组成。另外，当分子成键环境发生变化即分子极化率发生变化时，振动分量相应发生改变，从而改变喇曼散射的频率、强度和数目。因此喇曼光谱可用于表征化学键变动、微观结构演变和产物相变等。喇曼散射光谱的分析与红光光谱类似，目前常用的商业测试设备为美国 B&W TEK Opto - Electronics 公司的 i - Raman BWS415 - 785S 高性能便携式喇曼光谱仪；英国 Renishaw 公司的 InVia plus 型激光共聚焦显微喇曼光谱仪以及法国 Jobin - Yvon 公司的 LabRAM HR 型激光共聚焦喇曼光谱仪等。

喇曼光谱和红外光谱是既有联系又有区别的。这两种光谱都反映分子振动和转动能级差，但是红外光谱源于激发态和基态的直接跃迁，而喇曼光谱则是受激虚态到激发态或者基态的跃迁，能级差体现为频移。某一振动可以同时具有或者没有红外活性和喇曼活性。在分子具有中心对称时，喇曼活性和红外活性互不相容。因此，陶瓷材料的表征中，建议喇曼光谱和红外光谱组合测试，从而彼此补充，获得有关成键方面的信息，从而认识陶瓷的组成、缺陷、物相、区域均匀性等性质。

3.11 电镜

如 3.4 节所述，电镜显微技术也是基于透镜放大的原理，由于电子束波长很短，一般达到 0.1nm 的尺度，因此电镜的放大倍数已经不仅仅局限于微米区域，而是深入到纳米尺度。目前新式扫描电子显微镜的二次电子像分辨率已达 3 ～ 4nm，放大倍数可从数倍原位放大到 20 万倍左右，而高分辨透射电子显微镜甚至可以实现原子图像的直接观察，达到了 0.1nm 的级别。

随着纳米科学技术的发展，电镜显微技术的使用和传播越来越广泛，已经和

X射线粉末衍射仪、紫外 – 可见分光光度计、热分析仪等成为各类研究机构的必备设施，而且出版了大量相关的教材和著作[16~18]。虽然这些教材主要面向金属、合金和纳微米结构材料，但是测试原理是相通的，同样适用于陶瓷材料的研究，因此这里仅做简略介绍。

常用的电子显微技术一般包括扫描电子显微成像、透射电子显微成像、电子选区衍射和电子探针，近年来背散射电子成像和菊池衍射线的应用范围也不断增大。

陶瓷材料一般利用扫描电子显微成像来查看晶粒尺寸和分布、晶界结构、气孔大小和数量、晶相偏析、断面断裂机制、剖面分层结构、表面损伤等微米或纳米区域的图像，同时扫描电子显微技术也可以用来查看粉体的形貌、团聚、颗粒大小及其分布、核壳非均相结构等。由于扫描电子显微图像是利用亮暗不同的区域来体现结构信息的，因此，除了拍摄图像必须注意聚焦条件外，后期的锐化处理或者图像元素提取有助于获得更多的信息，这可以通过现代电镜设备配置的软件包来完成。

透射电子显微成像一般要求样品厚度为纳米级别，以便电子束能透过，并且尽量符合数学上平面的假设，从而能够利用零层衍射图案提取各种信息，如电子衍射图、原子结构像、晶格条纹像等。同时电子束的吸收也可以产生吸收衬度像，从而与前述基于电子波相位变化的相衬像一起共同表征样品的纳米级结构细节。对于陶瓷材料，透射电子显微成像一般用来查看纳米粉体的形貌、粒度及分布、纳米颗粒的晶向（电子衍射）等，由于陶瓷脆性较大，如果要直接做电子衍射或者高分辨像，进一步查看晶粒生长方向和层错等，就必须将样品抛薄到几百个纳米或更低，在此过程中要求样品不破裂，因此，适用范围不大。

另外，不管是扫描电子显微镜还是透射电子显微镜，电子束在成像的同时还激发出样品的特征X射线，因此，可以实现电子探针分析。相关介绍参考3.2节，这里不再赘述。

3.12 其他

除了上述常用的陶瓷材料结构和物性表征技术外，其他测试技术在有关陶瓷粉体或块体研究方面也具有应用价值，如针对特定物理应用的物性测试设备和深入原子尺度的现代高精尖设备等。前者的例子有表征陶瓷介电性质的交流阻抗谱，表征陶瓷导电性质的电导率测试和霍尔效应测试，表征陶瓷磁性和超导性的磁性测量；后者则有表征陶瓷表面原子级别粗糙度的原子力显微镜，表征陶瓷表面或界面结构的扫描隧道显微镜以及杂质的X射线激光三维成像技术等。

总之，研究陶瓷材料的结构和物性时，可以根据所研究的区域尺寸以及研究对象的特征选择合适的测试技术。如考虑气孔分布，就可以根据气孔相对于陶瓷的折射率或反射率变化、二次电子生长数量的变化和密度的差异分别采用光学显微镜、扫描电子显微镜和浮力密度测试等技术。一般联用多种技术有助于交叉验证或者克服不同技术的局限，从而获得更精确和可靠的信息。

参 考 文 献

[1] 李梦娜，雷芳，陈昊鸿，等. Li、Eu 掺杂 NaY(WO₄)₂ 荧光粉的合成与红色发光 [J]. 无机材料学报，2013 (12)：1281～1285.

[2] Rietveld H. A profile refinement method for nuclear and magnetic structures [J]. Journal of Applied Crystallography, 1969, 2 (2): 65～71.

[3] 熊兆贤. 无机材料研究方法 [M]. 厦门：厦门大学出版社，2001.

[4] 胡荣祖，史启祯. 热分析动力学 [M]. 北京：科学出版社，2001.

[5] 陈镜泓，李传儒. 热分析及其应用 [M]. 北京：科学出版社，1985.

[6] 陈显求. 陶瓷的显微结构及其研究方法 [J]. 河北陶瓷，1980，4：1～12.

[7] 李军，朱永伟，左敦稳，等. Nd: Y₃Al₅O₁₂ 透明陶瓷的超精密加工 [J]. 硅酸盐学报，2008 (08)：1178～1182.

[8] 闻芳，何庭秋，雷牧云，等. 透明陶瓷镁铝尖晶石 MgAl₂O₄ 耐酸碱性能的初步研究 [J]. 腐蚀与防护，2009 (01)：36～38.

[9] 谢腾飞. 稀土离子掺杂 YAG 激光透明陶瓷的制备及性能研究 [D]. 上海：上海师范大学，2014.

[10] 冯锡淇，韩宝国，胡关钦，等. PbWO₄ 闪烁晶体的辐照损伤机理研究 [J]. 物理学报，1999 (07).

[11] 黄彦林，冯锡淇，朱洪全，等. X 射线激发荧光光谱仪的建立及闪烁晶体发光表征 [J]. 物理实验，2005，25 (5)：4.

[12] 段勇，顾牡，梁玲，等. 超短脉冲 X 射线激发荧光寿命谱仪的设计与研制 [J]. 核电子学与探测技术，2003，23 (1)：42～46.

[13] Feldman L C, Mayer J W, 严燕来，等. 表面与薄膜分析基础 [M]. 上海：复旦大学出版社，1989.

[14] Yang H, Zhang D, Shi L, et al. Synthesis and strong red photoluminescence of europium oxide nanotubes and nanowires using carbon nanotubes as templates [J]. Acta Materialia, 2008, 56 (5): 955～967.

[15] 朱自莹，顾仁敖，陆天虹. 喇曼光谱在化学中的应用 [M]. 沈阳：东北大学出版社，1998.

[16] 黄孝瑛. 材料微观结构的电子显微学分析 [M]. 北京：冶金工业出版社，2008.

[17] 章晓中. 电子显微分析 [M]. 北京：清华大学出版社，2006.

[18] 黄孝瑛. 透射电子显微学 [M]. 上海：上海科学技术出版社，1987.

4 稀土陶瓷的制备技术

4.1 陶瓷制备工艺

完整的陶瓷制备过程包含粉体制备、素坯成型和烧结三个阶段，根据具体的需要还可以有其他额外的步骤，如排除黏结剂、包套、去除包套、退火、表面处理等。稀土陶瓷的制备技术除了原料中包含了稀土元素，其他方面与一般陶瓷制备技术并无差别。本节重点介绍粉体制备、素坯成型和烧结三个方面，其他步骤则在具体稀土透明陶瓷材料的章节中进行讨论。

4.1.1 粉体制备

高质量粉体是获得高性能陶瓷的关键。其原因在于粉体的尺寸、粒径分布、形状以及颗粒的团聚状态都会直接影响到致密化行为和烧结体的显微结构[1]。例如理想的透明陶瓷就要求粉体具有亚微米尺寸、较窄的尺寸分布、形状均一、无团聚或少团聚、化学纯度高（一般 99.99% 以上）和尽可能大的本体颗粒密度[2]。其中前四个也常见于高致密的陶瓷材料制备的要求，而最后两个，即高的化学纯度和尽可能大的本体颗粒密度是得到透明陶瓷的前提。这是因为极少量杂质相的存在，容易在烧结体中产生大量的散射中心而导致陶瓷不透明，而且杂质离子的引入也容易使透明陶瓷发生吸收损耗，降低其光功能特性。另外，粉体颗粒的本体密度尽可能大就意味着尽可能少的气孔含量（具有内部气孔的颗粒，容易在烧结过程中形成晶粒内包裹气孔）。

粉体制备技术的核心是如何控制粉体的颗粒尺寸、表面状态和团聚程度，目前主要有如下几种制备技术。

4.1.1.1 固相反应法

固相反应法用于获得多组分的化合物粉体。如合成 $Y_3Al_5O_{12}$（YAG）粉体就可以将混合均匀的 Al_2O_3 和 Y_2O_3 粉末在高温下煅烧，通过氧化物之间的固相反应形成 YAG。具体反应过程如下[2,3]：

$$2Y_2O_3 + Al_2O_3 \longrightarrow Y_4Al_2O_9（YAM） \qquad （900\sim1100℃）$$
$$YAM + Al_2O_3 \longrightarrow 4YAlO_3（YAP） \qquad （1100\sim1250℃）$$
$$3YAP + Al_2O_3 \longrightarrow YAG \qquad （1400\sim1600℃）$$

虽然固相反应法工艺简单，容易实现粉体的批量生产，但是为了混合以及获得细小颗粒，粉体合成中需经过多次球磨，这样就容易引入杂质并引起晶格缺陷，而且固相反应法难以得到超细粉体，并且往往残留少量中间相。因此目前固相制备 YAG 透明陶瓷并不是基于固相反应法所得的 YAG 粉体，而是直接用氧化物混合粉体制备陶瓷素坯，然后采用真空烧结技术使固相反应过程和烧结过程同时发生，最终生成致密的 YAG 透明陶瓷[2]。

4.1.1.2 热解法

热解法的特征就是加热前驱体分解而得到所需的化合物粉体。如以硫酸铝和硫酸钇为原料，加热分解就可以得到 YAG 超细粉体，或者采用混合钇、铝的硝酸盐进行加热分解也可以得到 YAG 粉体。另外，以硝酸盐为原料，以水、乙醇或其他溶剂将反应原料配成溶液，再通过喷雾装置将反应液雾化并导入反应器中，前驱体溶液被雾流干燥，然后反应物发生热分解或燃烧等化学反应的喷雾热解技术也是常用的热解法。

热解法的好处是制备温度远低于固相反应，可以获得超细的粉体，而且粉体颗粒近似球形且大小均匀。其不足就在于分解产生的气体往往都是有害的，如硝酸盐和硫酸盐的分解产物就会污染环境，而且热解法对设备的要求比固相反应法复杂，另外热解法在掺杂体系方面可能由于前驱体沉淀或分解的差别而难以得到掺杂均匀的粉体，因此多用于单相粉体的制备。

4.1.1.3 沉淀法

通常所说的沉淀法一般强调所得的前驱体是水合物或者包含各种表面活性剂的更为复杂的体系。如沉淀法制备 YAG 纳米粉体主要分共沉淀法和均相沉淀法两种。共沉淀法是在 Y、Al 混合盐溶液中添加沉淀剂（一般使用氨水或碳酸氢铵），使 Y^{3+} 和 Al^{3+} 均匀沉淀，然后将沉淀水合物在 900℃ 左右进行热分解得到所需的 YAG 粉体。图 4-1 分别给出了以 $NH_3 \cdot H_2O$ 和 NH_4HCO_3 为沉淀剂生成

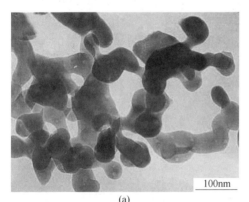
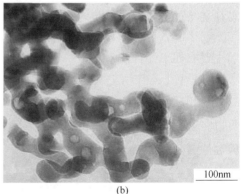

(a)   (b)

图 4-1 YAG 粉体的 TEM 形貌[2]

（a）沉淀剂为 $NH_3 \cdot H_2O$；（b）沉淀剂为 NH_4HCO_3

的两种前驱体经过 1000℃煅烧所得 YAG 粉体的 TEM 形貌图。从图中可以看出，两种 YAG 粉体的颗粒分散性较好，近似呈球形，平均粒径约为 100nm[2]。而均相沉淀法的特点是不外加沉淀剂，而是使沉淀剂（一般采用尿素）在溶液内缓慢生成（如以尿素的缓慢水解生成沉淀剂），从而消除了沉淀剂的局部不均匀性，其代表就是以氯化铝和氯化钇为原料，以硫酸铝铵为分散剂，尿素为沉淀剂，采用均相沉淀法制备 YAG 前驱体。

沉淀法由于方法简单，成本较低；可以通过实验条件的控制获得纯度高、粒径小和无团聚的粉体，因此是制备陶瓷粉体的常用方法[2]。

4.1.1.4　溶胶－凝胶法

溶胶－凝胶法是将金属氧化物或氢氧化物溶胶转变为凝胶，再将凝胶干燥后进行煅烧制得氧化物粉体的方法。该方法合成的粉体具有较高的化学均匀性和纯度、颗粒细，而且可以容纳不溶性或不沉淀组分。如 K. Fujioka 等人就采用溶胶－凝胶法制备了双掺杂 Cr, Nd: YAG 粉体[4]，而 De la Rosa 等人也报道了溶胶－凝胶法在远低于共沉淀法的合成温度（800℃）下制备纯 YAG 相纳米晶的成果[5]。

需要指出的是，溶胶－凝胶法需要昂贵的醇盐作为原料，成本较高，并且凝胶干燥时会形成严重的团聚，因此所制备的粉体烧结性能较差。

4.1.1.5　水热（溶剂热）法

水热或者溶剂热合成粉体主要是利用高压甚至高温下化合物在液－气混合环境中的反应或者溶解度的差异来获得所需的化合物粉体。如在温度为 350～600℃，压力为 70～175MPa 时可以水热合成 YAG 粉体，也可以利用化学计量配比的异丙醇铝和醋酸钇放在丁二醇中，采用醇热反应在 300℃下合成平均颗粒尺寸仅为 30nm 的纯相 YAG 纳米粉体[6]。

水热或者溶剂热法可以直接得到目标化合物的粉体，一般不需要后继热处理，这样就可以避免高温煅烧时粉体的团聚或者烧结活性的丧失等问题，但是水热或者溶剂热所需设备复杂，难以大量生产，而且需要更高的安全措施（高压、有机溶剂可能有毒性等），因此目前批量化陶瓷生产所需的粉体较少采用这种方法。

4.1.1.6　燃烧法

燃烧合成法其实可以看做是溶胶－凝胶法的特例。它首先将所需的化学成分转化为溶于水的金属硝酸盐等，然后再与有机配合剂如柠檬酸等混合，这时金属离子会与柠檬酸根配位，加热脱水就得到了凝胶，然后升温达到一定温度（如 300℃），这种凝胶就会在空气中发生剧烈的发热反应，直接得到微米或纳米粉体。所得的粉体可以根据需要进一步升温处理。有机配合剂也称为有机燃料，主要有尿素、柠檬酸、甘氨酸、碳酰肼和糖胶等。如以硝酸钇、硝酸铝和硝酸钕为原料，以柠檬酸为燃料，采用凝胶燃烧法可以合成 Nd: YAG 纳米粉体，并且前驱体经 850℃煅烧还能保持几十纳米的状态。

燃烧法的优点是合成粉体粒度小、结晶性好、合成温度低、反应过程时间短，但是燃烧反应属于突发性的剧烈反应，反应过程不容易控制，批量生产的设备目前还没有商业报道，而且合成的粉体颗粒形状不规则，团聚也较严重。

综上所述，粉体的制备是多种多样的，各有其优缺点，需要根据所应用的材料体系的特点来确定。另外，以这些方法制备粉体时所依据的仍然是经验和尝试，并不能直接定量地选择制备方法并且预测所得的粉体，因此，只能根据具体的化合物调整所选方法的各种影响因素来积累具体的工艺数据。

4.1.2 成型技术

陶瓷的成型是烧结前的一个重要步骤，成型的目的就是获得具有一定形状和强度的素坯。因此素坯的性能（如相对密度和结构均匀性等）直接影响烧结过程以及陶瓷的显微结构与光学性能。

在成型技术的选择上，对于固相法等所得的微米或是亚微米级粉体可以采用传统干压成型结合冷等静压成型工艺。但是，对于湿化学法制备的纳米粉体由于单位体积上的颗粒接触点多，成型的摩擦阻力大，因此传统的成型结果不仅使素坯密度低，还经常会出现分层、开裂等问题，所以除了采用改进的干法成型法（包括冷等静压成型、超高压成型和橡胶等静压成型）外，还经常采用注浆成型、凝胶直接成型、凝胶浇注成型和流延成型等湿法成型方法。下面分别简单介绍[7]。

4.1.2.1 干压成型和冷等静压成型

最常用的干压成型是将粉体装入金属模腔中，施以压力使其成为致密坯体，其加压模式包括单向加压、双向加压和振动加压等。干压成型的优点是生产率高、生产周期短，适合大批量工业化生产；缺点是成型产品的形状有较大限制，坯体内部致密度和结构不均匀等。

冷等静压成型法是将较低压力下干压成型的素坯密封，在高压容器中以液体为压力传递介质，使坯体均匀受压，从而不仅可以获得高的素坯密度，还可以压碎粉体中的团聚体。目前典型的冷等静压设备的最高压力为 550MPa 左右。1995年，A. Ikesue 等人就是以高纯 Al_2O_3、Y_2O_3、Nd_2O_3 为原料，以正硅酸乙酯为 Si 源，以 SiO_2 为助熔剂，经球磨机混合、研磨后，以干压结合冷等静压压制成型，然后真空气氛下烧结并退火处理得到透明 Nd: YAG 激光陶瓷[8]。随后甚至制备出了 Nd: $Y_3Al_5O_{12}$ 单晶[9,10]。

4.1.2.2 注浆成型

注浆成型一般是将陶瓷粉料配成具有流动性的泥浆，然后注入多孔模具内

（主要为石膏模），水分在被模具（石膏）吸收后便形成了具有一定厚度的均匀泥层，脱水干燥的同时就形成具有一定强度的坯体。注浆成型特别适合用于制备形状复杂、大尺寸和复合结构的样品。在透明陶瓷制备中，注浆成型已被广泛应用，如神岛化学公司（Konoshima Chemical Co.，Ltd.）在 2002 年以共沉淀法制备的 Nd: YAG 纳米粉体为原料，使用注浆成型工艺和真空烧结工艺制备出光学性能优异的 Nd: YAG 陶瓷棒，其尺寸为 $\phi 4\text{mm} \times 105\text{mm}$ [2,11]。

需要指出的是，配置浆液的液体也可以是有机溶液，因此注浆成型包括水基和非水基两大类。与非水基注浆成型相比，水基注浆成型具有成本低、使用安全健康、便于大规模生产等优点。当使用纳米粉体的时候，还要考虑分散剂和酸碱性等因素。如 K. A. Appiagyei 等人以商业纳米 Y_2O_3 和 $\alpha - Al_2O_3$ 为原料，以 PAA 和 PEG4000 为分散剂、TEOS 为烧结助剂（其实是其热解产物 SiO_2），利用柠檬酸调节 pH 值，采用注浆成型制备了陶瓷素坯。然后素坯在 600℃ 预处理去除有机物，1800℃ 真空烧结获得 YAG 透明陶瓷 [2,12]。总之，将注浆成型与纳米粉体制备技术和真空烧结技术结合起来制备激光透明陶瓷，将是一个很有前景的途径。

4.1.2.3 流延成型

流延成型用于制备大面积薄片陶瓷材料，通过控制刮刀高度可使基板厚度控制在 0.03 ~ 2.5mm 范围内。同注浆成型一样，其操作对象也是浆料，不过添加剂更多，通常需要在陶瓷粉体中添加溶剂、分散剂、黏结剂和塑性剂等有机成分，随后通过球磨或用超声波分散均匀，然后这些浆料在流延机上用刮刀制成一定厚度的素坯膜，素坯膜通过干燥、叠层、排胶和烧结就可以得到所需的陶瓷材料甚至是多层复合透明陶瓷材料 [13]。同理，根据溶剂种类的不同，流延成型可以分为非水基流延成型和水基流延成型两种，其中非水基流延成型首先在激光陶瓷上获得了突破 [2]。

非水基流延制膜中常用的有机溶剂有乙醇、丁酮、三氯乙烯、甲苯等。其优点就是料浆黏度低、溶剂挥发快、干燥时间短。缺点在于有机溶剂多易燃有毒，对人体健康不利。虽然水基流延成型以水作为溶剂，具有成本低、使用安全健康的优点，但是对粉体颗粒的润湿性较差、挥发慢、干燥时间长，而且料浆除气困难，从而存在气泡影响基板的质量，另外所用的黏结剂多为乳状液，市场上产品较少，因此还需进一步探索和完善。

总之，流延工艺为陶瓷尤其是激光透明陶瓷的复合结构设计提供了极大的便利。

4.1.2.4 热键合

顾名思义，热键合就是在加热下活化表面的原子，从而使得不同的块体材料复合在一起 [14]。目前热键合不仅可以制备陶瓷/陶瓷复合结构，还可以制备陶瓷/

晶体复合结构。如 A. Ikesue 等人就采用这种技术制备了 YAG/3.6% Nd：YAG/YAG（原子分数）复合结构陶瓷和晶体，如图 4-2 所示[10]。

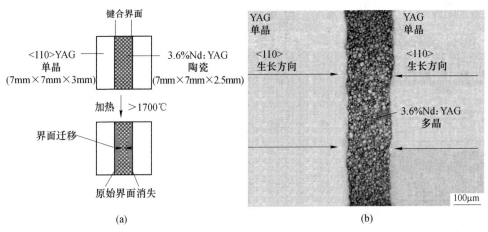

(a)　　　　　　　　　　　　(b)

图 4-2　陶瓷-晶体复合结构示意图（a）与界面光学显微镜照片（b）[10]

需要指出的是，对于激光材料而言，为了制得复合结构，传统的晶体-晶体热键合会形成小于探测波长的键合界面。因此该界面会造成光散射损失，成为复合晶体的结构强度薄弱处，在高功率激光运转的情况下会发生热炸裂，而采用晶体与陶瓷热键合的技术则不会存在此类界面，从而克服了上述问题。

素坯成型方法各有各的优缺点和适用范围。如前所述，选用哪种成型方法最主要的依据还是粉体的物理与化学特性。如流延成型对粉体颗粒的均匀性要求就比较高，这样才能确保薄膜的平整性和均匀性。迄今为止并没有定量化的公式或者预测理论来指导素坯成型工艺的选择和参数的取定，因此基于具体的粉体仍需要探索各项工艺参数，从而获得最佳的工艺条件。

4.1.3　烧结机理与方法

4.1.3.1　烧结机理[2]

烧结是粉末冶金、陶瓷、耐火材料等的一种重要工艺过程。烧结一般来说是把粉末或粉末压坯借助于热的作用（一般加热到低于其中基体成分熔点的温度）发生分子或者原子在固体状态中的相互吸引，经过物质的迁移使粉体产生强度并导致致密化和再结晶的过程，其显微结构由晶体、玻璃体和气孔组成。烧结过程直接影响材料的显微结构，即晶粒尺寸和分布、气孔尺寸和分布以及晶界体积分数等参数。

烧结机理的描述可以归纳为两个方面：塑性变形机理和扩散机理。在真实的烧结过程中是相当复杂的，可以从 3 个方面来考虑：

（1）粉末。颗粒尺寸、颗粒尺寸分布、颗粒形状、颗粒内部气孔、团聚程度、化学组分的同一性、吸收和溶解气体的能力、杂质含量及反应性能。

（2）压力接触。堆积密度、气孔分布、气孔尺寸的分布、形成颗粒的效果及晶化程度。

（3）烧结。温度、温度梯度、温度循环、气氛、第二相固体、液相对烧结活力的影响及压力。

烧结理论的发展围绕着两个最基本的问题[15~17]：烧结原动力或热力学问题（即表面自由能、晶界能等因素）和烧结的机理与动力学问题（即温度、压力、添加剂等因素）。其中烧结的因素主要包括两个方面：

（1）固有的。指材料被烧结时表现的固有的性质，如表面张力、扩散系数、固相蒸气压及黏度等。这些性质可能随着化学组分、环境温度或压力变化而发生变化。

（2）外在的。这些因素依赖系统的几何或者拓扑学的情况，具体包括平均颗粒尺寸，颗粒、气孔、晶粒形状和尺寸分布等。

从科学角度对烧结进行研究大致是在第二次世界大战前后（1935~1946年）开始的。在这之前的主要成果是提出了烧结的一般定义，即烧结是颗粒黏结和长大的过程。1938年，人们通过实验发现液相烧结过程是以小颗粒溶解和溶质在大颗粒上析出沉积而实现致密化的。当时的看法是固相在液相中的溶解度随颗粒曲率半径的减小而增加，较大的颗粒在液相中的溶解度较小，溶解的物质析出沉积于大颗粒上，从而实现大颗粒的长大。

烧结理论的发展经历了三次大的飞跃[15~17]。烧结理论研究的第一次飞跃是1945年，苏联科学家 Frenkel 同时发表的两篇重要的学术论文："The Viscous Flow in Crystal Bodies"（晶体中的黏性流动）和 "On the Surface Creep of Particles in Crystals and Natural Roughness of the Crystal Faces"（关于晶体颗粒表面蠕变与晶体表面天然粗糙度）[15~17]。在第一篇文章中，Frenkel 第一次把复杂的颗粒系统简化为两个球形，考虑了与空位流动相关的晶体物质（而不是非晶体物质）的黏性流动烧结机制，导出了烧结颈长大速率的动力学方程。在第二篇文章中，Frenkel 考虑了颗粒表面原子的迁移问题，强调了物质向颗粒接触区迁移和靠近接触颈的体积变形在烧结过程中同时起重要作用的观点。这两篇文章标志着对烧结过程进入了理论研究的新时期，是烧结理论的经典之作，对烧结问题的理论研究起了重要的推动作用。同时 Kuczynski 发表了题为 "Self-Diffusion in Sintering of Metallic Particles"（金属颗粒烧结过程中的自扩散）的论文。文章中运用球-板模型，建立了烧结初期烧结颈长大过程中体积扩散、表面扩散、晶界扩散、蒸发凝聚的微观物质迁移机制，奠定了第一个层面上的烧结扩散理论的基础。

烧结理论的第二个飞跃可以认为是起始于1971年左右，其主要成果是价电子稳定组态模型解释活化烧结现象、塑性流动物质迁移机制、烧结的拓扑理论、烧结的统计理论、活化烧结和液相烧结技术、烧结图和热压、热等静压等压力烧结下的蠕变模型等，总体上可以说是集中于烧结动力学理论方向，从而丰富了对致密化过程的描述和对显微组织发展的评估，被称做第二层面的烧结理论的研究。其典型成果就是基于实验事实提出非均相系统中电子现象影响烧结过程中的扩散和蠕变，从而建立了价电子稳定组态模型，即孤立原子的价键电子分为定位电子和非定位电子。定位电子形成低自由能的配置，在原子核之间稳定和非定位电子配置存在吸引力而产生电流交换，相反在非定位电子之间存在着排斥力。另外也有人把位错现象引入烧结理论，认为烧结颈处的位错在物质迁移的流动过程中，原子流入位错线下方的空位处，位错向下攀移，烧结颈长大或烧结体收缩。

烧结理论的第三个飞跃是计算机模拟技术的运用和发展。1965 年就已有人尝试过用数字计算机模拟烧结颈的发展过程。目前将计算机技术应用于烧结研究，已不是对抽象的单一因素影响的物理模型进行复杂、精确的数学计算，而是对尽可能靠近实际情况的复杂物理模型进行系统的模拟，以期对烧结进行深入的认识和有效的控制。可以预料，当人们对烧结过程本质进一步了解，且模型进一步完善和统一后，有效地对烧结过程进行智能控制的目的一定会实现。

传统上认为烧结包括三个阶段[16~18]：

(1) 烧结初期。烧结初期一般指颗粒和空隙形状未发生明显变化，线收缩率小于 6% 左右的阶段。烧结物质的接触部分转变成晶体结合并形成烧结颈部，通过表面扩散和蒸发—凝聚发生物质迁移而同时实现体积扩散和晶界扩散，从而使颗粒中心逐渐接近。由于表面扩散和蒸发—凝聚过程仅是物质的传输，物料中存在许多气孔，晶界处于能量较低的状态，故晶粒不会长大，所以烧结初期收缩比较小。但是烧结体的强度和其他性能等由于颗粒接触面增大而有明显的增加。如果有液相存在，在此阶段将会由于高温时液相的产生而使颗粒重新分布而排列得更加致密，此时颗粒形状和大小直接影响了颗粒间的堆积状态和相互接触情况，并最终影响烧结性能。虽然最初的烧结设计一般假设烧结初期从两个等径球或球与平面作为模型，然后从一个接触点的颈部成长速度来近似地描述整个成型体的烧结动力学关系，但是随着烧结的继续，原先的球形颗粒将会变形，因此在烧结过程中、后期双球模型就不适用，而应采用其他形式的模型。

(2) 烧结中期。进入烧结中期颈部将进一步增长，空隙进一步变形和缩小，颗粒之间的连贯气孔通过晶界扩散和体积扩散排除，气孔表面的物质通过表面扩散和蒸发—凝聚由曲率半径小的表面向曲率半径大的表面迁移，如图 4-3 所示，形成单独气孔。在材料表面为开口气孔，而内部为孤立的封闭气孔，同时形成晶界，开始了晶粒长大过程，密度和强度显著增加，一般在烧结中期材料的相对密度可以达到 90% ~95%。如果是液相烧结，那么在这个阶段将是细小的颗粒和固体颗粒表面凸起部分在液相中溶解，并在粗颗粒表面上析出。

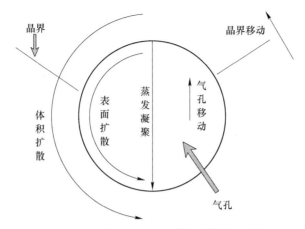

图 4 – 3 晶界移动和气孔排除的简单示意图

（3）烧结后期。烧结后期多数空隙已成为孤立的闭气孔，存在于晶界的气孔通过气孔的表面张力和晶界张力趋于平衡，封闭气孔收缩成类似球形并且气孔数大为减少。而物质通过体积扩散使得内部晶粒开始缓慢地均匀长大，并推动气孔移动促使气孔沿晶界通道排除达到致密化，但仍然残留少量的封闭气孔。

不管是哪一个阶段的烧结，都会引起宏观尺寸的收缩和致密度增加，因此通常用收缩率或密度值来度量烧结的程度。烧结过程中推导物质传递和迁移从而实现致密化过程的动力主要由颗粒的表面能提供。而系统表面能的大小由表面张力和颗粒大小、凹凸等因素决定。烧结过程中的物质迁移导致致密化作用和晶粒成长。温度提高时物质的迁移率增加，则晶粒更容易成长。晶粒的形成首先由颗粒的接触长大开始，当颈部区形成晶界且宽度长大到相当于小颗粒的尺寸时，晶界将较为迅速地扫过小颗粒，两个颗粒便形成一个晶粒。而理想的微观结构是尽可能控制晶粒小而均匀，排除构成缺陷的气孔而接近于理论密度，没有残存的残留应力，因此，陶瓷材料的低温烧结日益引起人们的重视。另外，晶粒生长也和晶粒的大小有关，平均粒径小的粒子发生收缩后越发变小，而大的粒子将其合并，越发变大，在大粒子周围弯曲的晶界两侧存在着自由能之差 ΔG，因此，晶界向曲率中心迁移，粒子成长。这种促进晶粒长大的原动力可用式（4 – 1）表示：

$$\Delta G = \gamma_{gb} \nu \left(\frac{1}{r_1} + \frac{1}{r_2} \right) \tag{4-1}$$

式中，自由能之差 ΔG 为晶界迁移的原动力；γ_{gb} 为晶界自由能；ν 为表面自由能；r_1，r_2 为主曲率半径。

r_1 和 r_2 越小，晶界迁移的原动力越大。一般而言物质迁移速度随温度升高呈指数函数关系增加，在一定温度下与晶界曲率成正比。如果在晶界附近有相当宽度的晶格缺陷和空间电荷层存在或者杂质向晶界偏析，就可以延缓甚至钉扎晶界的移动,此时粒子就会成长至某一尺寸而停止。同时气孔和杂质粒子在其容易发生移动的材料中沿晶界而运动,缓慢集中于晶界交点,它们随着粒子成长进一步集中,具有形成大的凝聚体的性质,如果这种凝聚体得不到控制,制品的性质将受到较大影响。需要强调的是,虽然在正常烧结时,杂质粒子、气孔等妨碍晶界运动,但是如果这些制动因素因某些原因失去作用,如气孔由于晶界扩散而迁移在晶界交点或通过晶界而逸出时,晶界可能会重新移动,这就相当于一个二次再结晶的过程。另外,杂质在结晶中几乎不溶解时,便随着粒子成长而在晶界中增加浓度,形成第二相。

随着粉体制备技术的发展,高纯、超细粉体的出现,颗粒表面吸附气体、带电等性能更为复杂。例如工程陶瓷中使用 $1\mu m$ 以下的超细粉末时,由于驱动力极大,颗粒从烧结开始时就发生积聚长大,这时就明显没有 Coble 等人提出的烧结初期阶段。而且随着纳米技术以及等离子体加热、等离子体诱导加热、激光脉冲、感应加热、放电加热和微波烧结等新颖快速烧结技术的出现,需要进一步研究和发展基于快速和比较均衡的加热速率来促进活性表面产生的理论以及纳米粉末的烧结机理和理论。

4.1.3.2 烧结方法

A 热压烧结[19]

热压就是在高温烧结时额外增加了一个压力。热压烧结(hot – pressing sinte-ring)是把粉末装在模腔内,在加压的同时将粉末加热到正常烧结温度或者更低一些(一般为 $(0.5\sim0.8)T_{绝对熔点}$)温度。热压烧结由于从外部施加压力而补充了驱动力,因此能在短时间把粉末烧结成致密均匀、晶粒细小的制品,而且烧结添加剂或助剂用量少。

一般认为高温蠕变导致热压烧结能够得到完全致密的固体。虽然热压与无压烧结相比在表面能外还有额外的压力,从而增加了驱动力,但是热压工艺的模具材料要求较高且容易损耗,同时模具材料的选择需要考虑使用温度、气氛和价格,模具材料的热膨胀系数要低于热压材料的热膨胀系数,这样使冷却后制品容易脱模。热压烧结总体上看效率低、能耗大并且制品表面粗糙且精度低(产品使用时一般要进行精加工),另外,热压能获得的制品形状也比较简单。

B 无压烧结[17,18,20,21]

无压烧结(pressureless sintering)是陶瓷烧结工艺中最简单的一种烧结方法。它是指在正常压力下(0.1MPa),具有一定形状的陶瓷素坯在高温下经过物理化学过程变为致密、坚硬、体积稳定的具有一定性能的固结体的过程。烧结驱动力主要是自由能的变化,即粉末表面积减少,表面能下降。无压烧结过程中物质传递可通过固相扩散来进行,也可通过蒸发凝聚来进行。气相传质需要把物质加热到足够高的温度以便有可观的蒸气压,对一般陶瓷材料作用很小。对于某些单靠固相烧结无法致密的材料，经常采用添加少量烧结助剂的方法，在高温下生成液相，通过液相传质来达到烧结的目的。无压烧结是在没有外加驱动力的情况下进行的，所得材料性能相对于热压工艺的要稍差一些。但工艺简单、设备制造容易、成本低、易于制备复杂形状制品和批量生产，能够大量和低成本生产。无压烧结的烧结机理目前仍然没有完全清楚，能够确定的是无压烧结的致密化在很大程度上依赖于烧结温度，当然烧结活化剂和坯体的填充密度对材料的最终烧结致密度也会产生一定的影响。

C 热等静压烧结[15,16,18,22]

热等静压（hot isostatic pressing，HIP）是使材料在加热过程中经受各向均衡的气体压力，在高温高压同时作用下使材料致密化的烧结工艺。1955 年由美国首先研制成功，20 世纪 70 年代开始运用在陶瓷烧结领域。它不需要刚性模具来传递压力，从而不受模具强度的限制，可选择更高的外加压力。随着设备的发热元件、热绝缘层和测温技术的进步，当前的热等静压设备的工作温度已达到 2000℃或更高，气体压力为 300 ~ 1000MPa。热等静压烧结设备主要包括：高压容器、高压供气、加热、冷却、气体回收、安全和控制系统等。

HIP 产生高致密产品主要有两种方法：一种是直接包封密度达到 50% ~ 80% 理论密度的样品然后进行高温等静压；另一种是直接高温等静压密度已达到 95% 理论密度以上的样品。高温等静压的主要作用是：颗粒的破裂和重新排列、接触颗粒的变形重排和单独气孔的收缩。

由于热等静压是用高压气体将压力作用于试样的，因此具有连通气孔的陶瓷素坯不能直接进行热等静压烧结，必须先进行包套处理，称为包套 HIP，又称直接 HIP 法。同时也可以对已烧结到 93% ~ 94% 以上相对密度的陶瓷部件进行热等静压的后处理，称为 Post – HIP，即无包套 HIP。

对包套材料的要求有：（1）良好的耐高温性，在烧结温度下不与制品发生反应，在冷却过程容易与制品脱离。（2）优良的可焊性，容易密封且焊缝不易开裂。（3）良好的可变形性，压力可以有效地传递给受压材料且不应引起陶瓷素坯的变形。（4）足够大的黏度，当包套采用熔化材料时，其黏度应足够大，不至于渗入烧结体。包套用材料主要有用于较低的 HIP 温度的低碳钢或不锈钢；对于陶瓷材料尤其是碳化硅、氮化硅等通常用 Mo、W、Ta 等高熔点金属或石英玻璃作为包套材料。

在热等静压过程中，可根据烧结材料、包套材料及 HIP 设备来选择不同的烧结方法，例如：先加热到烧结温度，再升到所需压力；先加到一定压力，再升到烧结温度，再升到所需压力；在室温下先加到预定烧结温度时的所需压力，然后升温到烧结温度。

在 HIP 过程中，可以根据烧结材料选择不同的高压气体，最常用的是 Ar 气。

碳化硅、氮化硅等非氧化物陶瓷也常选用氮气作高压介质，对于氧化物陶瓷也用氧气作高压介质，氢气和甲烷主要用于金属材料的 HIP。

无包套 HIP 技术是将陶瓷烧结体直接放在炉膛中热等静压，其主要作用是对陶瓷烧结体的后处理，例如消除材料中的剩余气孔、愈合缺陷和表面改性等。此方法有一个必要的条件是陶瓷烧结体不含有连通和开口气孔，即一般来讲陶瓷烧结体需要达到其理论密度的 93% 以上。HIP 后处理的效果强烈依赖于陶瓷烧结体的显微结构，即晶粒尺寸必须小而均匀，剩余的气孔数量少、尺寸小。直径为 R 的闭口气孔在压力 p 下进行热等静压后处理所需的时间 $t = kTR^2/(2D_L\Omega P)$（其中，k 为玻耳兹曼常数；T 为 HIP 温度；D_L 为晶格扩散系数；Ω 为原子体积）。由此可见气孔消除时间与气孔直径的平方成正比。

另外，HIP 后处理只能减少烧结体中剩余气孔的数量和大小，即消除小气孔、缩小大气孔的尺寸，而不能改变晶粒及第二相的分布。即如果陶瓷烧结体潜在的断裂源是气孔，则 HIP 后处理能够改善其断裂强度，如果陶瓷烧结体潜在的断裂源是存在第二相或由异常晶粒长大引起的粗晶，则 HIP 后处理就没有作用了。

热等静压的优点有：

（1）降低烧结温度和减少烧结时间，避免材料在高温和长时间烧结中引起材料晶粒的异常长大、第二相物质生成、不同组分间的反应、高温分解等。

（2）提高材料性能，尤其是高温性能，主要是可以避免过多地使用烧结助剂，即减少甚至消除晶界玻璃相的生成等。HIP 也可有效地减少甚至排除全部气孔，特别是大尺寸气孔，并能消除在常规烧结方法中无法排除的颗粒三角区域的封闭气孔。

（3）由于 HIP 技术是各向均衡加压，因此可以制备复杂形状和较大尺寸的制品。

D　气氛压力烧结[18]

气氛压力烧结（gas pressure sintering）工艺是 1976 年发展起来的，其主要目的并不在于以气体加压作为驱动力，而只是为了在高温范围内抑制化合物的分解或成分元素的挥发，所以此方法实质上仍然与无压烧结一致。气氛压力烧结是一种主要用以制备高性能氮化硅陶瓷的烧结技术。它利用高的氮气压力来抑制氮化硅分解，使之在较高温度下达到高致密化而获得高性能，所以又称高氮压烧结。如日本采用两个阶段气氛压力烧结法在 2 ~ 8MPa 氮气压力和 1800 ~ 2000℃ 的高温下成功地烧结了氮化硅陶瓷涡轮增压器转子。

E　反应烧结[18,23]

反应烧结（reaction sintering）是利用粉末在合成时进行烧结的方法。起始的原料被压成素坯，在一定温度下通过固相、液相和气相相互发生化学反应，同时进行致密化和目标组分的合成，反应所增加的体积填充了坯体中原来的气孔，能够使制品保持与素坯形状、尺寸相同，在烧成前后几乎没有尺寸收缩，并且能制得各种形状复杂的烧结体。

一般而言反应烧结的温度比其他烧结方法要低，按工艺要求加入的添加剂不进入晶界，由各个结晶体以原子级直接结合，所以不存在烧结体随温度升高，晶界软化使高温性能降低的现象。反应烧结得到的制品有较高的气孔率，所以力学性能比其他工艺陶瓷要低。另外，反应烧结得到的制品也可以具有比较复杂的形状，因此在工业上获得了广泛的应用。

F　自蔓延高温合成技术

自蔓延高温合成技术（self – propagating high – temperature synthesis，SHS）是由苏联科学家于 1967 年首先提出的，其特点是利用外部提供必要的能量诱发高放热化学反应体系局部发生化学反应（点燃），形成化学反应前沿（燃烧波）。放热反应一发生就不再需要外部热源而自行维持下去，即化学反应在自身放出热量的支持下继续进行，从而为燃烧波蔓延至整个体系，最后合成所需材料（粉料或产品）或者产物致密化。

自蔓延高温合成法的优点是工艺简单、反应时间短，一般在几秒到几十秒内即可完成反应，而且反应过程消耗外部能量少，可最大限度地利用材料的化学能，从而节约能源。另外反应可在真空或控制气氛下进行，同时材料合成和烧结可同时完成。

如果燃烧合成过程中燃烧温度是低于熔点的，合成过程不可能出现液相。但是如果在燃烧过程中加入另一高放热反应（例如铝热剂反应），绝热温度可大大升高而超过合成化合物的熔点，从而形成密实体。

将 SHS 过程与高压加压过程结合起来，就形成高压自蔓延和等静压自蔓延技术，其中轴向高压自蔓延合成法适于制备小尺寸、圆柱形试件，而等静压自蔓延合成法可以用来制备大尺寸、形状复杂的样品。

利用 SHS 方法制备梯度功能材料是一个新的发展，它可以最大限度保持最初设计的梯度组成，而且梯度层之间因反应物比例不同而形成自然温差烧结，从而缓和热应力型功能材料的应力畸变。

G　放电等离子体烧结[18,19,23]

放电等离子体烧结技术（spark plasma sintering，SPS）也称"等离子活化烧结"（plasma activated sintering），1968 年，Bennet 首次用微波激发的等离子体成功烧结了氧化铝陶瓷。目前主要有 3 种产生高温等离子体的方法：直流阴极空腔放电法、高频感应放电法和微波激发等离子体法。当前商用 SPS 装置已经发展到第三代，它具有产生 10 ~ 100t 最大烧结压力的直流脉冲发生器，可用于工业生产。

传统的热压烧结主要是由高温（来自电能－热能的转换）和加压引起颗粒的塑性变形来促进烧结。而 SPS 过程除了上述两项功能外，还包括由直流脉冲电压作用于素坯上使粉体颗粒之间或空隙中发生放电现象并导致自发热作用，而且电场的作用也因离子高速迁移而造成高速扩散，此作用会瞬间产生几千摄氏度甚至上万摄氏度的高温，从而晶粒表面容易活化，发生部分蒸发和熔化，并在晶粒接触点形成"颈部"。由于热量立即从发热中心传递到晶粒表面和向四周扩散，因此所形成的颈部会快速冷却。加上颈部的蒸气压低于其他部位，气相物质就会凝聚在颈部而完成物质的蒸发—凝固传递。与通常的烧结方法相比，SPS 过程中蒸发—凝固的物质传递要快得多。而且晶粒在受到脉冲电流加热的同时也受到垂直压力的作用，体积扩散、晶界扩散都得到加强，加速了烧结致密化过程。

放电等离子体烧结的优点是：可以快速地获得 2000℃ 以上的高温，因此可以烧结通常难烧结的物质；烧结时间短，整个烧结可以在几分钟内完成；由于烧结时间短，烧结体可以获得纯度高、细晶结构、高性能的陶瓷材料；可以实现连续烧结并且获得类似于梯度材料及大型工件等复杂形状的部件。但是等离子体烧结也存在着不足，主要包括由于加热速度快而容易发生开裂以及高温物质的剧烈挥发。

H　微波烧结

微波烧结（microwave sintering）是基于材料本身的介质损耗而发热。微波吸收介质的渗透深度大致与波长同数量级，所以除特大物体外，一般用微波都能做到表里一致均匀加热。微波合成陶瓷粉末是近年来发展起来的一门技术。由于微波加热能在短时间、低温度下合成纯度高、粒度细的陶瓷粉末，因此该技术引起人们的重视。

微波加热主要通过电场强度和材料的介电性能来实现烧结效果，在烧结过程中，电场参量并不直接受温度影响，而材料的介电性能却随温度会有很大的变化，从而影响整个烧结过程。多数陶瓷材料的介电常数 ε_0 随温度的变化不大，然而介电损耗则不同，在低温时介电损耗随温度的变化小，当温度达到某一临界温度后，材料的晶体软化和趋于非晶态而引起的局部导电性增加，介电损耗随温度上升而呈指数急剧增加，这对烧结是有利的。但是，如果介电损耗随着温度上升增加过大会导致热失控，这是在微波烧结中应该注意和避免的。微波烧结的优点在于加热和烧结速度快，可以降低烧结温度，快速烧结抑制晶粒长大从而产生细晶结构，高效节能，可以用于特殊工艺。

I　爆炸烧结

爆炸烧结（explosive sintering）是将需要烧结的粉末放在包套中，由炸药爆炸产生的高温高压冲击作用，利用其滑移爆轰波掠过部件所产生的斜入射激波，使得粉末颗粒间以很大的速度相对运动，产生剧烈的摩擦，使能量主要储存在颗粒的表层，从而表面的温度远高于颗粒内部的温度，因而表层产生软化甚至熔化，使粉末、颗粒在瞬间的高温、高压状态下发生烧结或者合成反应。

爆炸烧结的工艺特点是烧结在极高压力（几个吉帕到几百吉帕）和极高温度（几千摄氏度）下进行，升温速率可达 $10^9℃/s$，冷却速率可达 $10^7℃/s$，全部烧结过程只需几十微秒，因此可以避免晶粒的长大。另外，由于热量积聚在粉末表面和快速冷却（淬火），而晶粒内部处于相对较低的温度，从而可以使晶界形成微晶或非晶组织。显然，化学反应发生在界面层，即在有可发生化学反应的物质存在时，在激波的作用下会在晶界生成化合物或热反应物质。换句话说，相对于传统变形缓慢、周期长的烧结，爆炸烧结的烧结是在 $10^{-7}\sim10^{-6}s$ 的时间内使粉末产生高速运动并且发生碰撞焊接，高温主要集中在颗粒表层，它能够有效地抑制烧结过程中的晶粒长大。因此爆炸烧结适合于难熔金属和合金、陶瓷以及非晶或微晶粉末，也可用于压实得到高密度素坯，然后再进行后续烧结处理以获得力学性能优异的材料。

J 激光烧结

激光烧结（laser sintering）技术是以激光为热源对粉末压坯进行的烧结，它是快速成型技术衍生的产物，即将激光加工技术和 CAD 技术相结合用于烧结陶瓷粉体，从而获得各种零件。其一般过程是先由计算机完成零件的 CAD 设计，并对零件进行分层切片而获得各截面图形，形成控制激光束对每个截面进行扫描烧结的加工数据。然后再由计算机控制激光器开关和粉体的添加装置烧结出所需的零件。

相对于常规烧结，激光烧结中，体系的反应区域限定在一很小的加热空间内，因而体系具有很陡的温度梯度，从而能够精确控制成核速率和晶粒生长速度。不过，由于激光束集中和穿透能力低，因此，对于压坯的设计，应尽量是小面积的薄片制品。对厚薄不均、形状复杂的制品，不宜采用。另外，激光烧结很容易将不同于基体成分的粉末或薄压坯烧结在一起从而可以利用激光烧结来粘接高熔点金属和陶瓷。

4.1.3.3 烧结影响因素[15,17~19]

烧结影响因素包括以下几点：

（1）烧结温度。温度升高引起颗粒的蒸气压增高，扩散系数增大，黏度降低，从而促进了蒸发—冷凝，离子和空位扩散以及颗粒重排和黏性塑性流动过程，加速了烧结。

（2）时间。延长烧结时间对基于黏性流动机理的烧结比较明显，而对体积扩散和表面扩散机理则影响较小。不合理地延长烧结时间，有可能加剧二次再结晶作用，反而得不到充分致密的制品。

（3）起始颗粒尺寸。减小陶瓷颗粒度则粉体的总表面能增大可以有效地加快烧结，尤其是对基于扩散和蒸发—冷凝机理的烧结过程的影响更为明显。

（4）气氛。气氛不仅影响陶瓷本身的烧结，也会影响添加物的效果。其具体的物理化学作用如下：

1）物理作用。在烧结后期，坯体中孤立气孔逐渐缩小，压力增大，逐步抵消了作为烧结推动力的表面张力作用，烧结趋于缓慢，使得在通常条件下难于达到完全烧结。这时继续致密化除了由气孔表面过剩空位的扩散外，闭气孔中的气体在固体中的溶解和扩散等过程起着重要作用。当烧结气氛不同时，闭气孔内的气体成分和性质不同，它们在固体中的扩散、溶解能力也不相同。扩散系数与气体分子尺寸成反比。例如在氢气氛中烧结一般比在氮气氛中烧结有利于闭气孔的消除。

2）化学作用。主要表现在气体和烧结体之间的化学反应。通常在烧结由正离子扩散控制时，氧化气氛或者氧分压较高有利于烧结，这是由于氧被烧结物质表面吸附或者发生化学反应，使晶体表面形成正离子缺位型的非化学计量化合物，正离子空位增加，扩散和烧结被加速，同时闭气孔中的氧可以直接进入晶格，并和带负电价氧空位一样沿表面进行扩散。而在负离子扩散控制时，还原气氛或较低的氧分压将导致带负电价氧离子空位产生并且促进烧结。

（5）压力。烧结后期坯体中闭气孔的气体压力增大，抵消了表面张力的作用，此时，闭气孔只能通过晶体内部扩散来消除，而体积扩散比界面扩散要慢得多。压力可以提供额外的推动力以补偿被抵消的表面张力，使烧结得以继续和加速。这是由于当外加剪切力超过物质的非牛顿型流体的屈服点时颗粒将出现流动，传质速度加大，闭气孔通过物质的黏性或塑性流动得以消除。

4.2 稀土透明陶瓷的制备

4.2.1 影响陶瓷透明性的制备因素

由于陶瓷材料的气孔、杂质、晶界、基体结构对光的散射和吸收，长期以来，人们认为陶瓷均为非透明陶瓷。但在 20 世纪 50 年代末，美国 GE 公司的 R. L. Coble 博士研制成功透明 Al_2O_3 陶瓷而一举打破了人们的传统观念。

透明陶瓷被定义为用无机粉末经过烧结使之具有一定的透明度的陶瓷材料。当把这类材料抛光成 1mm 厚放在带有文字的纸上时通过它可读出内容，即相当于透光率大于 40%[2]。

陶瓷的透明性取决于光在陶瓷中的散射。如图 4-4（a）所示，陶瓷微结构中引起光散射的缺陷主要有：晶界散射、残余气孔、第二相、双折射、晶内固溶物、表面不平整引起的光散射。其中气孔对陶瓷的光学质量的影响最大。优良的透明陶瓷应当没有明显的折射现象，甚至达到光学各向同性，如图 4-4（b）和（c）所示。这就意味着就陶瓷的结构而言，要实现透明陶瓷，必须满足：密度至少为理论密度的 99.5% 以上；晶界上不存在空隙，或空隙大小比光的波长小得多，晶界上没有杂质和玻璃相，晶界的光学性质与晶体之间的差别很小；晶粒小且均匀，其中没有空隙；晶体对入射光的选择吸收很少；材料有光洁度高的表面；无光学各向异性，晶体结构最好是立方晶系。所有这些条件中，致密度高且均匀的细小晶粒是最重要的。

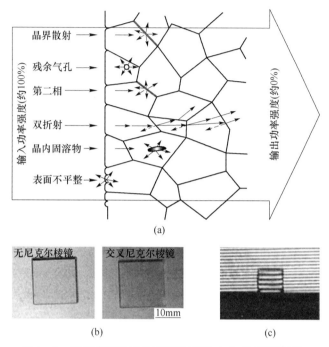

(a)

(b)   (c)

图 4-4　影响陶瓷透明性的散射因素（a）和透明陶瓷
在偏振光下的观察结果（b）以及干涉图像（c）[9]
（陶瓷样品为 1% Nd: YAG）

因此，要使陶瓷达到高度透明，制备工艺必须满足以下要求[24]：

（1）原料的纯度高，粉体的颗粒细小且分散性好。

（2）烧结助剂的添加能够促进烧结，有利于气孔的排除，抑制晶粒异常生长，同时又不会出现新相。

（3）原料和烧结助剂能够均匀混合，但又尽可能不引入杂质。

（4）干压后的素坯再进行冷等静压成型，使素坯具有较高的致密度和均匀性。

（5）烧结制度有利于气孔排除，防止晶粒异常生长和形成晶内气孔。

（6）合理的退火制度，有利于残余应力和氧空位的消除。

（7）高精度的光学加工，减少表面起伏和划痕造成入射光损耗。

4.2.2　石榴石基透明陶瓷

目前国内外能成功实现激光输出的 Nd: YAG 透明陶瓷的制备途径主要有

两种[2,24]：

（1）湿化学法合成高烧结活性的 Y_2O_3、Al_2O_3 和 Nd_2O_3 粉体，采用固相反应结合真空烧结技术制备 Nd:YAG 透明陶瓷[25]。

（2）湿化学法合成高烧结活性的 Nd:YAG 纳米粉体，采用真空烧结技术制备高质量的 YAG 透明陶瓷。典型示例就是日本神岛化学公司采用尿素沉淀法制备出颗粒尺寸均匀、分散性好的 Nd:YAG 纳米粉体，然后通过真空烧结技术制备出高质量的 Nd:YAG 透明陶瓷，并实现了大功率的激光输出[24]。

现以李江等人关于固相反应烧结制备 Nd:YAG 激光透明陶瓷的工作为例对这类陶瓷的制备方法做简单介绍[24]。

以纯度为 99.99% 的商业 $\alpha - Al_2O_3$、Y_2O_3、Nd_2O_3 粉体为原料，以高纯正硅酸乙酯（TEOS，99.99%）为烧结助剂，混合粉料按照 Nd^{3+} 掺杂浓度（原子分数）为 1.0%、1.3% 和 4.0% 的 Nd:YAG 进行配比（掺杂浓度选择的依据是 1.0% 是 Nd:YAG 单晶最常见的掺杂浓度，便于单晶和陶瓷作比较；1.3% 是提拉法生长 Nd:YAG 单晶的掺杂浓度极限；而 4.0% 主要为了说明陶瓷能实现高浓度掺杂），然后以无水乙醇为介质，用行星式球磨机混合粉料。混合浆料干燥后过 200 目筛（0.074mm），用钢模在 100MPa 的压强下压制成 ϕ20mm 的圆片，再用 200MPa 的压强进行冷等静压。用真空炉对压制好的素坯在不同温度下进行烧结，然后将烧结过的陶瓷在 1450℃ 下进行退火处理，最后对样品减薄并抛光。

图 4-5 是真空烧结 1.0% Nd:YAG（原子分数）陶瓷的相对密度与烧结温度的关系[24]。从图中可以看出，致密化过程主要发生在 1550~1700℃，致密化速度最快的阶段是 1550~1650℃，相对密度迅速从 75.7% 上升到 95%，在 1650~1700℃ 之间是个缓慢的致密化过程，相对密度仅从 95% 上升至 99.4%，继续提高烧结温度，Nd:YAG 陶瓷的密度几乎保持不变。对不同温度下烧结的样品做系统的 XRD 分析可知，当烧结温度高于 1550℃ 时，样品均为纯立方 YAG 相。

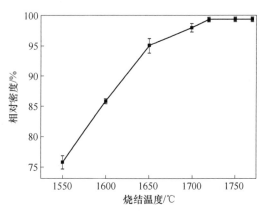

图 4-5 真空烧结 1.0% Nd:YAG 陶瓷的相对密度与烧结温度的关系[24]

关于保温时间与致密度的关系可以利用 1720℃ 真空烧结 1.0% Nd:YAG 陶瓷（原子分数）的结果来说明：当保温时间从 2h 增加到 5h，相对密度迅速从 97.1% 上升到 98.9%；保温时间为 10h 时增加到 99.4%；随后相对密度缓慢增加至 30h 的 99.8%，再往后的保温中，相对密度几乎不再发生变化。这意味着随着保温时间的延长，Nd:YAG 的残留气孔进一步被排除，而且扫描电镜图片也证实晶粒逐渐长大，保温时间为 30h 的 Nd:YAG 陶瓷样品具有较高的致密度和均匀的晶粒尺寸，其断口表面的形貌图可以看出，样品的断裂模式是穿晶断裂，无论在晶界处或是晶粒内部都看不到气孔存在。

图 4-6 是在不同温度下烧结的 1.0% Nd:YAG 陶瓷（原子分数）的热腐蚀抛光表面的扫描电镜形貌图[24]。从图中可以看出，1550℃ 时存在大量的气孔，平均晶粒尺寸约为 5μm，随后气孔的数量有所减少，晶粒尺寸逐渐增加，当烧结温度为 1700℃ 时，气孔几乎完全被排除，平均晶粒尺寸上升到 15μm 左右，继续提高烧结温度，残留的微量气孔进一步被排除，晶粒尺寸增大并不明显，当达到 1750℃ 时，样品的热腐蚀表面看不到晶界的存在，说明样品已经"玻璃化"。

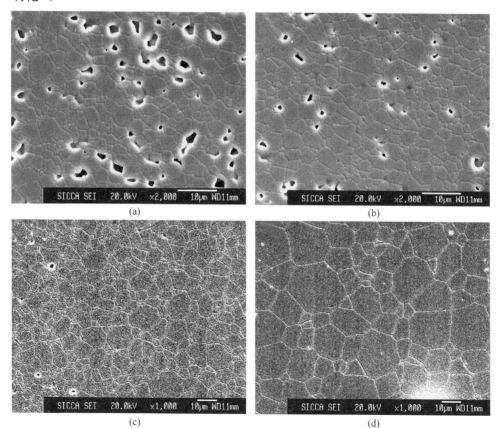

(a)

(b)

(c)

(d)

(e)　　　　　　　　　　　　　　　(f)

图4-6　不同温度下烧结1.0% Nd: YAG陶瓷的热腐蚀抛光表面的扫描电镜形貌图[24]

　　(a) 1550℃；(b) 1600℃；(c) 1650℃；(d) 1700℃；(e) 1720℃；(f) 1750℃

　　图4-7是1.3% Nd: YAG透明陶瓷（原子分数，1720℃ ×50h）热腐蚀抛光表面的背散射电子形貌及成分线扫描分析[24]。图中，自上而下分别为Al、Y、Nd、Si各元素在晶粒和晶界间的成分分布曲线。从图中可以看出，Nd: YAG样品中所有元素分布均匀，不同的晶粒间，晶粒和晶界间化学组成一致，没有出现偏析现象。而图4-8是1.0% Nd: YAG陶瓷（原子分数，1720℃ ×30h）的高分辨透射电镜（HRTEM）照片及相应的电子衍射图谱。两个YAG晶粒之间的晶界干净，无第二相存在（干净的晶界是高质量Nd: YAG激光透明陶瓷的基本条件）。图4-9是真空烧结1.0% Nd: YAG陶瓷（原子分数，1720℃ ×30h）经双面抛光后的实物照片，样品尺寸为 ϕ47.7mm×1.9mm，呈淡紫色，可以明显看出样品具有良好的透光性和光学均匀性，透过率测试表明在激光工作波段1064nm处的直线透过率为82.45%，在可见光波段的透过率约为80%[24]。

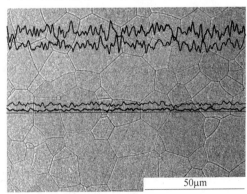

50μm

图4-7　1.3% Nd: YAG陶瓷抛光表面的背散射扫描

电子形貌图及成分线扫描（内部曲线）[24]

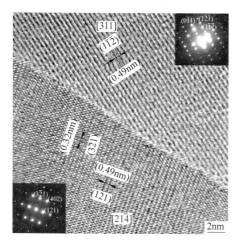

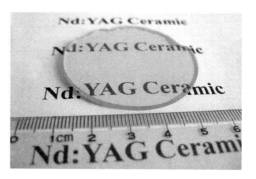

图 4-8　1.0% Nd: YAG 陶瓷的高分辨透射电
镜（HRTEM）照片及相应的电子衍射图谱[24]

图 4-9　双面抛光 1.0% Nd: YAG 透明陶瓷
照片（1720℃ ×30h，厚度为 1.9mm）[24]

图 4-10 为双面抛光的 4.0% Nd: YAG 陶瓷（原子分数）的透过率曲线，其中样品厚为 2.8mm，在激光工作波段 1064nm 处的直线透过率为 79.5%，可见光和红外波段的透过率基本一致。

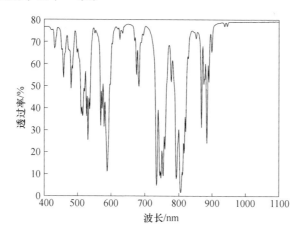

图 4-10　4.0% Nd: YAG 透明陶瓷的透过率曲线[24]

与此类似，Lu 基石榴石闪烁透明陶瓷也可以利用固相反应法制备。Pr: LuAG 透明陶瓷制备流程以及所得样品的照片分别如图 4-11 和图 4-12 所示[26,27]。原料粉体采用高纯的商业 Lu_2O_3、Al_2O_3、Pr_6O_{11} 粉体（99.99%），并且加入 TEOS（正硅酸乙酯）作为烧结助剂，同样以无水乙醇为介质球磨混合粉料，然后干燥后过 200 目筛（0.074mm），再在 600℃下煅烧 4h 排除有机物。随后在 50MPa 压强下干压，然后冷等静压（200MPa）成型得到陶瓷素坯，陶瓷素坯在 1780～

1870℃的温度下真空烧结并且保温时间为10h，最后对样品双面抛光即可得到
Pr：LuAG透明陶瓷[26]。

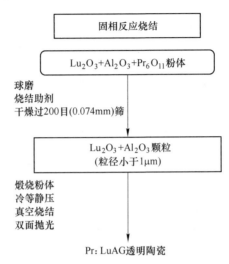

图4-11   Pr：LuAG闪烁透明陶瓷的固相反应制备流程图[26]

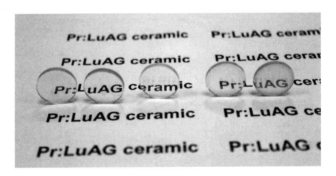

图4-12   不同温度烧结的Pr：LuAG透明陶瓷样品照片[26]

（从左到右依次为1780℃、1810℃、1830℃、1850℃和1870℃）

4.2.3   倍半氧化物透明陶瓷

Y_2O_3、Sc_2O_3和Lu_2O_3等倍半氧化物透明陶瓷的制备方法主要也有两种：

（1）采用湿化学法制备高烧结活性的超细粉体，然后在不添加任何烧结助剂的情况下烧结获得透明陶瓷，其中粉体的制备方法包括沉淀法、燃烧法、喷雾热解法、乳液膜法、溶胶-凝胶法、化学气相沉积法等。

（2）以商业高纯粉体为原料，添加一定量的烧结助剂，利用球磨工艺处理陶瓷粉体，然后在高温下烧结获得透明陶瓷。

下面对Y_2O_3这种化合物透明陶瓷制备的主要因素做介绍，其他体系的透明

陶瓷制备也可以借鉴。

4.2.3.1　烧结助剂

烧结助剂的加入不仅能调控样品的显微结构，同时也能提高光学透过率。在没有使用烧结助剂的情况下，要获得高光学质量的 Y_2O_3 透明陶瓷，对粉体的要求非常高，同时需要昂贵的高温热等静压（HIP）设备来辅助烧结。透明陶瓷烧结助剂的选择应遵循以下原则[2]：

（1）添加剂的价态与主相阳离子的价态不同，从而离子取代时形成点缺陷，促进烧结致密化，或者添加剂的价态与主相阳离子的价态相同并且添加剂可与主晶相形成固溶体。

（2）添加离子大小与主相阳离子相近，避免引起大的晶格畸变或改变主晶相的晶体结构。

目前制备 Y_2O_3 透明陶瓷报道过的烧结助剂有 LiF、ThO_2、BeO、MgO、SiO_2、ZrO_2 和 La_2O_3 等，其中国外采用的主要是 LiF、ThO_2 和 BeO 等，而国内则试图在无毒烧结助剂上进行筛选[2]。研究发现，不同的烧结助剂所得陶瓷的光学质量是不一样的。如以 MgO 为烧结助剂，采用真空烧结技术（1800℃ ×20h）制备的 Y_2O_3 陶瓷晶粒内部和晶粒之间存在很多气孔，并且晶粒尺寸也不均匀，因此陶瓷并不透明。而采用正硅酸乙酯（TEOS）为烧结助剂时，烧结的 Y_2O_3 陶瓷（1800℃ ×20h）晶粒内部和晶粒之间有很多圆形的气孔，呈半透明状态。比较成功的是 X. Hou 等人用 ZrO_2 作为烧结助剂的探索[2,28]。他们将高纯 Y_2O_3 和 ZrO_2 按照化学计量比（$Y_{1-x}Zr_x$）$_2O_3$（x = 0，0.001，0.004，0.007，0.01，0.03，0.05，0.10）配制粉料，按质量比 1:4:1 加入玛瑙球和无水乙醇，球磨干燥后压制成直径为 20mm 的圆柱，再经 210MPa 冷等静压得到素坯，800℃预烧后改在真空烧结炉中进行烧结，1800℃保温 20h，炉内真空度高于 1.0×10^{-3} Pa，得到了透明的陶瓷样品，如图 4－13 所示。实验表明，随着 ZrO_2 含量的增加，透明度

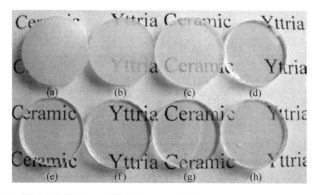

图 4－13　添加不同量 ZrO_2 制备的 Y_2O_3 陶瓷经双面抛光后的实物照片[2,28]
（a）0%；（b）0.1%；（c）0.4%；（d）0.7%；（e）1%；（f）3%；（g）5%；（h）10%

先提高，后降低。在 ZrO_2 掺杂量为 3%（原子分数）的时候，透过率呈现出最高值，达 78.8%，已接近理论透过率。ZrO_2 的最佳掺杂浓度与 ZrO_2 在 Y_2O_3 中的固溶度有关，由于 ZrO_2 在 Y_2O_3 中形成固溶体时的最大溶解度约为 4%（原子分数），因此当 ZrO_2 掺杂量较多时，会有部分 ZrO_2 在 Y_2O_3 晶界析出并形成散射颗粒，导致透过率下降。当 ZrO_2 含量较少时，不能有效阻止二次再结晶的出现，气孔难以完全排出，样品的透过率低下，所以 3% ZrO_2（原子分数）的掺杂量恰好接近固溶极限，从而既可以尽量提高点缺陷的浓度，又不会在晶界上析出第二相，形成散射中心，降低透过率。

另外，除了 ZrO_2，H. Zhang 等人发现 La_2O_3 也是一种制备 Y_2O_3 透明陶瓷的有效烧结助剂[29]，如图 4-14 所示，样品的最高透过率达 80%，接近其理论值。如果联用 La_2O_3 和 ZrO_2 为烧结助剂，研究发现晶粒尺寸远小于单独掺杂 Zr^{4+} 和 La^{3+} 的样品，而且在 $Tm:Y_2O_3$ 中，单独掺 La 的陶瓷不仅晶粒尺寸大而不均匀，同时还存在大量的气孔，当共掺 9% La 和 3% Zr（原子分数）时才能得到晶粒尺寸细小且无明显气孔存在的透明陶瓷[2]。

图 4-14 $Yb:(La_{0.1}Y_{0.9})_2O_3$ 透明陶瓷的实物照片[29]

4.2.3.2   素坯成型

在成型方面，Y_2O_3 透明陶瓷可以采用干压和冷等静压成型，这两种成型方法适于制备形状简单的样品。随着 Y_2O_3 透明陶瓷在相关行业应用的发展，对其尺寸和形状提出了更高的要求，因此目前也使用湿法成型如注浆成型等来制备形状复杂的陶瓷块体。如 L. Jin 等人[30]以高纯商业 Y_2O_3 粉体为原料，以 ZrO_2 为烧结助剂，注浆成型得到 Y_2O_3 素坯，并真空无压烧结制备了 Y_2O_3 透明陶瓷。注浆成型时以去离子水为溶剂，聚丙烯酸盐类为分散剂。此外，她们还对干压成型和注浆成型制备 Y_2O_3 透明陶瓷的断口显微结构进行了比较，如图 4-15 所示。可以看出，干法成型得到的预烧体更致密些，而注浆成型得到的预烧体结构比较疏松，但是粉体颗粒分布更均匀，这与干法成型制备的预烧体的密度（62.6%）要高于注浆成型制备的预烧体的密度（57.2%）的结果是一致的，产生这种现象的原因是干法成型在加压过程中，压力分布不均匀导致预烧体的气孔分布宽，且为双峰，即预烧体中密度及气孔分布是不均匀的，而注浆成型得到的预烧体的气孔孔径小，分布窄，且为单峰，即预烧体中密度及气孔分布是均匀的。因此虽然经过 1840℃ 真空无压烧结 8h 后，两种成型法对应的烧结体的致密度均为 99.6%，但是二者的光学质量是不一样的，注浆成型得到的陶瓷样品在 1100nm 处的透过率为 80.5%，而干法成型为 78.7%，即注浆成型得到的烧结体的光学质量要高，如图 4 − 16 所示。

图 4 − 15　不同素坯成型法得到的 Y_2O_3 预烧体的显微结构[2,30]

（a）注浆成型；（b）干法成型

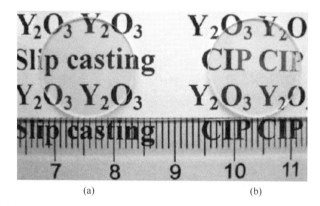

图 4 − 16　不同成型工艺得到的 Y_2O_3 透明陶瓷（1840℃ × 8h，厚 1.0mm）的实物照片[2,30]

（a）注浆成型；（b）干法成型

另外，可以制备出具有复杂结构的流延成型法用于 Y_2O_3 透明陶瓷材料也有了报道[2]。研究发现粉体颗粒尺寸必须适当，一般为 300nm 以上，过细的粉体会使得浆料固含量较难提高，素坯密度较低，而粉体过大会导致比表面积较小，烧结驱动力差，很难得到完全致密化的透明陶瓷。好的流延膜应当表面平整光滑，未见气泡、突起及裂纹等宏观缺陷，具有一定的强度和韧性，可以进行弯曲和切割，可长期放置不变形。将厚度在 0.3mm 左右的流延膜脱粘后堆叠成层状复合结构素坯时，片层与片层之间存在缝隙，这样的样品在烧结过程中难以实现致密化，因此必须将素坯进行二次冷等静压处理来提高密度。另外，二次冷等静压也有利于流延样品所用的粉体粒径相对较大时促进烧结的发生。

4.2.3.3 烧结工艺

Y_2O_3 透明陶瓷的烧结技术主要包括：热压烧结、气氛烧结（氢气氛、氧气氛等）、真空烧结和热等静压烧结等。

热压烧结的例子有 K. Majima 等人以高纯 Y_2O_3 粉体为原料，以 LiF 为烧结助剂，采用真空热压烧结技术获得了 Y_2O_3 透明陶瓷，并且研究了烧结制度和 LiF 对 Y_2O_3 陶瓷显微结构和光学透过率的影响[31,32]。研究发现，一步直接将压强增大至 44MPa，所得的样品的透过率为 20%，样品的平均晶粒尺寸为 3~4μm，晶界处仍有 LiF 残留。而逐步加压方式下样品在边缘区域和中间区域的透过率分别为 58% 和 24%，没有检测到 LiF 残留，边缘和中间透过率的差别是因为边缘区域的平均晶粒尺寸为 3~4μm，而在中间区域晶粒发生异常生长的现象，从而影响了样品的直线透过率。这种结果对各种 LiF 添加量都是一样的。当 LiF 的添加量为 1.0%（质量分数）时，逐步加压方式下液相烧结作用显著，能够有效地排除残余气孔，样品的透过率最高。

已成功应用于高压钠灯所需的半透明 Al_2O_3 管的氢气氛烧结技术可以直接得到高度透明的氧化物陶瓷，而无需后续的热处理工艺，而且在烧结过程中引入水蒸气还有望排除原料中的和材料制备过程中带来的 Fe 等杂质元素，这对于激光材料而言极其重要[2]。章健等人采用氨水为沉淀剂，制备出稀土离子掺杂 Y_2O_3 纳米晶粉体，然后采用氢气氛烧结工艺成功制备了稀土离子掺杂 Y_2O_3 透明陶瓷。研究发现沉淀法所得粉体的煅烧温度对透过率有重要影响，当粉体煅烧温度在 1000℃ 以下时，陶瓷的显微结构均很致密，无明显的气孔存在，而且随着粉体煅烧温度的升高，其晶粒尺寸呈增大的趋势，1000℃ 时约为 6μm。当煅烧温度提高到 1100℃ 时，晶粒尺寸迅速长大到 10μm 以上，且晶粒尺寸变得很不均匀，陶瓷显微结构中出现了很多气孔，产生非常严重的光散射现象，会极大降低可见光波段的直线透过率。另外，随着烧结温度的提高，样品的透过率逐渐升高。当烧结温度为 1700℃ 时，1000nm 处的透过率只有 25%，而 1850℃ 透过率则达到 74%[2]。

由于空气中包含各种体积不同的气体，容易形成闭气孔无法穿过晶格而停留在陶瓷体内部。即使在晶界处，也会因为其较大的体积而减缓气体的扩散速度，因此空气气氛下很难获得 Y_2O_3 透明陶瓷。但是氧气环境下，氧气分子在高温下可以电离成离子，通过氧化钇晶格中的氧空位在其中扩散。因此，以沉淀法制备的

Y_2O_3 纳米粉体为原料，以 ZrO_2 为烧结助剂，采用氧气氛烧结在 1650℃也获得了 Y_2O_3 透明陶瓷，样品在近红外波段的直线透过率高达 80%，与理论透过率相近[2]。

真空烧结也是有效烧结 Y_2O_3 透明陶瓷的技术，如 Ikegami 等人采用沉淀法制备了单分散的 Y_2O_3 纳米粉体，然后用真空烧结技术在 1700℃的低温下获得了具有一定透过率的 Y_2O_3 透明陶瓷。而 Hou 等人以高纯商业氧化物粉体为原料，以 ZrO_2 为烧结助剂，采用真空烧结技术成功制备了高质量的上转换发光 $Tm^{3+}/Yb^{3+}:Y_2O_3$、$Er^{3+}/Yb^{3+}:Y_2O_3$ 和 $Tm^{3+}/Er^{3+}/Yb^{3+}:Y_2O_3$ 透明陶瓷[2]。

制备 Y_2O_3 透明陶瓷目前最成功的工艺路线是热等静压烧结技术。典型实例就是日本神岛化学公司采用湿化学法合成 Y_2O_3 纳米粉体并采用热等静压烧结技术成功制备了激光级稀土离子掺杂 Y_2O_3 透明陶瓷，Y_2O_3 透明陶瓷的透过率已接近其理论值，而且 Kim 和 Sanghera 等人也通过对商业倍半氧化物（包括 Lu_2O_3 和 Y_2O_3）提纯获得高纯的 $Yb:Lu_2O_3$ 和 $Yb:Y_2O_3$ 纳米粉体，然后通过热等静压烧结的方法获得了高质量的 $Yb:Lu_2O_3$ 和 $Yb:Y_2O_3$ 透明陶瓷，并且实现了高效、连续激光输出[2]。

总之，要获得高质量的倍半氧化物透明陶瓷，就必须注意把握粉体、烧结助剂和烧结工艺这三个重要的环节，而且还要注意它们之间的关联性，如不同来源的粉体可适用的烧结工艺不同，而不同种类的粉体，可选用的烧结助剂也会不一样。其内含的规律性都需要在工艺和更底层的结构方面的研究中进一步完善。

4.2.4 非立方透明陶瓷

非立方的氧化铝（Al_2O_3）、硅酸镥（LSO）、氟磷酸钙（FAP）和氟化铈（CeF_3）等光学透明陶瓷的制备大体操作与立方晶系的石榴石和倍半氧化物透明陶瓷类似，而且相应的规则也差不多。当然，由于非立方晶系存在各向异性，因此最终陶瓷的透明性一般不如立方晶系，而且提高透明性也需要采用独特的技术手段，其中主要是晶粒择优取向。

晶粒定向的陶瓷可以削弱双折射效应引起的散射，从而提高低对称体系陶瓷的透过率，在三方相的 Al_2O_3 和六方相的 $Nd^{3+}:Ca_{10}(PO_4)_6F_2$（FAP）中已经得到了验证。常用的晶粒定向陶瓷制备技术有热压法、非等轴粒子取向技术、模板法和强磁场定向技术[33]。

（1）热压法（热煅法）具有很大的局限性，主要应用在结构各向异性明显，即晶粒为层状的陶瓷中，而具有较高对称性的钙钛矿等结构容易长成立方形状的晶粒，在压力作用下很难实现晶粒的定向排列。

（2）非等轴粒子取向技术一般针对片状或针状颗粒，利用流延或挤压的成型方法，使非等轴颗粒在剪切力作用下取向排列起来，再经过后续的热处理得到晶粒定向的陶瓷。但是非等轴颗粒的排列会导致生坯的致密度很低，颗粒之间的大气孔在烧结过程中也难以排出，因此，限制了最终陶瓷的致密度。

（3）模板晶粒生长技术（templated grain growth，TGG）和反应模板晶粒生长技术（reactive templated grain grouth，RTGG）是两种制备晶粒定向陶瓷常见的模板法。模板晶粒生长是通过在合成好的粉体中加入少量非等轴的模板晶粒，利用机械剪切力，如挤压成型、流延成型、注射成型等，使模板晶粒在生坯中定向排列。后续热处理时，模板晶粒不断吞并周围的粉体颗粒而长大，从而得到晶粒定向的陶瓷，其中生坯由于存在等轴颗粒，可以填充非等轴颗粒之间的大空隙，因此，可以有效提高陶瓷的致密度。而反应模板晶粒生长是以产物的某种前驱体作为模板，并将其与其他原料按产物的化学计量比进行混合，模板也是非等轴颗粒，利用机械剪切力实现取向排列，经过预烧和烧结得到晶粒定向的陶瓷。反应模板晶粒生长与模板晶粒生长的区别在于前者在热处理过程中同时完成反应烧结和晶粒定向生长两个过程。显然，模板法中模板晶粒的选择非常重要，要考虑四个要素，即晶粒的形状、大小、外延性及稳定性。形状方面要求模板晶粒是具有一定长径比的针状、片状或条状，在外加机械力时才会有较高的定向排列度，而实际上这一步很难做到，而且，如果生坯中存在两种不同形状的颗粒，就会引起微观结构的不均匀性，最终导致陶瓷失透。

（4）强磁场定向技术是基于能量最小化原理，即从能量的角度分析，晶粒受力矩作用时会转到一稳定的方向，以便减少磁化能，如果粒子具有磁各向异性，不同方向磁化率不同，磁化能也就不同。一般六方晶系的 c 轴容易平行于磁场方向取向。磁场定向技术不受材料结构和粉体形状的限制，无需加入模板，获得的生坯均匀性好。

总之，相比而言，磁场定向技术更适合透明陶瓷的制备，目前的问题就是已报道的磁场定向技术都需要成本太高的超导强磁场来实现，如果能在永磁体磁场下实现定向，可以大幅度降低整个工艺的成本。

在强磁场定向技术中，一般采用注浆成型，如图 4 – 17 所示，或者电泳沉积的成型方法，但是，当粉体颗粒加入到溶剂中时，由于颗粒之间存在范德华引力，颗粒容易发生团聚，这样就会阻碍磁场作用下颗粒的偏转。因此避免团聚、制备高分散的陶瓷浆料是晶粒定向的一个关键环节。

下面分别举例介绍各种非立方透明陶瓷的制备方法。

第一个实现透明陶瓷的材料实际上并不是立方晶系，而是六方的 α – Al_2O_3。20 世纪 50 年代末，美国 GE 公司的 R. L. Coble 博士成功报道了商品名为 Lucalox 的氧化铝透明陶瓷[34]，从而一举打破了陶瓷一定不透明的传统观念。氧化铝透明陶瓷对可见光和红外光具有良好的透过性，而且高温强度大、耐热性好、耐腐蚀性强、电绝缘好、热导率高，因此可以用于高压钠灯的电弧管、高显色性的陶瓷金卤灯电弧管以及半导体产业装备中的抗等离子体腔体等。

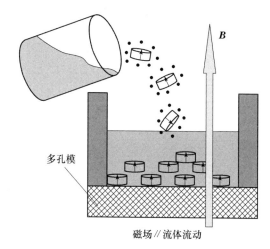

图 4 - 17　强磁场下注浆成型晶粒定向技术的示意图[33]

(图中 **B** 表示磁场方向)

传统的半透明氧化铝陶瓷管主要采用注浆成型、冷等静压或挤出成型等成型方法，在真空或 H_2 气氛（高于 1700℃）中常压烧结。所制备的氧化铝陶瓷的晶粒大小约 25μm，可见光波段的直线透过率一般为 10% ~ 15%[35]。近年来研究的热点集中在亚微米晶（晶粒尺寸小于 1μm）透明氧化铝和晶粒定向透明氧化铝陶瓷。如 K. Hayashi 等人率先采用高温热等静压（HIP）制备了具有亚微米晶粒的透明氧化铝，使可见 - 红外光的透过率得到显著提高（约 60%）[36]。亚微米晶透明氧化铝的烧结温度较低（低于 1400℃），而且具有两个显著优点：优异的力学性能和高可见光透过率。因此除了作为陶瓷金卤灯等高强气体放电灯的电弧管，还有可能取代蓝宝石单晶作为导弹头罩和红外窗口，应用于国防及民用领域。

虽然亚微米晶透明氧化铝在强度和透过率比起传统半透明氧化铝都有很大提高，但是在小于 500nm 光谱段透过率却有很大降低，一个被普遍接受的解释是当晶粒大小与波长接近时，晶粒对入射光的散射最强，导致紫外波段的透过率降低。即亚微米晶透明氧化铝并没有全部解决氧化铝的晶界双折射的问题。因此，近年来又采用磁场诱导晶粒定向，即磁场诱导晶粒取向工艺（magentic - field - assisted orientation of grain，MFAOG），开始了晶粒定向透明氧化铝陶瓷的研究。由于氧化铝晶体的光轴与 c 轴方向平行，因此当光透过这种晶粒沿极轴定向排列的陶瓷时，从一个晶粒射出的光到另一个晶粒，其所遇的物理环境是相同的，理论上来说可以消除前述晶界的双折射。因此 X. Mao 等人将超强静磁场应用于透明氧化铝陶瓷的制备，即先在磁场辅助下注浆成型得到 c 轴定向排列的陶瓷素坯，然后高于 1800℃、H_2 气氛下烧结得到晶粒定向的透明氧化铝陶瓷[37]，如图

4-18 所示。结果发现在晶粒大小与传统半透明氧化铝相当（约 25μm）的情况下，可见光波段透过率显著提高（约 55%），并且在小于 500nm 波段仍然保持大于 40% 的高透过率，这就为透明氧化铝陶瓷的研究提供了一条全新的途径。此外，从陶瓷微观结构的电镜图片可以看出在晶粒内部以及晶界上有气孔存在，这必然影响到氧化铝陶瓷的透过率，因此织构化氧化铝透明陶瓷的光学性能有进一步提升的空间。

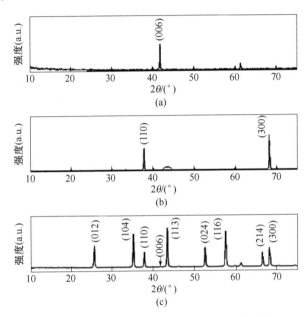

图 4-18　透明氧化铝陶瓷的 XRD 图谱[2,37]

（a）垂直于磁场方向注浆成型；（b）平行于磁场方向注浆成型；（c）无磁场作用注浆成型

在 PET 应用领域，掺 Ce 硅酸镥（Ce:LSO）已成为最好的 BGO 替代品。不过目前 LSO 在闪烁晶体领域并没有占据主导地位，其中重要原因就是晶体生产成本高、晶体开裂和多个发光中心导致的光输出不稳定。因此透明陶瓷替代品的研究和制备就成了一种出路。目前采用的烧结方法有放电等离子烧结、热压烧结和热等静压。其中 T. Lin 等人采用溶胶-凝胶法合成了平均粒径在 100～200nm 的纳米 LSO 粉体，然后采用放电等离子烧结工艺，在 1350℃ 保温 5min，压力为 50MPa 的条件下获得了半透明的 LSO 陶瓷。然后经空气中退火处理（1000℃×15h）消除氧空位，样品从黑色不透明变成了半透明状[38]。而 A. Lempicki 等人也采用热压烧结的方式获得了半透明的 LSO 陶瓷，烧结温度为 1700℃，所加压力为 55MPa，保温时间为 2h[39]，所得的 1mm 的样品在背景灯箱的照射下可以透字。尽管样品只是半透明，但其闪烁发光的效率达到了晶体 LSO 的 50%～60%，从而足够满足 PET 的实用要求。

目前 LSO 透明陶瓷最好的结果是采用热等静压技术制备的，如 W. Yimin 等人通过喷雾热解的方法获得超细的纳米粉体，经过预烧结后得到单相的 LSO[40]。此时材料的晶界处还有明显的气孔存在，然后通过热等静压（HIP）烧结成陶瓷，晶粒尺寸基本没有长大，气孔基本被排出，致密度达到了 99.8%，所得的 1mm 厚的样品呈现半透明状，可以看到样品下面的字迹，如图 4-19 所示，在 420nm 处的透过率为 11%。

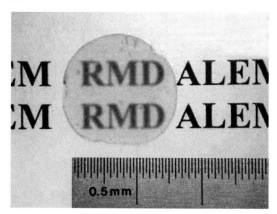

图 4-19 热等静压烧结所得 Ce:LSO 陶瓷的实物照片（样品厚度为 1mm）[2,40]

值得一提的是，尽管 LSO 陶瓷的透过率数值与单晶 LSO 相比还相去甚远，但是[22]Na 激发源下闪烁性能的测试却表明其光输出达到了 30100ph/MeV，达到了单晶的 90% 以上，而且用[22]Na 及[137]Cs 分别为激发源时，测得的能量分辨率为 15% 和 18%，同等条件下单晶的能量分别率为 10% 和 9%，而衰减时间则两者一致，都是 40ns，如图 4-20 所示。

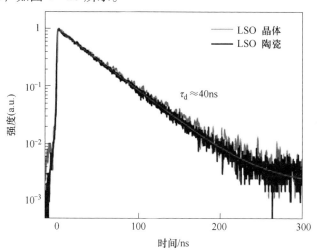

图 4-20 Ce:LSO 陶瓷及单晶的衰减时间[2,40]

氟磷酸钙（FAP）因为可以为 Yb^{3+} 提供较大的晶场分裂能，从而具有吸收和发射截面大、阈值低和增益大等特点，适合制作激光二极管（LD），但是其单晶生长非常复杂。因此目前也开发了磁场下晶粒定向制备 FAP 透明陶瓷的技术，所得到的 Nd：FAP 透明陶瓷（厚度为 0.48mm）在 1064nm 处的透过率达到了82%，其散射损耗为 $1.5cm^{-1}$，达到了比较高的光学质量[2]。

类似的，虽然 CeF_3 具有较高的密度、较强的高能射线截止能力、快衰减、足够的光产额、好的温度稳定性以及强的抗辐照损伤能力，从而成为欧洲核子中心即将升级的高亮度大型强子对撞机装置所用探测器材料的热门候选之一。但是易氧化、易挥发的物理性质使得 CeF_3 晶体的生长工艺复杂、成品率不高，在高能物理实验装置中大体积应用时成本劣势凸显，因此有必要考虑透明陶瓷替代品。李伟等人在国内外首次探讨了永磁体磁场下 CeF_3 透明陶瓷及其闪烁性能[33]。为了避免 CeF_3 在烧结过程中的氧化并且抑制挥发，他们首先采用真空热压烧结的方法，在950℃、300MPa 保温保压 2h 制备了 CeF_3 陶瓷，致密度达到理论密度的98.96%，在陶瓷的断面中看不到明显的气孔，而且晶粒尺寸分布均匀，平均为 42.5μm，但是由于 CeF_3 的六方相结构，双折射效应影响了陶瓷的透过率，因此陶瓷透明性差，在 300nm 处的透过率为 10%，如图 4-21 所示。

(a)   (b)

图 4-21 900℃下热压制备的 CeF_3 陶瓷实物照片[33]

(a) 150MPa；(b) 300MPa

为了进一步提高 CeF_3 陶瓷的透过率，李伟等人采用强磁场辅助注浆成型的工艺，通过工艺参数的优化，制备了晶粒定向的 CeF_3 陶瓷，如图 4-22 所示。研究发现 CeF_3 陶瓷的晶粒取向性明显（见图 4-23），而且可以在永磁体磁场中实现，不需要传统昂贵的超导磁场。这是由于 CeF_3 为顺磁性，磁化率量级高，另外，Ce^{3+} 的 4f 电子自旋—轨道相互作用强，可以提高磁各向异性，从而使 CeF_3 在较低磁场下，如 0.4T 磁场下即可实现晶粒定向排列，从而降低了工艺成本。

虽然磁场注浆提高了晶粒的取向，理论上应该提高陶瓷的光学质量，但是球磨 10h 后的 CeF_3-5N(99.999%) 粉体制备的晶粒定向陶瓷，其光学质量与不球磨而直接热压烧结制备的 CeF_3 陶瓷相比，透过率还是很低，如图 4-24 所示。这是因为晶粒定向陶瓷的制备工艺过程比直接热压烧结的工艺要复杂得多，这就更加容易引入杂质，从而导致光学质量下降。对比两者表面的扫描电镜图片，如

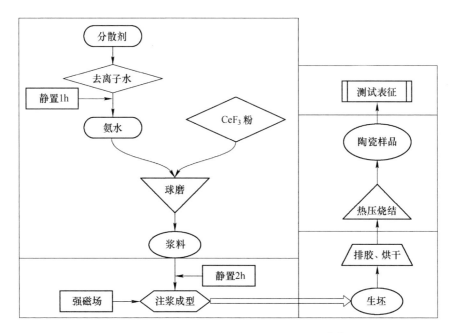

图 4-22　晶粒定向 CeF₃ 陶瓷的制备流程[33]

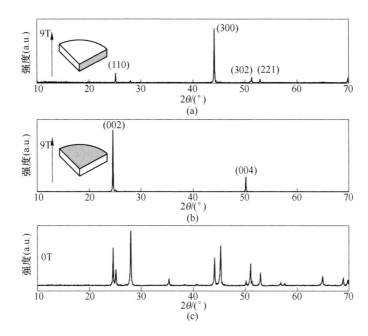

图 4-23　在 9T 磁场和不加磁场下注浆成型制备的 CeF₃ 陶瓷的 XRD 图谱[33]

(a) 9T 磁场，XRD 测试时样品表面与磁场方向平行；(b) 9T 磁场，XRD 测试时
样品表面与磁场方向垂直；(c) 不加磁场

图 4 - 25 所示，可以看到晶粒定向陶瓷表面的 SEM 中，有大量黑点存在，经放大后确定这些黑点大多数为第二相而非气孔，而直接热压烧结的陶瓷表面未发现类似的黑点。利用能谱分析，这些黑点的主要成分为 Al_2O_3。李伟等人的解释是晶粒定向陶瓷所使用的粉体是 10h 球磨后的 CeF_3 - 5N 粉体，而球磨罐和球磨子均为 Al_2O_3，并且球磨 10h 后粉体中的 Al 含量经 GDMS 测试为 0.19%，因此可以认为是球磨中引入 Al_2O_3 杂质，导致 CeF_3 陶瓷中 Al_2O_3 第二相的出现，而这些 Al_2O_3 第二相严重影响了晶粒定向陶瓷的透过率[33]。

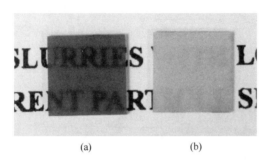

(a)   (b)

图 4 - 24 CeF_3 - 5N 粉体制备的 CeF_3 陶瓷实物照片

（a）粉体直接热压烧结；（b）注浆成型制备的晶粒定向陶瓷

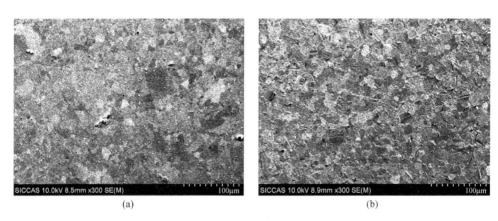

(a)   (b)

图 4 - 25 CeF_3 - 5N 粉体制备的 CeF_3 陶瓷表面的扫描电镜形貌图

（a）粉体直接热压烧结；（b）注浆成型制备的晶粒定向陶瓷

4.2.5　复合透明陶瓷

复合透明陶瓷最常用的领域就是高能激光器，这是因为：一方面，激光器在服役过程中，需要吸收泵浦光源的能量，激活掺杂离子，产生共振吸收并输出激光，而其中一部分泵浦光的能量不能被吸收，而是以废热的形式释放，同时，产生的激光也会被激光增益介质吸收一部分，产生额外的热量。而另一方面，掺杂离子的浓度越大，材料的导热能力越低，加上激光材料周围空气的温度远低于材料内部的温度，这样就从材料的内部到外部形成了温度梯度，从而引起热效应，降低激光光束质量和输出功率并且产生热应力甚至破坏材料的结构。目前常见的解决办法是在激光材料周围设置水冷等冷却装置，但是这仍然不能解决热场分布的不均匀性问题，从而激光功能以及持续工作时间仍然受到制约（详见第5章）。因此需要调控激光陶瓷的微观结构来降低工作时材料内部热场分布的不均匀性和热透镜效应，即相对于外部冷却装置的被动式温度场调控。更好的做法是从材料内部设计组成分布的主动式温度场调控，由此产生复合结构激光工作物质[2,7]。

复合透明陶瓷结构设计的基本原理是材料的热学性质，因为在相同温度下，发光离子的掺杂浓度越大，激光材料的热导率越小，而在相同的发光离子掺杂浓度下，工作温度越高，激光材料的热导率越低。因此复合透明陶瓷结构是以激光输出的稀土离子掺杂激光材料为中心，向外层掺杂离子浓度逐渐递减的激光材料，可以利用递减后材料提高的导热能力来改善整体材料的导热能力，以此方法获得分布更加均匀的温度场，降低热效应，提高激光器的效能[2,7]。

目前复合结构的设计形式主要有如下几种[7,10,24]：

（1）薄片状。薄片厚度在几毫米以下，适用于微片激光器，即结构最简单紧凑的二极管泵浦固体激光器（DPSSL），由于微片激光介质的厚度限制，需要高的激活离子浓度以充分吸收泵浦光。

（2）棒状。棒状复合结构激光增益介质按照横截面的形状有圆棒状和方棒状两种。按照掺杂介质的空间位置有分段结构（见图4-26）和同轴夹心结构两种，其中分段式结构有利于实现多种掺杂，夹心结构适合于控制光束的模式。同轴夹心结构也称为包裹结构，其掺杂部分可以是贯通整个介质，也可以是位于长度方向的中间部分。这种复合结构在提高激光输出功率和效率、提高光束质量方面的能力很强，通过减小核心掺杂部分的截面积能够有效控制光束的模式。此外，该结构在控制光束图案、减小激光器尺寸方面也有一定的优势。

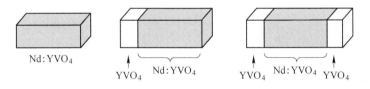

图4-26 三种分段复合结构（以 YVO₄ - Nd: YVO₄ 为例）[7]

（3）梯度结构。梯度结构更强调复合的连续变化，如掺杂离子浓度连续变化，从而材料内部的温度梯度趋于平滑变化分布，如图4-27所示。这是减小热效应、提高激光光束质量的最理性形式，它同样可以控制束斑形状，同时获得高输出功率和效率并且提高光束质量，适用于高功率端面泵浦激光器[9,10]。

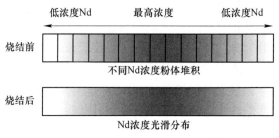

图 4 – 27 梯度复合结构示意图[9]

（4）Z字形结构（角泵浦或角抽运）[7,41~43]。角泵浦方式严格说来是一种物理上而非化学的复合结构，由清华大学光子与电子技术研究中心最先提出。其基本原理是在板条状激光介质的角部切出一个倒角，泵浦光通过这个倒角耦合到激光介质内部，如图 4 – 28 所示[7,42]，利用泵浦光在介质内的全反射来实现多程吸收，极大地增加了吸收路程，在较低的掺杂浓度下也能获得高的泵浦效率和较好的泵浦均匀性[7]。

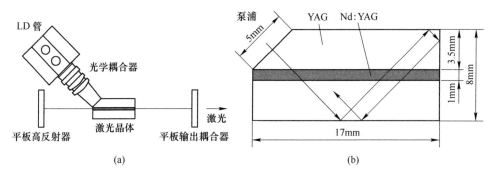

图 4 – 28 角泵浦 Nd: YAG/YAG 复合结构陶瓷激光器
装置示意图（a）和角泵浦工作原理图（b）[7,42]

（5）波导结构。波导结构是在激光增益介质的特定区域掺杂激活离子的复合结构，根据掺杂区域可以分为在介质中心掺杂和在介质表面中心掺杂等类型，掺杂方法可以利用离子注入技术。这种结构除了有利于输出功率和转换效率，还可以改善光束质量，实现器件的小型化。

（6）纤维状（包芯）结构。纤维状的复合结构是面向光纤激光器应用的，其特征是增益介质轴向尺寸较大，径向尺寸很小，这种复合结构的最大优点是可以实现激光器件的微型化。

从前述陶瓷制备方法可以知道，得到复合结构的成型方法有干压法、热键合和流延成型等。其中热键合方法已经普遍用于复合结构激光晶体的制备，但是由于晶体的生长成本高、周期长、成分难以均匀分布、可以使用的尺寸十分有限，无法适合大尺寸、高功率激光器，而且热键合位置必然产生界面，该位置容易残留气孔、杂质等缺陷，从而降低复合结构激光晶体的质量。因此可以采用陶瓷作为基质进行热键合来获得复合结构[10]。而要获得更加精细（微米级）的陶瓷微结构和近乎一致的温度分布则可以考虑流延成型。如果将每一层的流延膜设计成连续、渐变的掺杂离子浓度，则有望制备出梯度分布的复合结构激光陶瓷。这种梯度复合激光陶瓷将会最大限度地降低温度梯度，获得几乎一致的温度场分布，对改善激光工作物质的热效应和激光质量将是最理想的结构[7,10]。下面就干压法和流延法分别举例介绍。

4.2.5.1 干压成型法制备层状复合结构 YAG/Nd: YAG/YAG 透明陶瓷[24]

李江等人以纯度为 99.99% 的商业 α - Al_2O_3、Y_2O_3、Nd_2O_3 粉体为原料，以纯度为 99.99% 的 TEOS 为烧结助剂按照化学计量 1.0% Nd: YAG（原子分数）进行配比，接着以无水乙醇为介质球磨混合浆料，干燥后过 200 目筛（0.074mm）。随后按照 YAG 的化学计量同样制备粉体，然后两种粉体压制成 ϕ20mm 的 YAG/Nd: YAG/YAG 复合结构的圆片，如图 4 - 29 所示，再 200MPa 冷等静压成素坯，真空反应烧结后在 1450℃ 进行退火处理，最后对样品减薄并抛光处理得到最终的复合透明陶瓷，如图 4 - 30 所示。

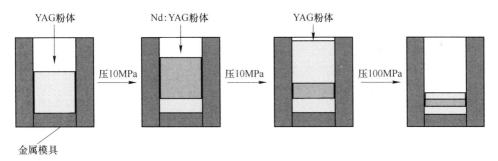

图 4 - 29　层状复合结构 YAG/Nd: YAG/YAG 陶瓷素坯的成型过程[24]

图 4 - 30　层状复合结构 YAG/1.0% Nd: YAG/YAG 透明陶瓷的照片[24]

测试结果表明，层状复合结构 YAG/1.0% Nd: YAG/YAG 透明陶瓷在激光工作波段 1064nm 处的直线透过率为 80.2%，样品在可见光和红外波段的透过率基本保持一致，而且断口形貌也表明 YAG 陶瓷和 Nd: YAG 陶瓷之间不存在明显的界面。这说明陶瓷工艺制备层状复合结构 YAG/Nd: YAG/YAG 激光陶瓷比单晶

"焊接"技术制备复合结构更有优势。

4.2.5.2 流延成型法制备 $Y_3Al_5O_{12}$ 多层复合结构陶瓷[7]

巴学巍等人开展了 $Y_3Al_5O_{12}$ 多层复合结构陶瓷的流延成型法制备工作。他们以细颗粒氧化铝、细颗粒氧化钇和粗颗粒氧化钇为制备基质 YAG 陶瓷的原料，将原料粉体与分散剂、溶剂混合获得组分均匀的初次料浆后，然后加入黏结剂和塑化剂继续混合得到料浆。料浆经过过滤、脱气后倒入流延机的料槽中然后刮制成流延膜。干燥后的流延膜经过切割、剪裁、叠层获得坯体。该坯体排胶后进行冷等静压获得结构致密而且均匀的素坯，接着采用真空烧结技术烧结，所得样品经过退火、切割、抛光等过程就得到最终的透明陶瓷。图 4-31 给出了工艺流程[7]。

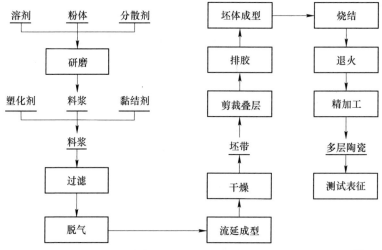

图 4-31 流延成型法制备 $Y_3Al_5O_{12}$ 多层复合结构陶瓷工艺流程图[7]

研究发现，流延成型制备复合结构透明陶瓷的影响因素与制备常规单相透明陶瓷类似，主要有固含量（表征固体颗粒的用量与溶剂的比例关系）和黏结剂，另外粉体的表面状态、活性以及烧结工艺等也有影响。

具体来说，固含量决定着后续工艺中流延膜的致密度。而流延膜的致密度又会影响叠层后的坯体的致密度和烧结陶瓷的致密度，因此需要改善料浆的分散性能以提高固含量。图 4-32 给出了不同固含量料浆所得的单相的透明效果。微观结构也表明不同固含量所得样品的区别主要在于气孔的尺寸和分布，随固含量增加，大气孔的数量显著减少，而且较小的气孔也有所减少。同样，PVA-124 的用量逐渐增加时，对应的 YAG 陶瓷的光学质量逐渐改善。不过黏结剂用量要适当，如果黏结剂用量太少就不能够有效地黏结流延膜，从而坯体内部出现层间空隙，在陶瓷烧结时会形成长条状的大气孔，但是过多的黏结剂又使流延膜的硬度增大，不利于剪裁。

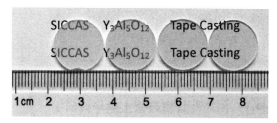

图4-32　不同固含量（依次为35％、40％、45％和50％）料浆制备的 Yb：YAG 陶瓷[7]

从图4-33可以看出坯体经过排胶处理，坯体的尺寸发生收缩，直径从排胶前的20mm缩小为18mm。烧结后，陶瓷的直径为16mm。陶瓷的光学质量较好，能够清晰地看到后面的文字，而陶瓷抛光后断口的扫描电镜照片也表明断口结构致密，没有层与层之间的间隙。

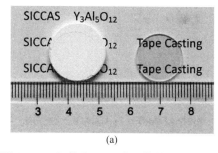

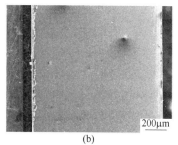

(a)　　　　　　　　　　　　(b)

图4-33　坯体和 YAG 多层结构透明陶瓷（a）及其抛光后的断面形貌（b）[7]

类似的，巴学巍等人利用流延成型工艺，通过不同掺杂流延膜的叠层也得到了 YAG - Yb：YAG 各种分段复合结构，如图4-34所示，从左到右分别是 YAG/Yb：YAG/YAG、YAG/Yb：YAG/YAG、Yb：YAG/YAG 复合结构陶瓷和 Yb：YAG 多层复合结构陶瓷，其中 Yb 的掺杂量为5％（原子分数）。图中上方样品为没有经过退火处理的状态，下方为退火处理的状态。抛光后的 Yb：YAG 多层结构陶瓷的透光性很好，厚度为4mm 的 Yb：YAG 未退火样品仍然可以清晰地看到下面的内容。在退火抛光的样品中，所有样品均具有良好的光学质量，透过样品可以十分清晰地阅读后面的文字。

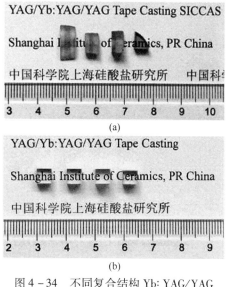

(a)

(b)

图4-34　不同复合结构 Yb：YAG/YAG 陶瓷的实物照片[7]

（a）未退火；（b）退火

参 考 文 献

［1］ Messing G L, Stevenson A J. Toward pore – free ceramics ［J］. Science, 2008, 322 (5900): 383, 384.

［2］ 潘裕柏, 李江, 姜本学. 先进光功能透明陶瓷 ［M］. 北京: 科学出版社, 2013.

［3］ Kinsman K M, Mckittrick J. Phase development and luminescence in chromium – doped yttrium – aluminum – garnet (YAG – Cr) phosphors ［J］. Journal of the American Ceramic Society, 1994, 77 (11): 2866 ~ 2872.

［4］ Fujioka K, Saiki T, Motokoshi S, et al. Luminescence properties of highly Cr co – doped Nd: YAG powder produced by sol – gel method ［J］. Journal of Luminescence, 2010, 130 (3): 455 ~ 459.

［5］ De la Rosa E, Diaz – Torres L A, Salas P, et al. Low temperature synthesis and structural characterization of nanocrystalline YAG prepared by a modified sol – gel method ［J］. Optical Materials, 2005, 27 (12): 1793 ~ 1799.

［6］ Inoue M, Otsu H, Kominami H, et al. Synthesis of yttrium – garnet by the glycothermal method ［J］. Journal of the American Ceramic Society, 1991, 74 (6): 1452 ~ 1454.

［7］ 巴学巍. 多层复合激光透明陶瓷 ［D］. 上海: 中国科学院大学上海硅酸盐研究所, 2013.

［8］ Ikesue A, Aung Y L, Taira T, et al. Progress in ceramic lasers ［J］. Annual Review of Materials Research, 2006, 36 (8): 397 ~ 429.

［9］ Ikesue A, Aung Y L. Ceramic laser materials ［J］. Nature Photonics, 2008, 2 (12): 721 ~ 727.

［10］ Ikesue A, Aung Y L. Synthesis and performance of advanced ceramic lasers ［J］. Journal of the American ceramic Society, 2006, 89 (6): 1936 ~ 1944.

［11］ Yagi H, Yanagitani T, Takaichi K, et al. Characterizations and laser performances of highly transparent Nd^{3+} : $Y_3Al_5O_{12}$ laser ceramics ［J］. Optical Materials, 2007, 29 (10): 1258 ~ 1262.

［12］ Appiagyei K A, Messing G L, Dumm J Q. Aqueous slip casting of transparent yttrium aluminum garnet (YAG) ceramics ［J］. Ceramics International, 2008, 34 (5): 1309 ~ 1313.

［13］ Tang F, Cao Y G, Huang J Q, et al. Fabrication and laser behavior of composite Yb: YAG ceramic ［J］. Journal of the American Ceramic Society, 2012, 95 (1): 56 ~ 59.

［14］ Kupp E R, Messing G L, Anderson J M, et al. Co – casting and optical characteristics of transparent segmented composite Er: YAG laser ceramics ［J］. Journal of Materials Research, 2010, 25 (3): 476 ~ 483.

［15］ Upadhyaya G S. Some issues in sintering science and technology ［J］. Materials chemistry and physics, 2001, 67 (1): 1 ~ 5.

［16］ 果世驹. 粉末烧结理论 ［M］. 北京: 冶金工业出版社, 1998.

［17］ 浙江大学, 武汉建筑材料工业学院, 上海化工学院, 等. 硅酸盐物理化学 ［M］. 北京: 中国建筑工业出版社, 1980.

［18］ 师昌绪, 中国材料研究学会. 材料大辞典 ［M］. 北京: 化学工业出版社, 1994.

［19］ Brook R J. Concise encyclopedia of advanced ceramic materials ［M］. Elsevier, 2012.

［20］ Rahaman M N. Ceramic processing ［M］. Wiley Online Library, 2006.

［21］ Richerson D, Richerson D W, Lee W E. Modern ceramic engineering: properties, processing, and use in design ［M］. CRC Press, 2005.

［22］ James R D. Introduction to the principles of ceramic processing ［J］. Editorial Willy Interscience, USA, 1988.

［23］ 师昌绪. 材料科学技术百科全书 ［M］. 北京: 中国大百科全书出版社, 1995.

［24］ 李江. 稀土离子掺杂 YAG 激光透明陶瓷的制备、结构及性能研究 ［D］. 上海: 中国科学院大学上海硅酸盐研究所, 2007.

［25］ Ikesue A, Kinoshita T, Kamata K, et al. Fabrication and optical – properties of high – performance polycrystalline Nd – YAG ceramics for solid state lasers ［J］. Journal of the American Ceramic Society, 1995, 78 (4): 1033 ~ 1040.

［26］ 沈毅强, 石云, 潘裕柏, 等. 高光输出快衰减 Pr: $Lu_3Al_5O_{12}$ 闪烁陶瓷的制备和成像［J］. 无机材料学报, 2014, 29 (5): 534 ~ 538.

［27］ 沈毅强. 高光输出快衰减 Pr: LuAG 石榴石闪烁陶瓷的制备与研究 ［D］. 上海: 中国科学院大学上海硅酸盐研究所, 2013.

［28］ Hou X, Zhou S, Li W, et al. Study on the effect and mechanism of zirconia on the sinterability of yttria transparent ceramic ［J］. Journal of the European Ceramic Society, 2010, 30 (15): 3125 ~ 3129.

［29］ Zhang H, Yang Q, Lu S, et al. Fabrication, spectral and laser performance of 5at. % Yb^{3+} doped $(La_{0.10}Y_{0.90})_2O_3$ transparent ceramic ［J］. Optical Materials, 2013, 35 (4): 766 ~ 769.

［30］ Jin L, Zhou G, Shimai S, et al. ZrO_2 – doped Y_2O_3 transparent ceramics via slip casting and vacuum sintering ［J］. Journal of the European Ceramic Society, 2010, 30 (10): 2139 ~ 2143.

［31］ Majima K, Niimi N, Watanabe M, et al. Effect of LiF addition on the preparation and transparency of vacuum hot – pressed Y_2O_3 ［J］. Materials Transactions JIM, 1994, 35 (9): 645 ~ 650.

［32］ Majima K, Niimi N, Watanabe M, et al. Effect of LiF addition on the preparation of transparent Y_2O_3 by the vacuum hot – pressing method ［J］. Journal of Alloys and Compounds, 1993, 193 (1, 2): 280 ~ 282.

［33］ 李伟. CeF_3 透明闪烁陶瓷的制备及其性能研究 ［D］. 上海: 中国科学院大学上海硅酸盐研究所, 2013.

［34］ Coble R L. Sintering alumina: effect of atmospheres ［J］. Journal of the American Ceramic Society, 1962, 45 (3): 123 ~ 127.

［35］ Wei G C, Hecker A, Goodman D A. Translucent polycrystalline alumina with improved resistance to sodium attack ［J］. Journal of the American Ceramic Society, 2001, 84 (12): 2853 ~ 2862.

［36］ Hayashi K, Kobayashi O, Toyoda S, et al. Transmission optical – properties of polycrystalline alumina with submicron grains ［J］. Materials Transactions JIM, 1991, 32 (11): 1024 ~ 1029.

［37］ Mao X, Wang S, Shimai S, et al. Transparent polycrystalline alumina ceramics with orientated optical axes ［J］. Journal of the American Ceramic Society, 2008, 91 (10): 3431 ~ 3433.

［38］ Lin T, Fan L, Xu Z, et al. Fabrication and luminescent properties of translucent Ce^{3+}: Lu_2SiO_5 ceramics by spark plasma sintering ［M］. Advanced Materials Research, 2011: 1300 ~ 1304.

［39］ Lempicki A, Brecher C, Lingertat H, et al. A ceramic version of the LSO scintillator ［J］. Nuclear Science, IEEE Transactions on, 2008, 55 (3): 1148~1151.

［40］ Yimin W, van Loef E, Rhodes W H, et al. Lu_2SiO_5: Ce optical ceramic scintillator for PET ［J］. Nuclear Science, IEEE Transactions on, 2009, 56 (3): 887~891.

［41］ Liu H, Gong M. Corner – pumped Nd: YAG/YAG composite slab continuous – wave 1.1μm multi – wavelength laser ［J］. Chinese Journal of Lasers, 2011, 38 (2): 202001.

［42］ Liu H, Gong M. Compact corner – pumped Nd: YAG/YAG composite slab laser ［J］. Optics Communications, 2010, 283 (6): 1062~1066.

［43］ Liu H, Gong M, Wushouer X, et al. Compact corner – pumped Nd: YAG/YAG composite slab 1319nm/1338nm laser ［J］. Laser Physics Letters, 2010, 7 (2): 124~129.

5 稀土激光透明陶瓷

5.1 激光技术概述

5.1.1 激光

激光是 20 世纪最重大的发明之一。1917 年，爱因斯坦从热力学的角度提出辐射场和物质的相互作用包含着三种过程：光的自发辐射、受激吸收及受激辐射。基于这个理论，如果介质存在着高 - 低能量布居数反转的状态，那么就有望获得很强的受激辐射——激光。1958 年，美国科学家肖洛（Schawlow）和汤斯（Townes）发现了一种神奇的现象：当他们将氖光灯泡所发射的光照在一种稀土晶体上时，晶体的分子会发出鲜艳的、始终会聚在一起的强光。根据这一现象，他们提出了"激光原理"，即物质在受到与其分子固有振荡频率相同的能量激励时，都会产生这种不发散的强光——激光。但是由于别人重复他们的实验并没有成功，因此公认的人类有史以来获得的第一束激光是 1960 年 5 月 16 日，美国加利福尼亚州休斯实验室的科学家梅曼（Mainman）获得的波长为 0.6943μm 的激光，梅曼因而也成为世界上第一个将激光引入实用领域的科学家[1]。

晶体中处于基态的电子在电、光或其他外界能量作用下跃迁到激发态（高能态），且保证处于激发态的粒子数高于低能粒子数时，如果处于高能态的电子受到能量正好为高能态和基态能级差的入射光波的诱导时，将从高能态返回基态，同时发射出与入射光同频率、同相位、同方向的受激发射光，这就实现了输出光子相应于输入的光子的成倍输出，即入射光得到了放大。实际应用中一般利用谐振腔的聚光功能，使光辐射在腔中往复反射传播，多次通过发光晶体，不断获得倍增的光子，增加放大级别，最终的出射光就是单色性和光强相当高的激光。

通常的激光器由激光工作物质、泵浦源和光学谐振腔三部分组成[2]。为激活离子提供寄存场所的材料称为基质，基质和激活离子统称激光工作物质。由于产生激光的必要条件是粒子数反转，因此必须有适合激活离子的能级系统。已有理论和实验研究已经否决了二能级系统的应用，即二能级系统是不会出现布居反转现象的，因此当前研究得最多也最普遍的是三能级系统和四能级系统[2]。

三能级系统中，激光下能级就是基态，而激活离子吸收了泵浦源的光能之后将跃迁到吸收带，然后通过无辐射跃迁过程到达激光发射的上能级。三能级系统的典型例子是红宝石 $Cr^{3+}:Al_2O_3$ 晶体。四能级系统中，激活离子吸收泵浦光后跃迁到一个位于激光发射上能级之上的吸收带，然后无辐射跃迁进入激光上能级，以后的过程与三能级系统相同，但是四能级系统中跃迁到激光下能级的离子还要通过无辐射跃迁回到基态。四能级系统的例子很多，目前在激光技术上应用最多的就是 $Nd^{3+}:YAG$。

要使激光材料发射激光，第一步都需要泵浦源给予足够强的激励，使之成为光的增益介质。半导体激光器（LD）泵浦是当前用于激励激光材料的一种高效而又不会产生太多热量的泵浦方法，它不会因为热量的产生而导致激光材料的温升太大，从而较好地保持激光材料在较低温度下的优良性能。图 5-1 为 LD 泵浦的固体激光器示意图[2]。

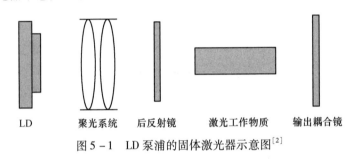

LD   聚光系统   后反射镜   激光工作物质   输出耦合镜

图 5-1　LD 泵浦的固体激光器示意图[2]

5.1.2　固体激光器与激光武器

固体激光器是以掺杂玻璃、晶体或透明陶瓷等固体材料为增益介质的激光器。固体激光器所采用的固体工作物质，是把具有能产生受激发射作用的金属离子掺入晶体、玻璃等材料中而制成的。目前已经被广泛深入研究的可以在固体中产生受激发射作用的三类金属离子是：过渡金属离子（如 Cr^{4+}）[3]，大多数稀土金属离子（如 Nd^{3+}、Yb^{3+}、Tm^{3+} 等）和锕系金属离子（如 U^{3+}）。相应掺杂的工作物质最常见的就是掺钕玻璃和掺钕钇铝石榴石晶体[4~8]。从 20 世纪 60 年代的红宝石固体激光器诞生以来，固体激光器的结构和性能不断改善，输出能量和脉冲重复频率不断提高，目前采用调 Q 技术将脉冲压缩到十纳秒量级，获得了峰值功率达兆瓦级以上的巨脉冲，满足了许多实际应用[1]。

由于激光具有很强的方向性，有可能在一定距离处的靶的目标上得到高的能量密度，而且其传播速度是光速，可以实现超长距离的瞬间跨越攻击，因此各国军方、科学家都在致力于发展激光武器。激光武器的主要作战目标是各类导弹、飞机和卫星等同一种目标又有着性质非常不同的各个部位。其具体破坏机理和阈值不仅与这些目标部位的物理和化学特征有关，而且与强激光的工作模式、波长等参数有关，一般可将破坏的目标部件分为软部件和硬部件两类进行讨论。软部件的破坏按破坏阈值可分为两种：

（1）热致盲。即在较弱激光的作用下，探测器元件温度升高，使调制信号减弱乃至消失，从而导致功能暂时失效（激光照射停止后，功能可逐渐恢复）。导致这种破坏的阈值约为每平方厘米数瓦至十瓦的功率密度，照射数十毫秒。

（2）永久性破坏。即在较强激光照射下，探测元部件被破坏，不能再使用，其破坏阈值约为每平方厘米几十瓦的功率密度。而硬部件的破坏就是直接通过热破坏，力学破坏和热力联合破坏机制摧毁导弹壳体材料、机身、油箱等硬件，所需的功率密度高达每平方厘米几百瓦以上[1]。

一个激光武器的基本构成是：主激光器，发射与捕获、跟踪、瞄准系统，校正大气畸变的自适应光学系统和与之相关的信标系统，系统的指挥、控制及测试评估系统，必要时还有能源及支持系统等。而如果按应用目的的不同可以分为战术激光武器（激光致盲与干扰武器和激光防空武器）、战略激光武器（激光反卫星武器和反洲际弹道导弹激光武器）以及介于战术和战略应用之间的所谓的"战区激光武器"。

虽然 20 世纪中后期激光武器的第一轮竞争中，氟化氘（DF）和氧碘（COIL）两种化学激光器占先，功率分别达兆瓦级和十万瓦级，正式纳入武器装备的研究计划。但是气体和化学激光器的缺点也是显而易见的：气体激光器发光波长在 $10\mu m$，体积过于庞大；化学激光器排放有毒废气，战场上很难大规模安全应用[1]。而高能固体激光器却具有如下的潜在优势：大气传输和衍射有利于波长较短的固体激光器；固体激光器质量轻、体积小，而且坚实；可按比例放大；整个系统完全靠电运转、不需要特殊的后勤供应；没有化学污染；"弹药"库存多，每发"弹药"成本低；军民两用性强，发展固体激光器对推动民用技术可起杠杆作用。由于以上优势，美国海陆空三军和海军陆战队都看好固体激光器，认为它将是最有希望的下一代激光武器。

5.1.3 激光透明陶瓷

激光透明陶瓷具有许多单晶和玻璃激光材料所不具备的优点。同单晶相比，透明陶瓷具有以下优势[1,9]：

（1）物理化学性质与单晶相似甚至更优。高光学质量的多晶陶瓷在热导率、热膨胀系数、吸收和发射光谱、荧光寿命等方面与同组成单晶几乎一致，激光性能与单晶相似甚至更优，而在力学性能方面，多晶陶瓷比单晶也有一定幅度的提高。

（2）容易制备出大尺寸块体，且形状容易控制，从而克服晶体生长技术由于受各种条件限制很难获得大尺寸单晶，难以满足特殊的应用需要的问题。

（3）制备周期短并且生产成本低。陶瓷材料烧结工艺简单，制备周期为数天，适合大规模生产，成本较低。而单晶生长技术性强，生长周期为数十天，通常需要昂贵的铂金或铱坩埚，生产成本很高。

（4）可以高浓度掺杂。由于受掺杂离子在基质中分凝系数的限制，单晶很难实现高浓度掺杂，且容易在径向形成浓度梯度，并形成应变花纹。而陶瓷材料就没有这个问题。

（5）能实现复合块体材料。可以把不同组分、不同功能的陶瓷材料结合在一起，从而为激光系统设计提供更大的自由度。如可以将 Nd: YAG 和 Cr: YAG 复合在一起构成被动调 Q 开关，甚至将调 Q 和 Raman 激光相结合，而这对单晶材料而言几乎是不可能的。

自从 1960 年梅曼（Mainman）研制出第一个红宝石固体激光器，激光透明陶瓷的发展也近乎同时展开。1964 年，Hatch 等人以 DyF_3 和 CaF_3 粉体为原料采用真空热压烧结技术制备了 $Dy^{3+}: CaF_2$ 透明陶瓷，随后将样品在 0.25MeV 的 X 射线辐照下使 Dy^{3+} 还原成 Dy^{2+}，然后在液氮冷却条件下，采用氙灯泵浦 $Dy^{2+}: CaF_2$ 透明陶瓷实现了激光输出，激光阈值为 24.6J，这就是历史上第一个透明陶瓷固体激光器[1,9]。1973 年，Greskovich 等人制备了 $Nd: Y_2O_3$ 透明陶瓷，采用氙灯泵浦也获得了脉冲激光输出，经过改善，激光效率提高至 0.32%，其激光阈值和斜率效率与当时的钕玻璃相近。在 1974 ~ 1983 年的十年间，透明激光陶瓷的研究陷入低谷，一方面是因为当时工艺水平的限制，导致了透明陶瓷的光学质量没有根本性突破；另一方面是当时半导体激光器的发展尚不成熟，在闪光灯泵浦下透明陶瓷的优点不能充分发挥[1]。直到 1995 年，A. Ikesue 等人成功制备出相对密度为 99.98% 的 1.1% Nd: YAG（原子分数）透明陶瓷，并且实现了 1064nm 的连续激光输出才标志着激光透明陶瓷的发展进入了新的阶段。这一阶段不但直接基于石榴石结构，而且同以往透明陶瓷激光性能甚至连玻璃也不如的落后局面相比，这一阶段的发展是直接和激光晶体竞争了，如 A. Ikesue 等人制备的 Nd: YAG 激光透明陶瓷的激光阈值和斜率效率分别是 309mW 和 28%，其激光性能优于提拉法制备的 0.9% Nd: YAG（原子分数）晶体[10]。

5.2 典型激光透明陶瓷

5.2.1 固体激光工作物质

固体激光工作物质是由基质材料和掺杂离子（激活离子）两部分组成的。工作物质的物理性能主要取决于基质材料，而其光谱特性主要由激活离子的能级结构决定。目前常见的激活离子主要是稀土离子，也有少部分过渡金属离子。固体激光器对工作物质的要求如下[1]：

（1）光学和光谱特性。包括：

1）具有三能级或四能级系统，从降低阈值和提高效率的角度来衡量能级结构，四能级优于三能级。

2）具有宽的吸收带、大的吸收系数和吸收截面，以利于储能。

3）掺入的激活离子具有有效的发射光谱和大的发射截面。

4）在泵浦光的光谱区和振荡波长处高度透明。

5）在激光波长范围内的吸收、散射等损耗小，损伤阈值高。

6）激活离子能够实现高浓度掺杂，且荧光寿命长。

7）不因泵浦光激发产生色心而导致对光的有害吸收。

8）足够大的尺寸和良好的光学均匀性。

（2）物化特性。弹性模量大，热导率高，热膨胀系数小，组分、结构及离子价态稳定，对水、溶剂和环境气氛等的化学稳定性好，具有良好的光照稳定性。

（3）热光稳定性好，热光系数最好接近于零，热光畸变（包括热透镜效应、热应力感生的双轴聚焦、热应力双折射和退偏效应）要小。

（4）力学性能。硬度高、自破坏阈值高、抗破坏强度大、易于加工研磨。

目前，用作激光工作物质的激光晶体材料包括氟化物、氧化物、溴化物、硫化物、氧氟化物、氧氯化物和氧硫化物等很多体系。但是由于透明陶瓷对结构的特殊要求（光学各向同性的立方晶系是最佳选择，参见第 4 章），因此激光透明陶瓷基质仍比较少，主要是石榴石[4~8]、倍半氧化物[11~14]以及少量六方相等其他化合物体系[15,16]。

5.2.2 石榴石结构激光透明陶瓷

1973 年和 1977 年，两个关于热压烧结制备钇铝石榴石（YAG）半透明陶瓷的专利中指出 YAG 是一种潜在的光学陶瓷[1]，随后的十多年内，因为当时工艺水平的限制，YAG 的透明陶瓷化以及激光应用的发展缓慢，受关注程度不高。直到1990 年，Sekita 等人采用尿素均相沉淀法和真空烧结技术制备的 Nd:YAG 透明陶瓷的光谱性能才与 Czochralski 法和浮区法所生长的 Nd:YAG 单晶类似。但是由于这时的 Nd:YAG 透明陶瓷样品中的微气孔浓度仍然较高，在短波区有很强的散射损耗，因此虽然在激光振荡区（1064nm 处）有很高的透过率，也未能实现激光输出[1]。5 年后（1995 年），高质量 Nd:YAG 透明陶瓷的制备技术出现了实质性的突破。A. Ikesue 等人[10]采用平均颗粒尺寸小于 $2\mu m$ 的 Al_2O_3、Y_2O_3 和 Nd_2O_3 粉体为原料，以固相反应和真空烧结技术制备了相对密度为 99.98%，平均晶粒尺寸为 $50\mu m$ 的 1.1% Nd:YAG（原子分数）透明陶瓷，样品的光学散射损耗降低到 $0.9cm^{-1}$。采用 LD 端面泵浦该 Nd:YAG 透明陶瓷样品首次实现了 1064nm 的连续激光输出，激光阈值和斜率效率分别是 309mW 和 28%，优于提拉法制备的 0.9% Nd:YAG（原子分数）晶体。随后采用湿化学法先合成 YAG 纳米粉体，然后真空烧结制备 YAG 透明陶瓷的技术也实现了质的飞跃。1999 年，日本神岛化学公司 T. Yanagitani 领导的研究小组采用这种技术制备了高质量的

Nd: YAG 透明陶瓷，其吸收、发射和荧光寿命等光学特性与单晶几乎一致[17]。第二年，其和日本电气通信大学的 K. Ueda 的研究小组一起用这种陶瓷也实现了高效激光输出[18]。基于这一技术，日本的神岛化学公司、日本电气通信大学、俄罗斯科学院的晶体研究所等联合开发出一系列二极管泵浦的高功率和高效率固体激光器，激光输出功率逐步从 31W 依次提高到 72W、88W 和 1.46kW，光 - 光转化效率也从 14.5% 依次提高到 28.8%、30% 和 42%[1]。2005 年年底，美国达信公司（Textron Inc.）的研究人员研制的 Nd: YAG 陶瓷激光器获得了 5kW 的功率输出，持续工作时间为 10s，2006 年年底，美国利弗莫尔国家实验室的固态热容激光器采用日本神岛化学公司提供的板条状 Nd: YAG 透明陶瓷（尺寸为 100mm × 100mm × 20mm）实现了 67kW 的功率输出（串联 5 块激光陶瓷板条），持续工作时间为 10s[1]。随后，美国达信公司研制的 "ThinZig" Nd: YAG 陶瓷板条激光系统突破 100kW 级输出。目前，神岛化学公司和日本 Word - Lab 公司研制的 Nd: YAG 激光陶瓷的质量在世界范围内是最领先的。从 1995 年 Nd: YAG 透明陶瓷首次实现激光输出，到 2000 年 Nd: YAG 陶瓷激光突破千瓦量级，到 2009 年 Nd: YAG 陶瓷激光首次突破 100kW，可以看出陶瓷激光发展迅猛，其输出功率正朝 0.6 ~ 1MW 的目标迈进[1]。

5.2.3 倍半氧化物激光透明陶瓷

最早报道的倍半氧化物激光透明陶瓷可以追溯到 1973 年，当时 Greskovich 等人以硝酸盐为原料，采用草酸共沉淀法制备了组分为 1% Nd_2O_3 - 10% ThO_2 - 89% Y_2O_3（原子分数）、颗粒尺寸小于 100nm 的纳米粉体，然后采用氢气烧结工艺制备了 Nd: Y_2O_3 透明陶瓷。样品的平均晶粒尺寸大于 130μm，气孔的尺寸约为 1μm，光学散射损耗高达 5%。采用氙灯泵浦获得了脉冲激光输出，一开始斜率效率仅为 0.1%，随后他们通过优化粉体和陶瓷的制备工艺将激光效率提高至 0.32%，其激光阈值和斜率效率与当时的钕玻璃相近[1]。

目前倍半氧化物基激光透明陶瓷随着纳米和烧结技术的发展以及 LED 泵浦光源的应用获得了突破。如神岛化学公司 2000 年左右基于纳米粉体在低于其熔点约 700℃ 的烧结温度下获得了高光学质量的 Y_2O_3 透明陶瓷。2001 年，J. R. Lu 等人首次报道了 LD 泵浦下 Nd: Y_2O_3 透明陶瓷的激光输出——掺杂浓度为 1.5%（原子分数）的 Nd: Y_2O_3 透明陶瓷块体在 807nm、742mW 的 LD 泵浦下，获得了 160mW 的激光输出，其斜率效率为 32%[19]。随后，Nd: Lu_2O_3、Yb: Sc_2O_3、Yb: Y_2O_3 等高质量的倍半氧化物透明陶瓷也相继被制备出来，并且实现了激光输出[1]。

另外，美国海军研究实验室的 W. Kim 和 J. Sanghera 等人还利用热压烧结方法，以 Yb: Lu_2O_3 纳米粉体为原料制备了高质量的透明陶瓷，陶瓷的晶粒尺寸在 5 ~ 20μm 范围内。采用 975nm 光纤耦合激光二极管端面泵浦获得 1080nm 准连续激光输出，输出功率为 16W，斜率效率高达 74%[14]。随后 J. Sanghera 等人也使用相同的方法制备了 2% Yb: Y_2O_3（原子分数）透明陶瓷，采用 940nm 激光二极管端面泵浦获得连续和脉冲激光输出，斜率效率约为 45%[20]。

5.2.4 非氧化物激光透明陶瓷

5.2.4.1 氟化物

1964 年，Hatch 等人以 DyF_3 和 CaF_3 粉体为原料，采用真空热压烧结技术以及 0.25MeV 的 X 射线辐照制备了 Dy^{2+} : CaF_2 透明陶瓷，掺杂浓度为 0.05% ~ 0.1%（原子分数），晶粒尺寸为 150μm，在 500nm 处的光学散射损耗为 2%（光学散射中心为 CaO）。在液氮冷却条件下，采用氙灯泵浦实现了激光输出，激光阈值为 24.6J（与单晶相似），这是最早报道的氟化物基激光透明陶瓷，也是历史上第一个陶瓷基固体激光器[1]。

近年来氟化物透明陶瓷仍时有报道，如 T. T. Basiev 等人开发出一种新型纳米结构 F_2^- : LiF 色心陶瓷，采用 LD 泵浦获得了斜率效率高达 26% 的激光输出[21]。另外，热压 SrF_2 : Nd^{3+} 晶体获得的氟化物透明陶瓷具有与单晶相似的光谱特性，采用 790nm LD 泵浦实现了 1037nm 激光输出，斜率效率为 19%[22]。而采用 444nm GaInN 激光二极管泵浦 SrF_2 : Pr^{3+} 透明陶瓷还获得了首个可见光波段（649nm）陶瓷激光输出，激光阈值低于 100mW，斜率效率大于 9%[23]。

与氟化物激光晶体相比，氟化物激光陶瓷具有相同的热导率，而且容易实现大尺寸制备，可以实现高浓度、多离子掺杂，不容易开裂，具有更高的断裂韧性和抗热震性能。但是不可忽视的是，陶瓷中光的散射和折射等需要结构尽可能各向同性，而氟化物除了萤石结构等属于立方晶系，大多数其他的结构对称性更低，即使是立方晶系，掺杂后也会引起对称性的下降。另外，透明陶瓷为了消除气孔，其烧结设备与单晶提拉设备不一样，在耐氟腐蚀方面就不好直接采用单晶的贵金属封装等技术，因此氟化物激光透明陶瓷是透明陶瓷中制备方面相对于单晶并没有占多少优势的少数体系之一。

5.2.4.2 硫化物

近 10 年来，过渡金属离子（Cr^{2+}、Fe^{2+}、Co^{2+} 等）掺杂的 Ⅱ - Ⅳ族化合物（ZnS、ZnSe、CdSe、CdTe）多晶陶瓷以其优异的特性得到了关注。美国 Alabama 大学通过两条技术路线制备了 Cr^{2+} : ZnSe 透明陶瓷：一条技术路线是热压烧结 CrSe 和 ZnSe 混合粉体；另一条技术路线是先采用 CVT 法制备 ZnSe，然后采用表面镀 CrSe 膜后高温长时间扩散得到 Cr^{2+} : ZnSe 透明陶瓷[1]。在 1.91μm 喇曼频移 Nd: YAG 脉冲激光泵浦下均获得 2.4μm 激光输出，其中热扩散 Cr^{2+} : ZnSe 透明陶瓷的斜率效率高达 10%，而热压 Cr^{2+} : ZnSe 透明陶瓷的斜率效率为 5%。目前可以从市场上买到 2.8μm 波段输出功率高达 15W 的 Cr^{2+} : ZnSe 陶瓷激光器。

需要指出的是，硫属化合物由于属于六方晶系，在制备陶瓷块体的时候会因为双折射而降低光学质量，但是从发光的角度考虑，由于对称性越低，能级跃迁的解禁效果就越好，因此非立方晶系的透明陶瓷也是研究的热点。近年来，随着强磁场晶粒定向等新型材料制备技术的出现，越来越多的非对称体系陶瓷材料实现了透过率的明显提升[24]。

5.2.5 国内激光透明陶瓷简介

在激光透明陶瓷研究方面，中国科学院上海硅酸盐研究所、中国科学院上海光学与精密机械研究所、中国科学院福建物质结构研究所、中国科学院北京理化研究所、山东大学、东北大学、上海大学、北京人工晶体研究院等单位紧随国际潮流并且自主创新，在石榴石体系和倍半氧化物体系光功能透明陶瓷领域均取得了进展，其中以中国科学院上海硅酸盐研究所的发展最为显著。2006 年 5 月，该所制备的 Nd∶YAG 透明陶瓷在国内首次实现了 1064nm 连续激光输出，输出功率为 1.0W，斜率效率为 14%，使中国成为少数几个掌握 Nd∶YAG 透明陶瓷的制备工艺并成功实现激光输出的国家之一。随后在 2009～2010 年该所再次在连续1064nm 激光输出功率上实现国内首次突破 100W 水平，2011 年，中国科学院理化技术研究所采用高功率密度泵浦与先进的板条激光技术，使用上海硅酸盐所研制的单块 90mm×30mm×3mm Nd∶YAG 陶瓷板条（散射系数低于 $0.004cm^{-1}$），实现了准连续 1064nm 激光输出平均功率达 2440W，光光转换效率为 36.5%，而且进一步增加泵浦功率后输出平均功率达 4055W，光光效率 42.7%，与目前日美等制备的高质量激光陶瓷处于同一数量级。这些研究结果表明中国科学院上海硅酸盐研究所掌握的 Nd∶YAG 透明陶瓷制备技术水平已经处于国内领先、国际前沿，相应的 Nd∶YAG 实物照片和具体发展路线图分别如图 5-2 和图 5-3 所示。

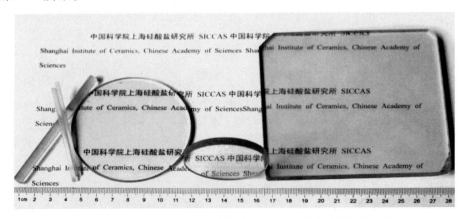

图 5-2 上海硅酸盐研究所制备的 Nd∶YAG 激光透明陶瓷实物

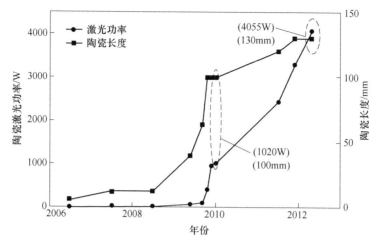

图 5 - 3　上海硅酸盐研究所 Nd:YAG 激光透明陶瓷的激光输出功率进展

在倍半氧化物激光陶瓷领域,上海大学通过在 Y_2O_3 中引入 La_2O_3 烧结助剂以降低其烧结温度,成功制备了具有较高光学质量的 $Nd:(Y_{1-x}La_x)_2O_3$ 和 $Yb:(Y_{1-x}La_x)_2O_3$ 透明陶瓷,用 LD 端面泵浦方式,$Yb:(Y_{1-x}La_x)_2O_3$ 透明陶瓷分别实现了 CW 可调谐激光运转[25]和被动锁模激光输出[26]。中国科学院上海硅酸盐研究所也以硝酸盐为原料、氨水为沉淀剂、硫酸铵为分散剂,采用共沉淀工艺合成了分散性好、烧结活性高的稀土离子掺杂 Y_2O_3 纳米粉体,颗粒尺寸约为 50nm。然后采用氢气氛烧结工艺获得了 1074nm 处直线透过率为 78.6% 的 $Nd:Y_2O_3$ 透明陶瓷 ($\phi12mm \times 0.5mm$) 和可见光区透过率达 80% 的不同掺杂浓度的 $Yb:Y_2O_3$ 透明陶瓷。中国科学院上海光机所在稀土离子掺杂 Y_2O_3 透明陶瓷方面也开展了大量的工作。总体来看,目前国内制备的倍半氧化物透明陶瓷仍有较多的微气孔残留,光学散射损耗较高,激光性能并不理想。只有进一步优化制备工艺,才能获得高质量的倍半氧化物激光陶瓷[1]。

总之,相比于国外已经进入武器级别的实验,国内的激光透明陶瓷在可实现功率方面还有很大的差距,而且大多数团队的研究主要集中于透光率和发光机制,因此国内仍然处于追赶阶段,在激光实用化方面需要进一步加强。

5.3　激光透明陶瓷的热传导

5.3.1　热传导问题

激光本质上是一种能量转换手段,形象地说就是将大量能量在短时间内集中而释放,从而获得很高的能量密度。但是,泵浦输出的能量并没有 100% 转化为激光输出,其中损耗的能量主要转变为热,使得激光工作物质 (如激光透明陶瓷) 和周围相关部件的温度升高,对于大功率的固体激光器,在同样斜效率的前提下，所产生的废热将更多。如果不进行冷却，将会导致材料温度升高，增益系数降低，影响正常工作，同时也会产生热透镜，机械应力等问题，降低激光光束质量，降低激光输出功率，甚至造成激光材料的破裂。因此，导热问题（废热处理）是设计高功率固体激光器的主要困难之一[27]。

需要指出的是，产生废热是不可避免的，因为这是能量转换不完全的必然结果，因此只能尽量消除所引起的后果。目前除了寄希望于高导热的新型材料的研发，更主要的是利用已有材料和器件的形态设计，如从块体往具有大比表面积的薄片和纤维发展，从静止介质往运动介质发展，从固体介质往流体介质发展等。即改变热流密度和传热途径成为解决导热问题的主流[27]。

5.3.2 改进热传导的技术

历史上由于难以获得大尺寸高光学质量的激光单晶，因此高功率固体激光武器的发展一直受到很大的限制。进入 21 世纪，由于激光透明陶瓷制备工艺的突破，高功率固体激光得到了快速的发展，现在已达到 100kW 的武器级别。由于透明陶瓷的热导率一般介于同成分的玻璃和晶体之间，可以近似认为和晶体一致，这样一来，激光材料的导热问题也就主要体现在透明陶瓷材料上，从而目前的透明陶瓷材料最终在激光方面的应用形态也是基于相应的导热技术，包括热容激光器、紧凑有源反射镜激光器、板条激光器和光纤激光器等多种[1,27]。

5.3.2.1 固体热容法

传统激光器采用发光过程同时冷却的方法，很容易造成在激光介质中产生热机械应力。因为废热从激光介质内传导至表面，由水等冷却剂带走，此时将出现大的温度梯度而导致机械应力、物理变形、光学畸变，最终会使光学元件断裂。所以高功率固体激光器的这种应力断裂极限决定着激光器的最高输出能量。在固体热容激光器（SSHCL）出现以前，以高能量脉冲工作的固体激光器的输出功率不超过 1000W。

固体热容法就是激光工作过程（10 ~ 20s）是绝热过程，不与外界热交换，停止泵浦后再冷却激光工作物质，此时废热在热容激光介质中的淀积是压应力，而传统激光器为张应力。理论分析表明：压应力的破坏阈值为张应力的 5 倍以上，从而热容激光器可以工作于更高的温度状态。与其他脉冲固体激光器相比，固体热容激光器在一次猝发中的平均功率比那些重复模式的激光器高 10 倍以上，而与最大功率的非脉冲式固体激光器相比，固体热容激光器的平均功率则高两倍。另外，固体热容激光器具有在较短波长的激光范围内工作的能力，从而允许激光束在大气中传播更远的距离，且光束发散较少。

基于透明陶瓷的固体热容激光器的最近典型报道就是 2006 年，美国利弗莫尔国家实验室（Lawrence Livermore National Laboratory）利用日本神岛化学公司

（Konoshima Chemical Ltd.）提供的透明陶瓷（$100mm \times 100mm \times 20mm$）板条进行热容激光实验，基于 4 块这种规格的透明陶瓷获得了 25kW 的激光输出，激光输出时间为 10s，占空比为 10%。另外他们也尝试用 5 块获得了 37kW 激光输出。

5.3.2.2　优化几何形状法

A　盘片形状

盘片激光的直径远大于厚度，从而降低热流密度，增大导热比表面积，同时热流的距离非常短，因此大泵浦能量也不会在盘片产生大的温度梯度，热流可以看做是沿一维方向的并且平行于激光方向，这样就会大大降低热机械效应。但这种几何形态存在一个主要问题，就是当增益达到一定水平时，长轴方向的寄生振荡会严重影响期间的激光输出。因此控制寄生振荡是研制高功率片状器件的核心问题之一。

B　板条形状

板条形状的激光陶瓷或晶体也用得比较普遍。传统的板条激光器采用侧面泵浦的形式，泵浦光从两个大面或侧面照射进晶体，采用水冷热沉来进行散热。其优势在于采用这种结构泵浦光可以充满整个晶体，其整个体积内都被激发，而且在均匀泵浦的情况下，工作介质内的温度梯度也可以看做是一维分布的，方向就是垂直于用水冷却的晶体大面的方向。

不过，同盘片激光一样，这种一维的热场分布也会产生问题。由于相应于盘片形状，其厚度的影响不可忽略，因此会产生竖直方向上的热透镜。目前的解决办法就是通常板条并不是方形，而是将两个供振荡激光通过的端面绕长轴方向倾斜加工成布儒斯特角，并将两个安装水冷的大面也抛光。这样一来，振荡激光在板条晶体内部通过两个大面的全反射而呈之字形传播，让激光在另一个方向上不同区域内的不同热影响相互抵消，从而达到减弱甚至消除热透镜作用的目的。目前美国达信公司已经利用板条激光系统获得 100kW 激光输出[1]。

C　光纤形状

光纤激光器的工作介质极其细长，从而在同样体积下，其表面积比其他块状工作物质大 2~3 个数量级，散热效果好。另外，由于是波导结构，因此激光模式由纤芯直径 d 和数值孔径决定，不受介质中无用热的影响，同时纤芯直径很小也容易实现均的高平均功率密度的泵浦，得到高功率激光[3]。

当前连续工作的光纤激光器也实现了百瓦、千瓦级的输出，而且比块状工作介质激光器更容易获得高光束质量。但由于纤芯横截面积小，高峰值功率可能造成破坏及非线性效应，因此再往上发展就有了困难。目前的解决办法是相干合成，即将多台光纤激光器的输出光进行相干合成，从而获得更大功率的激光。

5.3.2.3　平面波导法

平面波导法其实是几何形状法的特例，即块体和光纤之间的过渡，它采用了块体薄片的状态（薄膜）而又利用了光纤波导的全反射机制，如图 5 - 4 所示[28]。固态波导激光器结构紧凑，能够有效地限制光束发散，提高增益介质中的光密度，从而实现低阈值、高功率的激光输出，此外将波导层包裹在热导率高的基质材料中，可及时传导激光发射中产生的废热，保证光束质量，如图 5 - 5 所示[29]。目前美国 Raytheon 公司已制备出了高增益，输出功率为 16kW 的 Yb: YAG 平面波导激光器[28]。最近，基于薄膜的叠层复合技术，李江等人采用非水基流延成型技术也制备了平板波导结构 YAG/Nd: YAG/YAG 激光透明陶瓷，中心用于波导的波导层 Nd: YAG 的厚度约为 120μm[6,28]，可望获得高功率和高光束质量的激光输出。图 5 - 6 是叠层结构示意图[6,28]。

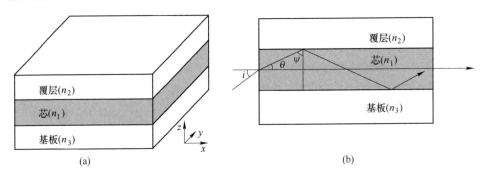

图 5 - 4 平板波导结构与入射光在结构中的传播示意图[28]

（a）平板波导几何结构（$n_1 > n_2$，$n_1 > n_3$）；（b）对称平板波导中光的传播（$n_1 > n_2$）

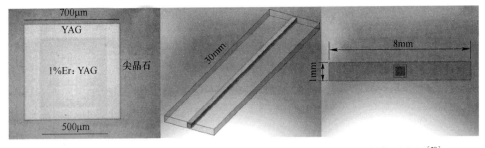

图 5 - 5 复合双包层 $MgAl_2O_4$/YAG/Er: YAG/YAG/$MgAl_2O_4$ 波导结构示意图[29]

（$MgAl_2O_4$ 为透明陶瓷；YAG 和 Er: YAG 为单晶）

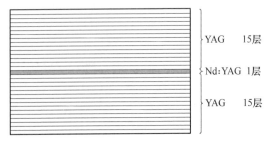

图 5 - 6 平板波导结构 YAG/Nd: YAG/YAG 激光透明陶瓷设计示意图[6,28]

5.4 激光透明陶瓷的折射和非线性光学

5.4.1 折射率及其影响因素

当光线以一定角度入射透光材料时发生弯折的现象就称为折射，折射率 n（折射指数）定义为光在真空和材料中的速度之比，也等于入射角与折射角的正弦值之比：

$$n = \frac{c_{vac}}{c} = \frac{\sin\theta_i}{\sin\theta_r} \qquad (5-1)$$

式中，c_{vac} 为真空中的光速；c 为材料中的光速；θ_i，θ_r 分别为入射角与折射角。

光从材料 1 通过界面进入材料 2 时，与界面法向所形成的入射角、折射角与材料的折射率之间存在着下述关系：

$$\frac{\sin i_1}{\sin i_2} = \frac{c_1}{c_2} = \frac{n_2}{n_1} = n_{21} \qquad (5-2)$$

一般材料的折射率大于 1，如空气的 $n = 1.0003$，固体氧化物 $n = 1.3 \sim 2.7$，硅酸盐玻璃 $n = 1.5 \sim 1.9$。不同组成、不同结构的介质，其折射率不同。

影响 n 值的因素有：

（1）构成材料元素的离子半径。根据麦克斯韦电磁波理论，光在介质中的传播速度应为：

$$c = \frac{c_{vac}}{\sqrt{\varepsilon\mu}} \qquad (5-3)$$

式中，μ 为介质的磁导率；ε 为介质的介电常数。

由此可得：

$$n = \sqrt{\varepsilon\mu} \qquad (5-4)$$

对于多数无机材料，可以认为 $\mu = 1$，因此介质的折射率将随其介电常数的增大而增大。而介电常数则与介质极化有关，当离子半径增大时，其介电常数也增大，因而 n 也随之增大。即大离子高折射率，而小离子低折射率，如 PbS 的 $n = 3.912$，而 $SiCl_4$ 的 $n = 1.412$。另外，提高玻璃折射率的有效措施是掺入铅和钡的氧化物也是基于这一结论。例如含 PbO 90%（体积分数）的铅玻璃 $n = 2.1$。

（2）材料的结构、晶型和晶态。折射率还和材料中组成原子、离子或基团的排列密切相关。对于各向同性的材料，如非晶态（无定型体）和立方晶体时只有一个折射率（n_0）。而光进入各向异性的材料时，一般都要分为振动方向相互垂直、传播速度不等的两个波，它们分别有两条折射光线，构成双折射。其中平行于入射面的光线的折射率，不论入射光的入射角如何变化，始终为一常数，服从折射定律，称为常光折射率（n_0）；而另一条垂直于入射面的光线所构成的折射率会随入射光的方向而变化，不遵守折射定律，称为非常光折射率（n_e）。

当光沿晶体光轴方向入射时，只有 n_0 存在，反之，当光与光轴方向垂直入射时，n_e 也达最大值。通常沿着晶体密堆积程度较大的方向 n_e 较大。另外，粒子越致密的方向，折射率越大。

对于晶型的影响，一般是高温时的晶型折射率较低，低温时存在的晶型折射率较高。例如常温下石英晶体的 $n = 1.55$；而高温时的鳞石英的 $n = 1.47$，方石英的 $n = 1.49$。

一般晶体折射率要高于非晶体，如石英玻璃的 $n = 1.46$，而石英晶体的 $n = 1.55$。

（3）材料内应力。有内应力的透光材料，垂直于受拉主应力方向的 n 大，平行于受拉主应力方向的 n 小。

5.4.2 非线性光学

非线性光学的基本理论如下[30]：当光通过晶体传播时，由于光子与晶体质点的相互作用而引起晶体的电极化，进而改变光波的电磁分量，导致出射光波相位、能量等的改变。若光强较小（如普通光源），存在：

$$P_i = \sum_j \chi_{ij} E_j \tag{5-5}$$

式中，χ_{ij} 为线性极化系数，$i, j = 1, 2, 3$。

即可忽略非线性部分，认为电极化强度 P_i 与光频电场 E_j 之间呈线性关系。只用式（5-5）就足以描述晶体的线性光学性质，如光的折射、反射、双折射和衍射等。由于激光的光频电场极强，光频电场的高次项对晶体的电极化强度 P_i 将起重要作用，此时，晶体电极化强度 P_i 与光频电场 E_j 成为正幂函数关系：

$$P_i = \sum_i \chi_{ij}^{(1)} E_j(\omega_1) + \sum \chi_{ijk}^{(2)} E_j(\omega_1) E_k(\omega_2) +$$
$$\sum \chi_{ijkl}^{(3)} E_j(\omega_1) E_k(\omega_2) E_l(\omega_3) + \cdots \tag{5-6}$$

式中，$\chi_{ij}^{(1)}$ 为上述的线性极化系数 χ_{ij}；$\chi_{ijk}^{(2)}$，$\chi_{ijkl}^{(3)}$ 分别为二阶、三阶非线性极化系数（或称非线性极化率），各项系数的数值逐项下降 7~8 个数量级；ω_1，ω_2，ω_3 为不同光频电场的角频率。

设 $P_i^{(2)}$ 为二次极化项所产生的非线性电极化强度分量：

$$P_i^{(2)}(\omega_3) = \sum_{j,k} \chi_{ijk}^{(2)}(\omega_1, \omega_2, \omega_3) E_j(\omega_1) E_k(\omega_2) \tag{5-7}$$

式中，ω_1，ω_2，ω_3 为入射基频光的角频率，满足 $\omega_3 = \omega_1 \pm \omega_2$；$E_j$，$E_k$ 分别为入射光的光频电场分量。

当 $\omega_3 = \omega_1 + \omega_2$ 时，所产生的二次谐波为和频，又称频率上转换，和频能将不可见的红外光转换为可见光，甚至紫外光；当 $\omega_3 = \omega_1 - \omega_2$ 时，所产生的二次谐波为差频，又称频率下转换，能获得远红外以至亚毫米波段的激光。和频和差频统称为混频，当 $\omega_1 = \omega_2 = \omega$ 时，$\omega_3 = \omega_1 + \omega_2 = 2\omega$，则产生倍频光；当 $\omega_3 = \omega_1 - \omega_2 = 0$ 时，激光通过晶体产生直流电极化，称为光整流。

在倍频过程中，基频光射入非线性光学晶体后，在光路上的每一个位置都将产生二次极化波，这些极化波又发射出与之相同频率的二次谐波，或称为倍频光波。受晶体折射率的影响，二次谐波的传播速度与入射基频光波的传播速度不相同，因而二次谐波也跟不上二次极化波的传播。先后产生的二次谐波相互干涉决定了观察到的二次谐波的强度，相位差为零时即相位匹配，则二次谐波不断的加强；当相位差为180°时，不会有任何二次谐波的输出。可见，用作激光倍频材料除必须具有较大的二阶非线性光学系数外，还必须能够实现相位匹配。

另外，光参量振荡（光参量放大）也是一种混频过程。当一束频率为 ω_p 的强激光射入非线性光学晶体的同时伴随着频率远低于 ω_p 的弱信号光（频率为 ω_s），由差频效应，晶体辐射出频率 ω_i（$\omega_i = \omega_p - \omega_s$）的光波，当此光波在晶体中传播时，又会混频产生频率为 $\omega_{s'}$（$\omega_{s'} = \omega_p - \omega_i$）光波。若原来频率为 ω_s 的信号波与新产生的频率为 $\omega_{s'}$ 的光波之间满足相位匹配条件，则原来弱的信号光波就被放大，这就是光参量放大原理。为获得较强的信号光，实际光参量振荡器还利用光学谐振腔来产生增益。

需要指出的是，能现场改变材料折射率的光折变效应目前已成为非线性光学领域的重要分支，它是非局域效应。其机理是：激光激发晶体电荷使之发生转移和分离，引起晶体中空间电荷场的建立，由于电光效应，晶体的折射率便发生变化，从而改变了色散能力。但由于无机晶体一般具有较大的介电常数，因此光折变品质因数难以有很大提高，而且光折变晶体材料在生长、加工环节仍存在缺陷，光折变的微观机制也有待进一步探索，因此这类材料仍需要进一步的发展。

5.4.3 激光透明陶瓷的折射率效应

折射率对于激光透明陶瓷而言是一个重要因素，主要体现在透光性、热光效应和倍频等方面。

5.4.3.1 透光性

如前所述，为了尽量提高陶瓷的透光性，在晶相选择时应为等轴晶系（不存在双折射）或者双折射很小的非等轴晶系。前者的实例就是 Y_2O_3、MgO、$MgAl_2O_4$ 等等轴晶系，而后者则有双折射率很小（0.008）的三方晶系的 Al_2O_3。这样在晶界上不造成明显折射和散射，易于使陶瓷材料具有良好的透光性。

当其他非主晶相成分加入后如果生成第二晶相，就需要调整第二晶相的折射率，使之尽可能接近主晶相的折射率，从而光线穿过第二相及其界面时的折射和散射作用将削弱，透光性将增强。

5.4.3.2 热光效应

固体激光工作物质在被泵浦的时候会因为能量吸收而发热，除了由于内部温度分布不均匀，导致热应力和应变，同时也会因为介质的热光系数的改变而改变了介质折射率，另外介质中的应力和应变也通过光弹系数来改变介质的折射率。这就是激光工作物质中热透镜效应的来源，它会造成波前相位畸变，对光束质量产生负面影响，而由应力或应变引起的双折射导致激光束退偏振，从而降低激光器的输出功率。

显然，要获得大功率激光器，一方面需要处理好废热的问题（详见5.3节），如目前常用的石榴石、倍半氧化物等只能通过处理好废热问题来解决；另一方面也可以采用折射率随温度变化很小甚至为零的新型激光材料。

5.4.3.3 非线性倍频

非线性倍频的目的就是从已有频率的激光获得新频率的激光，根据前述的非线性光学原理，所得出射光既可以是比原始输入光波长更短，也可以更长，其差别就在于频率是相加还是相减。

虽然在单晶领域，用于倍频的激光晶体已经获得了广泛应用，但是迄今为止，透明陶瓷在激光倍频方面的应用仍未见报道。值得注意的是，目前已有的倍频晶体，不管是红外波段的黄铜矿结构的晶体，如 $AgGaS_2$、$AgGaSe_2$、$CdGeAs_2$、Ag_3AsSe_3 和 Tl_3AsSe_3 等晶体及其置换固溶物，还是紫外波段的频率转换晶体，如20世纪80年代，中国科学院福建物质结构研究所相继成功发现的性能优良的偏硼酸钡（$\beta - BaB_2O_4$）与三硼酸锂（LiB_3O_5）等晶体，虽然非线性光学系数很大（如偏硼酸钡（$\beta - BaB_2O_4$）晶体倍频阈值功率高比磷酸二氢钾晶体高 3～4 倍，对 $1.06\mu m$ 激光已实现 5 倍频的效果，在 212nm 处可实现相位匹配，可作为短脉冲（1ns）、高功率（1GW）激光倍频的候选材料），但是这些优秀的非线性光学倍频晶体大多受到晶体光学质量和晶体尺寸大小限制的问题，因此得不到广泛的应用。

基于前述透明陶瓷相对于单晶在大尺寸及光学质量等方面的优势，可以认为发展非线性光学激光透明陶瓷在高能短波激光器方面具有诱人的应用前景。除了直接用于需要短波长的军事和工业外，还可以用于核聚变的点火，取代目前核聚变实验常用来倍频的磷酸二氘钾（KDP）。

虽然目前常见的激光透明陶瓷是基于立方相的石榴石结构和倍半氧化物体系，而其他非立方相体系由于折射等问题仍难以实现透明化。但是，需要指出的是，这类问题并不是理论上的问题，而是工艺上的问题，即目前就晶粒择优取向陶瓷以及第二相折射率的调控等尚未成熟。但就六方 CeF_3、ZnS 和 ZnSe 等透明陶瓷化的探索已经取得了初步进展，并且提出了磁场调控具有极轴的晶粒择优取向的技术来看，有理由认为将来上述优秀非线性材料以及更新型材料的透明陶瓷必将成为非线性光学材料的主角，而且这方面的进展同时也会实现透明陶瓷相关理论与工艺的革命性突破。因此，面向非线性光学应用，尤其是倍频应用是激光透明陶瓷材料的一个潜在研究领域。

5.5 激光透明陶瓷的应用及趋势展望

激光透明陶瓷主要用作固体激光器的工作物质。目前由于具有体积小、质量轻、结构紧凑、携带方便、易于维护、输出功率大等优点，固体激光器，尤其是半导体激光泵浦全固态激光器在激光器市场占据主导地位。在科研、工业、医疗、国防等领域已经应用或具有潜在的应用前景，例如激光切割、激光焊接、激光通信、激光医学、激光投影、激光打标、激光测距、激光武器等[24]。

值得强调的是，高能激光武器由于速度快、精度高以及单发成本低等优势，已经成为公认的未来战争中的杀手锏，而高能激光武器的核心是高能激光器，其中固体激光器体积小、结构紧凑、质量轻、发射能量高，非常适合机动作战，因此是美国海、陆、空三军和海军陆战队公认的最有希望的下一代高能激光器。如前所述，激光透明陶瓷相比于单晶和玻璃具有优势，从而成为军用激光技术应用的优选材料而备受重视，目前，美国和日本基于激光透明陶瓷的高能激光的概念设计和具体实施方面居于国际领先地位。

另外，目前核聚变点火装置所需要的高能激光器也是基于固体激光器，虽然当前采用的是单晶（主要原因是需要非线性倍频得到短波激光），但是美国利弗莫尔国家实验室估算在同等输出能量的情况下，使用激光透明陶瓷，整个装置总体长度和光学器件将大幅减少。如前所述（详见5.4节），这种前景必将伴随非立方晶系透明陶瓷材料的发展与完善而成为现实。

就今后激光透明陶瓷的发展而言，由于当前激光透明陶瓷的基质主要是石榴石 $RE_3Al_5O_{12}$ 以及倍半氧化物 RE_2O_3（RE 为稀土）立方体系，稀土掺杂发光中心以 Nd、Er 和 Yb 为主。虽然近年来也有非石榴石结构激光透明陶瓷的研究，如 Nd:Ba(Zr, Mg, Ta)O_3[15] 和 Yb:CaF_2[31] 透明陶瓷等，但其性能优势不明显或者制备工艺不成熟，仍有待进一步发展。另外，当前激光透明陶瓷在透明度、热物性、光致发光效率和发光寿命等已经和单晶持平，而且近期的研究表明在激光输出功率和效率上已与单晶基本一致甚至占优，同时由于与单晶相比陶瓷具有相对较高的力学性能，在抗热损伤方面陶瓷也体现出良好前景，经过大量的材料制备和发光性能表征研究，已经获得了兆瓦级的激光输出。因此，今后的研究趋势主要有：

（1）对现有体系重点解决热传导、第二相（烧结助剂、杂相、晶界等）影响[4,5]、材料性能的一致性与稳定性以及光散射等涉及介观－宏观结构的性质等问题。

（2）积极开发新型激光陶瓷工作物质。

（3）基于材料折射率的非线性光学效应以及稀土离子发光的量子剪裁拓展

激光波长的类型,前者可以通过倍频和差频获得其他波长的光,而后者则通过多光子级联跃迁获得更短波长的光,即红外上转换发光[11,13],从而满足不同应用领域基于光电效应等所提出的不同的波长需求。

参 考 文 献

[1] 潘裕柏,李江,姜本学. 先进光功能透明陶瓷 [M]. 北京:科学出版社,2013.

[2] 李江. 稀土离子掺杂 YAG 激光透明陶瓷的制备、结构及性能研究 [D]. 上海:中国科学院大学上海硅酸盐研究所,2007.

[3] Jheng D Y, Hsu K Y, Liang Y C, et al. Broadly tunable and low – threshold Cr^{4+} : YAG crystal fiber laser [J]. IEEE Journal of Selected Topics in Quantum Electronics, 2015, 21:9006081.

[4] Qin H, Jiang J, Jiang H, et al. Effect of composition deviation on the microstructure and luminescence properties of Nd:YAG ceramics [J]. Cryst. Eng. Comm., 2014, 16 (47):10856 ~ 10862.

[5] Fan J, Chen S, Jiang B, et al. Improvement of optical properties and suppression of second phase exsolution by doping fluorides in $Y_3Al_5O_{12}$ transparent ceramics [J]. Optical Materials Express, 2014, 4 (9):1800 ~ 1806.

[6] Ge L, Li J, Zhou Z, et al. Fabrication of composite YAG/Nd:YAG/YAG transparent ceramics for planar waveguide laser [J]. Optical Materials Express, 2014, 4 (5):1042 ~ 1049.

[7] Sokol M, Kalabukhov S, Kasiyan V, et al. Mechanical, thermal and optical properties of the SPS – processed polycrystalline Nd:YAG [J]. Optical Materials, 2014, 38:204 ~ 210.

[8] Chretien L, Boulesteix R, Maitre A, et al. Post – sintering treatment of neodymium – doped yttrium aluminum garnet (Nd:YAG) transparent ceramics [J]. Optical Materials Express, 2014, 4 (10):2166 ~ 2173.

[9] Lu J R, Lu J H, Murai T, et al. Development of Nd:YAG Ceramic Lasers [M]. Washington:Optic Soc. America, 2002:507 ~ 517.

[10] Ikesue A, Kinoshita T, Kamata K, et al. Fabrication and optical – properties of high – performance polycrystalline Nd – YAG ceramics for solid state lasers [J]. Journal of the American ceramic Society, 1995, 78 (4):1033 ~ 1040.

[11] Brown E E, Hommerich U, Bluiett A, et al. Near – infrared and upconversion luminescence in Er:Y_2O_3 ceramics under 1.5μm excitation [J]. Journal of the American Ceramic Society, 2014, 97 (7):2105 ~ 2110.

[12] Liu B, Li J, Ivanov M, et al. Solid – state reactive sintering of Nd:YAG transparent ceramics:the effect of Y_2O_3 powders pretreatment [J]. Optical Materials, 2014, 36 (9):1591 ~ 1597.

[13] Yu Y, Qi D W, Zhao H. Enhanced green upconversion luminescence in Ho^{3+} and Yb^{3+} codoped Y_2O_3 ceramics with Gd^{3+} ions [J]. Journal of Luminescence, 2013, 143:388 ~ 392.

[14] Sanghera J, Frantz J, Kim W, et al. 10% Yb^{3+} – Lu_2O_3 ceramic laser with 74% efficiency [J]. Optics Letters, 2011, 36 (4):576 ~ 578.

［15］ Kuretake S, Tanaka N, Kintaka Y, et al. Nd – doped Ba（Zr, Mg, Ta）O$_3$ ceramics as laser materials［J］. Optical Materials, 2014, 36（3）: 645 ~ 649.

［16］ Liu Z D, Mei B C, Song J H, et al. Optical characterizations of hot – pressed erbium – doped calcium fluoride transparent ceramic［J］. Journal of the American Ceramic Society, 2014, 97（8）: 2506 ~ 2510.

［17］ Yanagitani T, Yagi H, Ichikawa M. Production of Yttrium – Aluminum – Garnet Fine Powder: JP, 10 – 101333［P］. 1998 – 04 – 21.

［18］ Lu J, Prabhu M, Song J, et al. Optical properties and highly efficient laser oscillation of Nd: YAG ceramics［J］. Applied Physics B – Lasers and Optics, 2000, 71（4）: 469 ~ 473.

［19］ Lu J R, Lu J H, Murai T, et al. Nd^{3+}: Y$_2$O$_3$ ceramic laser［J］. Japanese Journal of Applied Physics Part 2 – Letters, 2001, 40（12A）: L1277 ~ L1279.

［20］ Sanghera J, Bayya S, Villalobos G, et al. Transparent ceramics for high – energy laser systems ［J］. Optical Materials, 2011, 33（3）: 511 ~ 518.

［21］ Basiev T T, Doroshenko M E, Konyushkin V A, et al. Lasing in diode – pumped fluoride nanostructure F$_2^-$: LiF colour centre ceramics［J］. Quantum Electronics, 2007, 37（11）: 989, 990.

［22］ Basiev T T, Doroshenko M E, Konyushkin V A, et al. SrF$_2$: Nd^{3+} laser fluoride ceramics ［J］. Optics Letters, 2010, 35（23）: 4009 ~ 4011.

［23］ Basiev T T, Konyushkin V A, Konyushkin D V, et al. First ceramic laser in the visible spectral range［J］. Optical Materials Express, 2011, 1（8）: 1511 ~ 1514.

［24］ 李伟. CeF$_3$透明闪烁陶瓷的制备及其性能研究［D］. 上海: 中国科学院大学上海硅酸盐研究所, 2013.

［25］ Hao Q, Li W X, Zeng H P, et al. Low – threshold and broadly tunable lasers of Yb^{3+} – doped yttrium lanthanum oxide ceramic［J］. Applied Physics Letters, 2008, 92: 21110621.

［26］ Li W, Hao Q, Yang Q, et al. Diode – pumped passively mode – locked Yb^{3+} – doped yttrium lanthanum oxide ceramic laser［J］. Laser Physics Letters, 2009, 6（8）: 559 ~ 562.

［27］ 徐军. 激光材料科学与技术前沿［M］. 上海: 上海交通大学出版社, 2007.

［28］ 李江, 葛琳, 周智为, 等. 全固态波导激光材料的研究进展［J］. 硅酸盐学报, 2015（01）: 48 ~ 59.

［29］ Ter – Gabrielyan N, Fromzel V, Mu X, et al. High efficiency, resonantly diode pumped, double – clad, Er: YAG – core, waveguide laser［J］. Optics Express, 2012, 20（23）: 25554 ~ 25561.

［30］ 张克从, 王希敏. 非线性光学晶体材料科学［M］. 北京: 科学出版社, 1996.

［31］ Kallel T, Hassairi M A, Dammak M, et al. Spectra and energy levels of Yb^{3+} ions in CaF$_2$ transparent ceramics［J］. Journal of Alloys and Compounds, 2014, 584: 261 ~ 268.

6 稀土闪烁透明陶瓷

6.1 闪烁和闪烁透明陶瓷

6.1.1 闪烁发光机制

闪烁发光材料或闪烁体（scintillator）是能够有效吸收 X 射线、α 射线、β 射线和 γ 射线等高能射线并转化为波长在可见光范围内或者接近可见光辐射的材料，主要应用于高能物理和核医学领域、工业应用（无损探伤）、空间物理、地质勘测等领域。稀土闪烁透明陶瓷属于闪烁体的重要成员。

与其他发光过程类似，闪烁发光过程同样是一个能量转化的过程，所不同的就是具体的能量转化机制。其中涉及常规发光所没有的光电效应、载流子输运以及更复杂的电子 – 空穴对的复合发光等[1,2]。闪烁发光的物理过程如图 6 – 1 所示[3]。

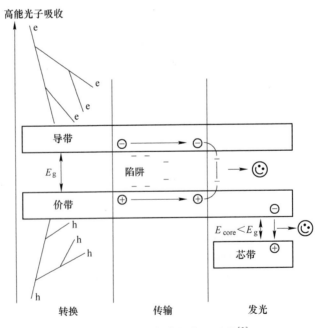

图 6 – 1　无机闪烁体的物理过程[3]

e—电子；h—空穴

具体来说，首先是高能粒子和闪烁体基质发生光电效应、康普顿效应和电子对效应等一系列反应，其中对于光子能量低于 100keV 的，光电效应占主导作用，从而在导带和价带上产生或热激发出许多电子 - 空穴对。这个阶段在 1ps 内就结束了。接下来，这些被激发而携带能量的电子和空穴（最终产生激子）在材料中迁移到发光中心，期间可能被缺陷捕获，从而所携带的能量被暂时储存或者通过非辐射复合而消耗掉。最终就是电子与空穴在发光中心位置复合，将能量传递给发光中心，使其从基态跃迁到激发态，然后返回基态而发出可见光，这个过程同样可能伴随着无辐射弛豫的能量损失。

虽然闪烁体同样包括基质材料和激活离子即发光中心两部分。但是不同于一般的发光材料，闪烁体除了需要关注发光中心处的行为，即电子 - 空穴对在激活离子处的复合发光（相当于传统发光的激发和发射过程）外，还需要关注载流子（电子和空穴）输运过程，这也是整个闪烁过程中最重要也往往是最模糊不清之处。因为载流子在迁移过程中经常被不同深度的陷阱俘获，而这些被俘获的载流子可以在陷阱中停留一段时间后逸出，并继续迁移到发光中心，也可以在陷阱中停留一段时间后，经热激隧穿机制直接到达发光中心[4]，甚至电子和空穴在某些缺陷处发生非辐射复合，造成能量损耗。无论是陷阱或非辐射复合中心都与基质材料中的反位缺陷、空位、杂质离子、位错、畴界、晶界等线缺陷和面缺陷有关[3,5]。

经过多年的发展，有关闪烁体中能量传递过程的路径以及各种陷阱对载流子的俘获途径已经有了较为直观的认识[6]：一个高能粒子和闪烁体基质发生光电效应后，入射光子将在原子内层（通常是 K 层）激发出了一个空穴和一个自由或准自由电子[7]。这个过程可以用固体中原子的一次电离来表示：

$$A + h\nu \longrightarrow A^+ + e \tag{6-1}$$

式中，A 为原子；$h\nu$ 为入射的粒子能量，而所激发出来的初级（一次）电子的能量等于 $(h\nu - E_k)$，E_k 为原子的 K 壳层的能级。

一个内层电离的原子（A^+）既可以通过放出一个光子产生辐射跃迁，也可以通过产生二次电子（俄歇效应）而发生非辐射跃迁。前者就是常见的 X 射线，这些 X 射线光子通过另一个原子产生一个新的空穴和自由电子而被吸收。通常非辐射衰减的概率远大于辐射衰减的概率，因此俄歇电子和一次电子通过电子散射或者发射光子损失能量。电子损失能量最快的过程是原子对电子的非弹性散射。总之，内层具有空穴的一个原子 A^+ 的弛豫过程包括了无辐射跃迁或者辐射跃迁的级联（cascade），其中辐射跃迁发生在 $10^{-15} \sim 10^{-13}$ s 内[8]。当激发电子（也可以是外界入射的电子）通过固体时，又会电离一个原子：

$$A + e \longrightarrow A^+ + 2e \tag{6-2}$$

不管何种方式激发的电子，原则上是不可区分的。二次电离过程也会伴随着三次电离的产生，从而出现电子和空穴的雪崩。这种级联的电离过程会一直持续到最终的电子和光子不能产生下一次电离为止，此时就得到最低能的电子-空穴对（激子）。这一弛豫（电子-电子弛豫）过程约在 $10^{-15} \sim 10^{-13}$ s 内完成。

一旦电子（空穴）的能量低于电离阈值 E_t 时，就开始和环境（主要是晶格）振动相互作用，产生所谓的电-声弛豫或者称热能化（thermalization）。在热能化的过程中，电子移到导带底，空穴移动到价带顶。因此最终电子-空穴对的能量等于晶体的禁带宽度 E_g。电子-空穴对的总数在电-声弛豫过程中保持不变。热能化时间在 $10^{-12} \sim 10^{-11}$ s，这比电子-电子弛豫时间（$10^{-15} \sim 10^{-13}$ s）要短。这样，电子-电子弛豫和电子-声子弛豫过程可以认为是依次发生的。在空间坐标中，热能化过程可以认为是载流子的特征长度迁移（对于离子晶体，特征长度是 $10^2 \sim 10^3$ nm）。晶体中的本征和杂质产生的散射中心会限制载流子的这种迁移，其中低能电子散射的散射截面取决于电中性缺陷的几何截面，而如果是带电缺陷处发生散射，那么散射截面取决于卢瑟福公式。因为所有的电离过程最终都会以产生电子-空穴对结束，因此，最终的电子-空穴数目 N_{eh} 与物质吸收的高能射线能量（假定为 γ 射线）E_γ 成正比：

$$N_{eh} = E_\gamma / \xi_{eh} \tag{6-3}$$

式中，ξ_{eh} 为产生一个热激发的电子-空穴对所需的平均能量，近似为离子晶体的禁带宽度 E_g 的 1.5~2 倍，是具有强共价键性质的 E_g 的 3~4 倍。

由于通过产生声子损失的能量占离子晶体吸收总量子数的 30%。这就意味着无机闪烁体中热能化导致的能量损失是最主要的能量损失。

在激子形成之后就进入了闪烁过程的最后一个阶段，即激子把能量转移到发光中心。发光中心主要是通过顺序捕获电子和空穴（电子复合发光），或者顺序捕获空穴和电子（空穴复合发光）的方式而进入激发态。这个迁移过程中的能量损失取决于电子-空穴对相对发光中心的空间分布情况。如果电子/空穴毗连发光中心，其能量转移效率高，相反，能量转移效率低。另外，迁移中所遇到的陷阱同样需要考虑。无机闪烁体中的缺陷和各种杂质形成了电子或空穴陷阱。如晶体中的阴离子空位会捕获电子形成稳定的 F 心。这些因素的综合影响就是发光中心的浓度是有限制的，如 CsI 和 NaI 晶体中，如果含有超过 0.02%（原子分数）的 Tl^+，就会使得发光中心聚集，这就形成了很多较深的陷阱。因此 CsI 和 NaI 晶体中 Tl^+ 的理想掺杂浓度为 0.02% ~ 0.03%（原子分数）。需要指出的是，被缺陷俘获的电子或空穴，可以因为环境的振动（热激发）而脱离陷阱，重新迁移到复合中心发光，其中能级越浅，脱离的概率越大。这种俘获—脱离—复合发光的过程就延长了光发射的时间。

发光中心处的复合发光，尤其是掺杂稀土或者过渡金属离子的闪烁体，其发光属于非本征发光，即发光中心离子在基态-激发态之间的跃迁或者发光中心离子与配位原子之间的价电荷转移跃迁。但是，本征发光也是存在的。这种发光本质上属于缺陷发光，如热能化过程中，如果空穴到达价带顶并局域在一个阴离子周围，那么对于卤化物（AX），卤离子 X^- 将变成 X^0 原子。原子态的 X^0 会极化其晶体环境，从而使系统呈现轴向弛豫，导致两个临近的阴离子共享一个空穴。这种一个空穴局域在两个阴离子之间的状态，即 X^{2-} 或 V_K 称做自陷空穴（self-trapped hole，STH，在低于 200K 时是一种稳态的存在），而这个过程就是电子、空穴和激子与声子作用而被局域化的自俘获（自陷）（self-trapping）过程。由于离子晶体中电离辐射形成 STH 态的时间通常为 $10^{-12} \sim 10^{-11}$ s，比空穴与导带中的电子复合发光的时间要短。因此，离子晶体中大量的空穴很快变成 V_K 的形式，即 V_K 的存在对于闪烁过程起到重要作用。这种 V_K 心可以俘获自由电子形成带电激子（自限激子），随后 STE 态可以发射光子，从而得到激子发光（excitonic luminescence）。这种发射是由电子和 V_K 反应，即

$$V_K + e \longrightarrow e^0 \ (V_K e) \longrightarrow h\nu \tag{6-4}$$

式中，e^0 为一个 $V_K e$ 构型的 STE 态（自陷激子）。

这种发光和晶体中由于阳离子激子（荧光发射）的激子发光有着同样的特性。

总之，发光中心处的复合发光，通常包括两种方式：本征发光和非本征发光。不管是哪种形式，与外界环境相关的，如 Ce^{3+}、Pr^{3+} 这种跃迁允许的 $5d \rightarrow 4f$ 跃迁，由于是允许的跃迁且具有多渠道的衰减途径，因此具有高的发光效率和快的发光时间，是闪烁体重点利用的发光中心。

6.1.2 闪烁体性能评价

闪烁体的发光性能除了包括一般发光材料的性能指标，还具有自己独特的要求，如衰减寿命、密度和抗辐照强度等。而闪烁透明陶瓷的性能评价标准与一般闪烁体相同，主要的区别在于需要强调透光性（光学性质）。因为闪烁单晶中，透光性是其本身就有的，但是陶瓷一般是不透明的，因此闪烁透明陶瓷的性能指标中，相应透光测试范围中的透光率也需要考虑。

6.1.2.1 光产额

光产额表示在一次闪烁过程中产生的光子数目与入射高能粒子在闪烁晶体中损失的能量之比（ph/MeV），也称光输出。

基于 6.1.1 节中闪烁体的发光物理机制，可以推导出如下有关光产额的公式。

首先定义能量转换效率（η）为闪烁晶体辐射的光子能量与其吸收的总能量（E）之比：

$$\eta = \langle h\nu \rangle N_{ph} / E \tag{6-5}$$

式中，$\langle h\nu \rangle$ 为闪烁晶体发射光子的平均能量；N_{ph} 为发射闪烁光子的数目。

利用上述光产额（L_R）的定义，就可以得到：

$$L_R = N_{ph}/E = \eta/h\nu \tag{6-6}$$

由 6.1.1 节中关于初级激发、电子－空穴雪崩以及热能化过程的讨论，可以知道产生电子－空穴对的数目 N_{ph} 取决于产生一对低能电子－空穴对的平均能量 ξ_{eh}。而 ξ_{eh} 取决于晶体种类和禁带宽度（$\xi_{eh} = \beta E_g$），其中对于离子晶体，$\beta = 1.5 \sim 2$，而对于共价晶体，$\beta = 3 \sim 4$。假定一对电子－空穴对可以产生 α 个光子或认为电子－空穴对转换为闪烁光子的效率为 α（它与电子－空穴对到发光中心的能量传递效率以及发光中心的量子效率有关 $N_{ph}/N_{eh} \leqslant 1$），那么光产额 $L_R = \alpha N_{eh}/E = \alpha/\xi_{eh} = \alpha/(\beta E_g)$。

虽然这个公式的推导比较粗糙，但是它指明无机闪烁晶体的光输出主要与晶体的组成结构（β，E_g）、电子－空穴对到发光中心能量传递效率及发光中心的量子效率（α）有关。而且利用上面的能量转换效率定义，可以得到 $\eta = \dfrac{\alpha}{\beta} \cdot \dfrac{h\nu}{E_g}$，即具有较大 $h\nu/E_g$ 的晶体具有较高的闪烁效率。

不难发现，晶体的禁带宽度越小，光产额和闪烁效率更高，而具有较小禁带宽度的晶体，通常也就是共价型晶体，由于 $\beta \approx 3 \sim 4$，且 $\alpha < 1$，因此难以获得高的光产额。

6.1.2.2   发射波长

正如第 2 章所述，发射光谱是发光材料的本征属性之一，与常规照明显示用发光材料的发射波长要求不同，由于大量使用闪烁体的电磁能器通常由光电倍增管（PMT）或硅光电二极管（SPD）读出信号，因此要求闪烁晶体所发出的光既要有足够的光产额，又要有适当的发射波长分布，即发光强度最大的光所对应的波长与探头的接收范围应尽可能匹配。目前，PMT 的探测敏感区一般为 300 ~ 500nm，SPD 的敏感区为 500 ~ 600nm，只有当发射主峰落在上述区域内的发光才能被探测器最有效的接收。

6.1.2.3   衰减时间

激发结束后（$t = 0$），发光材料的发光强度 I 随时间 t 通常按照指数变化：

$$I_t = I_0 \exp(-t/\tau) \tag{6-7}$$

其中，τ 等于发光强度衰减到原来发光强度 I_0 的 $1/e$ 的时间，称为衰减时间或衰减常数。为了减少由于能量堆积而造成的信号阻塞，保持好的信噪比，闪烁体的衰减时间应尽可能的短。另外，如果存在多种发光成分，则上述的单指数公式需要扩展为多指数加和的形式：

$$I(t) = \sum_{i=1}^{n} A_i \exp(-t/\tau_i) \tag{6-8}$$

另外，理论研究表明衰减时间常数 τ 与发射波长的平方成正比（参见 2.5

节），因此发射波长在短波的闪烁晶体具有较小的衰减常数。

6.1.2.4 密度

为了减少探测器的体积和造价，要求闪烁晶体对射线的阻止能力要尽可能的强，这就意味着更大的吸收系数大、更短的辐射长度和更小的 Moliere 半径。

当强度为 I_0 的入射辐照通过厚度为 l 的材料时，出射辐照的强度 I 可近似地表示为：

$$I = I_0 \exp(-\mu l) \qquad (6-9)$$

在晶体中穿过一定的距离后，其强度下降到原来的 $1/e$，这个距离称为该晶体的辐射长度（通常用 X_0 表示）。从上述定义可以看出，X_0 与吸收系数成反比，所以吸收系数越大，辐射长度就越短。而根据经验公式：

$$X_0 = 180M/(Z^2\rho) \qquad (6-10)$$

式中，M 为化合物的相对分子质量；Z 为有效原子序数；ρ 为密度。

因此，有效原子序数越高、密度越大的晶体，辐射长度越短。由于电磁量能器用闪烁晶体的长度一般在 X_0 的 20 倍左右，所以使用辐射长度小的晶体有利于缩小探测器的体积。与辐射长度类似的另一个物理量称为 Moliere 半径（R_M）：

$$R_M \approx X_0 \times (Z + 1.2)/37.74 \qquad (6-11)$$

其中小的 Moliere 半径有利于降低其他粒子对能量测量的污染。

6.1.2.5 抗辐照强度

闪烁体在射线辐照后会在晶体内部产生一些色心缺陷，它们捕获电子后会形成陷阱，对晶体所发出的闪烁光产生吸收效应，从而降低了晶体的透过率和光输出。尽量减少这种效应的发生就意味着具有更强的抗辐照强度。

当前对晶体的抗辐照性能还没有明确的定义，通常用实际探测器所允许的最大辐照剂量来衡量。一般规定闪烁体经辐照后，发射峰波长处的透过率沿单位辐照长度下降 1%～2% 的辐照剂量为允许的最大辐照剂量。也有以辐照以后光产额的下降幅度作为衡量标准的。

为提高晶体的抗辐照强度，常用的措施有提高原料的纯度、减少晶体中的缺陷浓度或掺入某种特殊的杂质组分（即掺杂）来进行电荷补偿或位置补偿等。

就已有研究报道来看，辐照损伤可能通过以下一些方式产生[1]：

（1）形成色心，吸收发光中心发射的光子，降低材料的光学透过率。

（2）直接影响发光中心的发光过程，改变光发射特性（效率、光谱、衰减时间等）。发光中心可能由于价态变化或是离子迁移补偿而失效。闪烁光的发射也可能由于电子或空穴向发光中心的迁移受损而降低，同时辐照产生的缺陷或陷阱会降低载流子的输运。

（3）产生浅能级，增加余辉。

（4）重晶体（具有较大原子数）受高能射线辐照诱导产生发射线，从而影响量能器的运行。

研究表明透过率的降低是辐照损伤最主要、最直接的影响之一。通常光产额的降低都是由于透过率的降低而不是发光强度的变化。

最后，抗辐照损伤还有另一个要求，就是自恢复能力要高，即辐照损伤后的晶体能够在尽量短的时间内恢复到原状，越不需要外界辅助（如热处理）而自恢复的闪烁体，应用价值越高。

6.1.2.6　能量分辨率

闪烁体的光产额和光谱半高宽给出了能量分辨率的信息。能量分辨率体现了闪烁体区分微小差别能量的能力，通常定义为发光脉冲半高宽与该脉冲对应能量的比值。实际的能量分辨率取决于闪烁材料、材料尺寸以及探测器种类。从统计学的观点看，能量分辨率越高，计数误差就越小，而误差与闪烁体所发射的光子数平方成反比，因此，光产额越高，能量分辨率越大。

6.1.2.7　发光效率

发光效率主要有两种表示方法：

（1）量子效率。辐射光子的数目与激发辐射的量子数（如果是光致发光则是光子数，如果是阴极射线发光，则是电子数，余类推）的比值。

（2）能量效率。发射光的能量与激发辐射的能量之间的比值。由能量效率的定义可以推出能量效率在光致发光中等于量子效率与频率比值（发光频率/激发频率）的乘积。

具体发光效率的影响及其他讨论可以参见 2.5 节，在此不再赘述。

6.1.2.8　透过率（自吸收）

正如第 2 章所述，理想的发光材料对发射光的自吸收为零。同样，闪烁体是基于发射光而发生作用的，这就意味着所发射的光波被闪烁体吸收越少越好，即自吸收要小，发射光波段透过率要高。

闪烁体发射的光可能被杂质和缺陷，甚至是基质本身吸收。这取决于材料的物理特性，如禁带宽度以及激活中心的特性。其中透过率曲线中高能的截止边与本征吸收有关，是不能消除的。在离子晶体中，截止边通常为 $(0.8 \sim 0.85)E_g$。由于本征吸收的存在，因此对于本征发光就要求具有较高的斯托克斯位移；而如果是掺杂发光则要求激活剂的能级跃迁与禁带宽度的差别尽量大，否则也会出现严重的自吸收。同样，掺杂发光也要求激发峰和发射峰之间存在较大的峰值偏移——离子型晶体中掺杂发光的斯托克斯位移一般要大于共价型化合物，因此，离子型晶体由于激发和发射的重叠较少，具有更好的发光特性。

综上所述，优秀的闪烁体必须具备如下的基本性能要求[1]：

（1）发光效率高，能有效地吸收外来能量。

（2）对高能射线或粒子的阻止本领强，尽量由原子序数大的元素组成，密度大。

（3）发光衰减时间或荧光寿命短。

（4）发光与探测器的光谱灵敏度相匹配。

（5）具有强抗辐射能力和高抗辐照硬度。

（6）高稳定性与低成本。

6.1.3 闪烁透明陶瓷

历史上高能射线的发现有赖于涂有荧光粉的成像屏，而这也就开启了闪烁体的历史。早在19世纪的原子核放射性相关现象的研究中，人们就认识到 $CaWO_4$ 等材料能用于观测那些看不见的射线，在1895年，伦琴更是利用涂有 $K_2Pt(CN)_4$ 的成像屏发现了 X 射线（X 射线激发荧光粉 $K_2Pt(CN)_4$ 而发出绿光）。虽然和现有的闪烁体相比，这些早期的化合物各方面的性能指标都不高，但正是它们让人类认识到高能射线的应用价值。如伦琴发现 X 射线后不久，X 射线成像就用于医学领域，从而开创了医疗 X 射线成像的时代。随后在各个应用领域需求的推动下，具有各种优良性能的新型闪烁材料或者改性闪烁材料才逐渐发展壮大，并且成为目前光功能材料的主力军之一。

目前比较普遍的看法是 R. Hofstadter 发现 NaI:Tl 单晶体的优良闪烁性能[9]真正揭开了闪烁体研究的序幕。半个多世纪以来涌现了 $Bi_4Ge_3O_{12}$（BGO）、CsI:Na、BaF_2、$PbWO_4$ 和 Ce:$Lu_2Si_2O_7$（LSO）等性能优良的闪烁晶体[1,2,10]，常用闪烁单晶和陶瓷性能见表6-1。其中 $Bi_4Ge_3O_{12}$ 作为第一代 PET 用闪烁材料为 PET 探测器带来了革命性的变革，大幅推动了 PET 的普及，目前推出新的 PET 机型用的材料主要是 Ce 掺杂的 LSO 和 LYSO，而且目前闪烁体的研究也主要集中在衰减时间在几十纳秒的 Ce 的 $5d \rightarrow 4f$ 跃迁上[3,11~14]。需要指出的是，闪烁体的发展是晶体优先，带动玻璃和陶瓷的模式。这主要是由于相比于玻璃和陶瓷存在各类与制备工艺有关的"异相"结构而言，晶体结构具有高度的确定性，从而其相关闪烁性能的测试和研究结果具有很高的稳定性和可靠性。因此闪烁材料的发展历程也是闪烁晶体的发展历程，如图6-2所示[3]。

表6-1 常用闪烁单晶和陶瓷性能的比较[1,16]

闪烁体	密度 /g·cm^{-3}	光产额 /ph·MeV^{-1}	τ /μs	余辉① （>3ms） /%	峰值波长 /nm
$CdWO_4$（晶）	7.9	20000	5	<0.1，<0.02	495
BGO（晶）	7.1	9000	0.3		480
CsI:Tl（晶）	4.5	66000	0.8~6	>2，>0.3	415/550
Gd_2O_2S:Pr,Ce,F	7.3	35000	4	<0.1，<0.01	510

续表 6 - 1

闪 烁 体	密度 /g·cm^{-3}	光产额 /ph·MeV^{-1}	τ /μs	余辉① (>3ms) /%	峰值波长 /nm
Gd$_2$O$_2$S: Pr(UFC)	7. 3	50000	3	0. 02, 0. 002	510
(Y,Gd)$_2$O$_3$:(Eu,Pr)$_{0.06}$	5. 9	44000	1000	4. 9, <0. 01	610
Gd$_3$Ga$_5$O$_{12}$:Cr,Ce	7. 1	40000	140	<0. 1, <0. 01	730
Lu$_2$O$_3$:Eu,Tb	9. 4	30000	>1000	>1, >0. 3	610
Pr: LuAG	6. 7	27000	0. 02		310
Ce: LSO	7. 39	45000	0. 04		420

注：标（晶）为单晶，其余为陶瓷。
①因文献不同，测试结果不同。

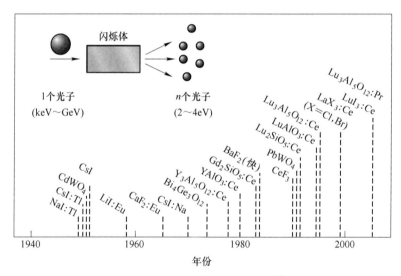

图 6 - 2   闪烁晶体的发展过程[3]

闪烁透明陶瓷是一种新兴的闪烁体，它的出现有赖于透明陶瓷技术的突破，因此直到 20 世纪 90 年代左右才逐渐发展起来，最早的实用示例首推美国 GE 公司通过透明陶瓷烧结工艺制备的并成功应用到商用医学 X - CT 探测器中的 (Y,Gd)$_2$O$_3$:Eu，即 Hilight 透明陶瓷[15]。随后德国西门子（Siemens）和日本日立（Hitachi）公司则利用 Gd$_2$O$_2$S: Pr 分别建立了各自的商用医学 X - CT 系统。后来基于倍半氧化物又衍生出其他的陶瓷闪烁体，如 Gd$_2$O$_2$S: Ce,Pr、Gd$_3$Ga$_5$O$_{12}$:Cr,Ce、Lu$_2$O$_3$:Eu 等[10]。当前为了面向 PET 应用并且借鉴于闪烁晶体，快衰减、高光产额和高能量分辨率的掺 Ce 或 Pr 的石榴石结构的透明陶瓷也受到了重视，出现了 YAG: Ce、LuAG: Ce 和 LuAG: Pr 等新型闪烁陶瓷。其中

YAG: Ce 发光峰值位于550nm左右，能与硅光二极管很好地耦合并且具有衰减时间快（约65ns）和光产额高的优点，因此在中低能量粒子射线（电子、α粒子、β粒子等）探测领域具有重要应用前景。掺 Ce 的其他含氧酸盐，如 LSO 等的透明陶瓷也有了报道，在 γ 射线探测和医学成像上具有应用潜力。最近镥基陶瓷闪烁体因其高密度已经成为闪烁体研究和商用的热点。目前常见的闪烁陶瓷可以参见表6-1。

闪烁透明陶瓷的优势是显而易见的：一方面虽然目前所应用的闪烁体大多是闪烁晶体，但单晶材料的制备对设备要求高，而且晶体生长速度缓慢，这造成了闪烁晶体的生产成本高，加上单晶生长过程中存在分凝问题，无法保证掺杂元素的均匀分布；另一方面虽然近年来玻璃闪烁体引起人们越来越浓厚的兴趣，但是闪烁玻璃的研究进展缓慢，至今闪烁玻璃的密度和发光效率还很低，还难以满足应用要求。而闪烁透明陶瓷具有成本低、加工性能好以及易于进行性能剪裁的优点，因此发展多晶陶瓷闪烁体（闪烁透明陶瓷）已经成为闪烁体重要的研究方向。

6.2 典型闪烁透明陶瓷

6.2.1 闪烁体类型

根据闪烁发光机制最终复合发光过程的能量转换过程可以将闪烁体分为自激活和掺杂发光两大类型。下面以实例分别进行介绍。

6.2.1.1 自激活体系

自激活材料在高能射线入射时能产生激子（电子和空穴），而材料自身的基团或者离子能够作为发光中心接受激子传递的能量而发光。如 $CaWO_4$（CWO）、$PbWO_4$（PWO）和 $Bi_4Ge_3O_{12}$（BGO）就是典型的自激活闪烁发光材料[16]。

具体来说，这类材料又可以分成两种：基于单离子的发光和基于半导体能带的发光。前者就是常见的发光中心基态与激发态之间的跃迁，也包括发光中心和配位原子之间的电荷转移跃迁。如 BGO 激发谱的两个峰：约290nm和约250nm，分别归结于 Bi^{3+} 的 $^1S_0 \rightarrow {}^3P_1$ 和 $^1S_0 \rightarrow {}^1P_1$ 跃迁；而发射光（发光峰480nm左右）来源于 $^3P_1 \rightarrow {}^1S_0$ 的辐射跃迁。另外，这种单离子模型可以进一步扩展成局域化的离子或者基团模型，如钨酸盐家族在高能射线激发下的可见光（钨酸钙、钨酸镉、钨酸铅等）在目前普遍被认为是来源于空位缺陷，并且这些缺陷可以独立存在，也可以缔合，甚至可以与发光基团 WO_4^{2-} 结合。

虽然从发光中心的属性看，掺杂半导体复合发光可以归因于孤立的原子、离子或基团作为发光中心，但是其本征发光所涉及的能级结构是以整个半导体为范畴的，因此需要利用原子能级组合及电子尽可能占据低能轨道出发得到的能带模型来解释。

一般来说，半导体的吸收和发射光谱源于电子的价带—导带跃迁，吸收边对应禁带宽度。但是，即使是高纯半导体材料，内部仍然存在着杂质。这些杂质会在本征能带结构中引入新的能级。根据杂质关于电子的给予和接受能力差异，有施主能级和受主能级之分。这些能级一般分布在禁带中，从而调整了本征带间跃迁，在低能侧出现新的吸收带。另外，半导体中电子跃迁除了价带—导带外，也可以发生在芯带—导带，芯带—价带之间，这些跃迁可能伴随着声子发射，产生声子伴线，从而增加了半导体光谱性质的复杂性，可望获得满足各种需求的闪烁发光材料。

目前，典型的半导体能带闪烁发光材料有两类：基于价带—芯带跃迁的卤化物和基于弱束缚激子（Wannier 激子）的 II - VI 半导体化合物等[17~22]。

A 价带—芯带跃迁发光

1983 年被发现具有 0.6ns 的快发光带 BaF_2 是价带—芯带跃迁发光的典型，发光峰位置在 220nm，它是由于 Ba^{2+} 的 $5p$ 芯带电子被激发到导带（能隙为 18eV）后，产生的芯带空穴迅速与价带电子复合所产生的快发光。BaF_2 的这种"价带—芯带"跃迁称为第二能隙间的跃迁，以区分于常见的第一能隙间（价态—导带）跃迁或缺陷能级调制的跃迁（即禁带中的缺陷能级跃迁）。这种价带—芯带跃迁的特点是：（1）激发光频率必须不小于芯带—导带间隙；（2）衰减时间为几个纳秒甚至更低，因为价带密布电子，可以迅速填充芯带空穴而实现电子-空穴复合发光；（3）不会有温度猝灭现象；（4）发光效率高。通过对氟化物系列的研究，进一步发现要实现第二能隙跃迁发光，除了外来激发光要满足要求外，半导体结构还必须满足第一能隙宽度不小于芯带-价带顶的间隙。这也解释了碱土氟化物仅有 BaF_2 能出现这种发光，而 Ca、Mg 和 Sr 则没有的实验结果。这条规则已成为发展第二能隙跃迁型快衰减半导体材料的指导原则。

B 激子跃迁发光

在晶格中，电子和空穴很难处于自由状态，其波函数可以互相耦合，从而作为一个整体运动，此时总电荷为零，不表现出光电导。为了与自由电子和空穴相区别，这种状态下的载流子就称为激子。激子之间存在着库仑静电力作用，以库仑力的作用范围相对于晶格常数的大小，激子可以分为 Frenkel 激子（强束缚作用）和 Wannier 激子（弱束缚作用），后者在半导体中最为常见。

在外来辐射作用下，激子可以实现基态→激发态的跃迁而产生吸收谱，并从激发态跃迁回基态而产生发射谱，分别对应于电子和空穴的分离—复合过程。显然，激子结合能的大小是决定光谱峰位置的关键因素。由于半导体的激子结合能一般很小，室温下的热振动就足以提供比结合能大得多的能量，使电子和空穴越过势垒而结合，激子被湮灭，从而观测不到激子发光或者激子发光很弱。而在低温下，随着热振动的降低，外来辐射对激子基态→激发态跃迁的调节作用越发明显，就可以观测到相应的吸收和发光。典型实例就是图 6-3 所示的高纯氧化锌（ZnO）的近带边激子发射光谱和吸收光谱[23]：随温度升高，吸收和发射光谱都出现红移，并且发射光谱强度下降，缺陷能级影响的跃迁（即蓝绿光部分）不断增强，在低能区形成严重的拖尾。

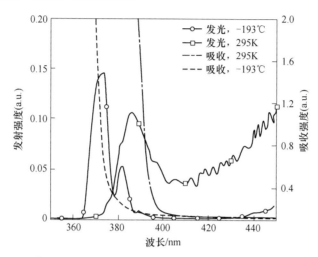

图 6-3　X 射线激发下不同温度时 ZnO 单晶的紫外激子发光和吸收谱[23]

需要指出的是，激子发光同样具有很快的衰减速度，如高纯氧化锌的紫外发光小于 0.8ns，而 ZnO:Ga 粉末的蓝光带（295K）最快的是 0.11ns，最慢的也有 0.82ns 左右[21]。但是，如前所述，激子发光强度随温度增高下降得更快。这是因为随温度增高，激子越过势垒结合湮灭趋势增强，相应的发光中心的浓度下降，同时激子（电子或空穴）被热激活缺陷俘获并产生非辐射复合的概率增加，这就降低了激子发光的光产额。但由于激子运动加快，加速了电子-空穴复合发光过程，因此随温度增高，发光衰减更为迅速（相关讨论也可参见第 2 章中的发光动力学部分）。

6.2.1.2　掺杂发光体系

离子掺杂发光体系是闪烁体中最大的家族。从广义上说，以离子掺杂进行改性的其他体系（自激活和半导体）也可以归属于这一类。狭义上，离子掺杂体系是基质本身不发光，只提供能量吸收和转移，掺杂离子作为发光中心，被基质或者其他掺杂离子敏化而发光。常见的离子掺杂体系有卤化物和含氧酸盐（硅酸盐、铝酸盐等）两大类。

对离子掺杂闪烁体体系而言，能否满足发光强、衰减快等性质要求主要取决于作为发光中心的掺杂离子，如 Ce^{3+} 的 $5d \rightarrow 4f$ 能级的允许跃迁产生的荧光可以实现约 18ns 的快衰减，如果能找到符合吸收大、物化性质稳定，并且能和 Ce^{3+} 实现高效能量耦合的基质，就有望获得优良的闪烁发光材料。掺铈硅酸盐和铝酸盐的发展就是基于这种设计思想$^{[2,11\sim13,24\sim26]}$。一般来说，Ce^{3+}的$5d\rightarrow4f$跃迁所得的宽峰可以分解成双峰，这是由于$4f$基态能级会因为轨道-自旋耦合而导致能级分裂。

6.2.2 闪烁透明陶瓷的优选体系

离子掺杂发光体系在生长器件用晶体的时候，由于杂质的分凝、杂质自身的团聚、杂质导致缺陷等因素，不但难以高浓度掺杂，而且晶体很容易出现能俘获激子的本征缺陷。而被俘获的电子或空穴需要获得额外的能量才能脱离陷阱，重新复合发光，这就延长了发光衰减时间。以硅酸镥体系为例，有研究指出，如果在强紫外线照射几个小时后，晶体在室温下残留荧光可以持续一个多小时。另外，晶体生长周期长，生产成本高也是实际闪烁器件应用的不利因素。更重要的是透明陶瓷除了能够克服单晶生长方面的问题，其闪烁性质完全可以达到甚至超过单晶的水平，因此离子掺杂发光体系是目前闪烁透明陶瓷的优选体系，典型的就是 Ce、Eu 和 Pr 掺杂的各种石榴石结构、倍半氧化物体系和Ⅱ-Ⅵ半导体体系。

对于自激活体系，一方面是现有的 BGO、PWO 等晶体生长中光学质量容易控制，晶体生长成本可以接受；另一方面是自激活体系是集基质和发光中心于一体的，目前已有的体系多为六方、三方、正交等非立方体系，难以满足现有透明陶瓷制备技术所需的各向同性的要求。另外单晶生长可以密封进行（如下降法），从而避免组分挥发和气体污染，这个问题对于卤化物之类的化合物更为明显，然而现有透明陶瓷制备强调超高真空排气，这必然促进了氟元素等的挥发，不但腐蚀设备，而且容易组分偏离而产生各种问题。

如前所述，自激活体系是快衰减闪烁材料中最有希望的备选，衰减时间可以低到皮秒级别，而已有的体系，如 BaF_2 和 ZnO 等在大尺寸高光学质量晶体的生长方面存在着问题，因此透明陶瓷化是解决大尺寸材料制备问题，获得超快衰减材料的有效途径。

总之，目前闪烁透明陶瓷的体系主要是离子掺杂体系。而自激活体系有待进一步开发、发展和完善。

6.2.3 倍半氧化物闪烁透明陶瓷

倍半氧化物透明陶瓷主要包括各种稀土掺杂的 RE_2O_3（RE 为稀土）基材料以及部分氧被硫所置换的硫氧化物衍生体系，如 Gd_2O_2S 等$^{[16]}$。典型的材料体系有：

（1）$(Y,Gd)_2O_3:RE$。通过在 $(Y,Gd)_2O_3$（YGO）中掺入不同的稀土离子如 Tm、Tb、Eu、Sm 等可分别获得蓝色、绿色和红色发光的 YGO 基材料，其中掺 Eu 的 YGO 是当前应用最成功的透明闪烁陶瓷[16]。这种材料综合发光性能优良，制备相对简便，化学性质稳定，缺点是衰减时间较长。

（2）Gd_2O_2S：Pr。Gd_2O_2S（GOS）在成像应用中备受青睐。因为在 X 射线激发下，Pr^{3+} 发生 $4f \to 4f$ 跃迁所得的发射峰值位于 510nm，特征衰减时间为 $3\mu s$。这种材料高的 X 射线吸收系数（$52cm^{-1}$）允许将探测元件制作得较薄，可以提高分辨率。目前通过 Ce、F 离子共掺来减少无辐射复合和俘获中心，从而降低了余辉。但该闪烁体存在的主要缺点有：

1）GOS 为非各向同性的六方晶体结构，由于双折射效应仅能做成半透明材料，同时光散射降低探测效率，逸出光还会对光探测器造成损害；

2）这种材料的辐照损伤值相对较低（约 3.0%），和 $CdWO_4$ 相当（较 YGO 和 GGG 却更高，因此成为倍半氧化物中商用 X-CT 的首选）；

3）目前常用的掺杂改进手段难以同时提升各种性能，而是厚此失彼的多，如上述的 Ce、F 双掺在降低余辉的同时也降低了光输出[16]。

（3）Lu_2O_3：Eu。Lu_2O_3 属光学上各向同性的立方晶系，吸收系数大，密度高达 $9.4g/cm^3$，其中掺杂的 Eu^{3+} 可以发生 $4f \to 4f$ 电子跃迁，属于窄带发射，发光波长位于 610nm，光输出是 CsI：Tl 的 60%。其不足在于衰减时间较长，约为 1.3ms，因此也主要用于对时间分辨要求较低的 X-CT 成像。

6.2.4 石榴石结构闪烁透明陶瓷

6.2.4.1 $Y_3Al_5O_{12}$：Ce 透明陶瓷

如前所述，$Y_3Al_5O_{12}$：Ce 发光波长在 550nm 左右，能与硅光二极管匹配且具有衰减时间快和光产额高的优点。与当前在中低能量粒子射线（电子、α 粒子、β 粒子等）探测领域应用的 CsI：Tl 单晶相比具有更快的衰减时间和更好的热力学性能，因此成为国际在热核聚变反应堆实验（ITER 等）中逃逸 α 粒子的探测用备选材料[10,16]。

T. Yanagida 等人报道了真空烧结制备不同掺杂浓度的 YAG：Ce 透明陶瓷，在 500nm 以上的可见光波段的直线透过率接近 80%，其闪烁性能与单晶相当[27,28]。随后 T. Yanagida 等人又研制出衍生物 GYAG：Ce 陶瓷闪烁体，其光产额是 YAG：Ce 闪烁陶瓷的 5 倍[29]。另外，将 Y 改成 Lu 的 LuAG：Ce 闪烁陶瓷也能够与 PMT 或 Si 半导体光监测器耦合并且具有中等的光产额和能量分辨率[30]。

6.2.4.2 $Lu_3Al_5O_{12}$：Pr 透明陶瓷

$Lu_3Al_5O_{12}$（LuAG）：Pr 是为了适应高光输出和快衰减的要求，从而应用于 PET 核医学成像系统开发出来的新型闪烁材料，T. Yanagida 等人[31]首次报道了用烧结工艺成功制备了 LuAG：Pr 透明陶瓷闪烁体。LuAG：Pr 陶瓷的 X 射线激发发射谱如图 6-4 所示，位于 313nm 处的峰位是 Pr^{3+} 离子特征的 $5d \to 4f$ 发光峰，由于是跃迁规则允许的发射，此发射带的发射强度非常强，大约是 BGO 的 50 倍。Pr^{3+} 离子的量子效率接近 1，说明制备的透明陶瓷在吸收了 X 射线后，全部转化为了 $5d \rightarrow 4f$ 跃迁发光，能量损失很小[10]。用 280nm 的激发光激发，得到 320nm 发光是近似单指数衰减的结果，拟合得到了 20.06ns 的快衰减时间数值。这与 Pr^{3+} 离子常见 $5d \rightarrow 4f$ 跃迁的衰减时间一致。

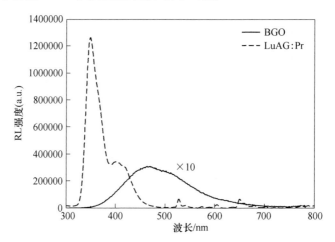

图 6-4　LuAG: Pr 透明陶瓷和 BGO 晶体的 X 射线激发发射光谱[10]

（为了清晰起见，BGO 发射光谱人为扩大到 10 倍）

6.2.4.3　$Gd_3Ga_5O_{12}$: Cr,Ce 透明陶瓷

$Gd_3Ga_5O_{12}$（GGG）虽然也是立方的石榴石结构，但是由于晶体结构十分复杂，因此不但 GGG 陶瓷很难制备，而且产品中含有较多的缺陷，降低了发光效率。就发光机制而言，通常以 Cr^{3+} 或 Ce^{3+} 作为 GGG 闪烁陶瓷的发光中心。Cr^{3+} 处于 GGG 相对较弱的晶体场中，其宽带发射（$^4T_2 \rightarrow ^4A_2$）的中心波长为 730nm，余辉衰减 0.14ms，如果共掺杂 Ce^{3+}，由于 Ce^{3+} 的空穴俘获和 Ce^{4+} 的电子俘获作用，抑制了基质晶格中的缺陷浓度，因此可有效抑制余辉，降低辐照损伤。但是，和前述的硫氧化物类似，Ce^{3+} 掺杂后也会增加非辐射跃迁的比例，降低了光输出。

6.2.5　其他闪烁透明陶瓷

闪烁透明陶瓷作为闪烁单晶的替代物，其研究随着闪烁单晶的发展而发展。一般情况下，当大单晶生长遭遇困难而透明陶瓷又有可能实现时，相应的透明陶瓷形态材料就得到了重视，从而丰富了闪烁透明陶瓷家族。目前除了倍半氧化物和石榴石化合物及其衍生物外，也出现了其他类型的闪烁透明陶瓷，典型的就是 LSO 和铪酸盐等。

Ce 掺杂的 Lu_2SiO_5（LSO）因为高光输出、高 γ 射线阻止功率和快响应速度有望用于 PET 等医学成像设备。目前已经采用纳米技术和热等静压（HIP）技术制备了 LSO 透明陶瓷[32,33]，其光产额为 30100ph/MeV，仅比 LSO:Ce 晶体低了 6%~7%，当分别以 ^{22}Na 和 ^{137}Cs 为激发源时可以达到的能量分辨率为 15% 和 18%，而衰减时间均为 40ns，因此在 γ 射线探测和医学成像上的确具有应用潜力。

碱土铪酸盐 $MHfO_3$（M = Ca，Sr，Ba）属于各向同性的立方钙钛矿结构，通常掺杂 Ce^{3+} 作为发光中心，所得的闪烁体具有密度大、衰减快、光输出较高的优点。其中 $SrHfO_3$:Ce 是该系列闪烁陶瓷中性能最优秀的材料，最大发射波长为 390nm，光产额约为 20000ph/MeV，衰减时间为 40ns[34]。而 $BaHfO_3$:Ce 虽然密度更大（$8.35g/cm^3$），但其透光性较差，仅为半透明状态，因此其光输出较低。

6.2.6 国内闪烁透明陶瓷简介

国内目前的透明陶瓷研究主要集中在激光透明陶瓷领域（第 5 章），在闪烁透明陶瓷方面展开探索的团队比较少。这主要在于当前闪烁透明陶瓷的商用价值远远不如激光透明陶瓷，仍然是闪烁晶体占据主要地位。另外，如前所述，闪烁体的研究与传统发光的研究既有相似之处，更有重要区别，在设备上要求更高，如需要高能辐射源、纳秒级衰减寿命测试平台等，而目前相关设备的商业化普及度远远比不上激光透明陶瓷研究所需的各类设备和光源，这就进一步限制了相关研究的开展。

目前国内闪烁透明陶瓷的主要研究单位就是中国科学院上海硅酸盐研究所。在激光透明陶瓷的基础上，他们重点选择石榴石结构闪烁透明陶瓷作为研究方向，除了大尺寸 YAG:Ce 透明陶瓷的闪烁体研究（见图 6-5），2005 年在国际上首次报道了 LuAG:Ce 透明陶瓷的研究，成功制备出高光学质量的 LuAG:Ce 闪烁陶瓷（2mm 厚度的陶瓷样品在 550nm 处的透过率接近 80%）。2014 年，通过优化制备工艺，利用二价离子共掺策略，设计制备了闪烁性能优于相应单晶，光产额高达 21900ph/MeV，慢发光分量显著减少的 LuAG:Ce,Mg 闪烁陶瓷[12]。这是第一次在国际上报道二价离子共掺策略在石榴石结构中获得的积极结果，也是国内首次实现陶瓷的光产额高于相应的单晶。该方面的研究工作应邀在 2013 年国际会议 ISLNOM-6 上做了大会报告，获得国际同行的广泛关注。另外，在 LuAG:Pr 透明陶瓷的制备探索和性能研究方面也取得了进展，目前样品的光学透过率在 310nm 以上的可见光区达到 75% 以上，优于日本文献报道的结果（70%）[31]，并且衰减时间中快衰减成分大于 75%，高于晶体最高报道值 45%，已经达到国际领先的水平，同时初步开展了成像实验，将制备的 LuAG:Pr 透明陶瓷加工成

1.9mm×1.9mm×10mm 的棒条，组装成 4×4 阵列单元，用聚四氟乙烯高反射材料包裹，样品相互之间隔光处理，硅脂耦合到光电倍增管，采集的散点图如图 6-6 所示，16 根闪烁体位置清晰可辨[1]。

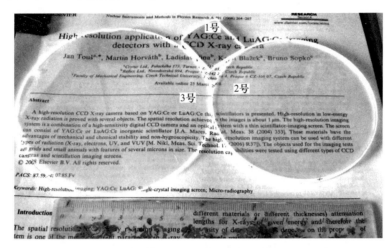

图 6-5 大尺寸的 YAG:Ce 陶瓷实物照片（双面抛光）

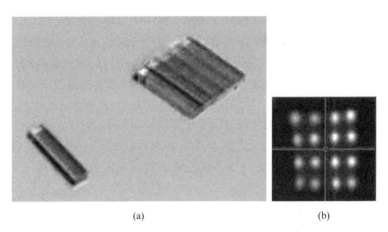

|(a)|(b)|

图 6-6 加工后的 LuAG:Pr 透明陶瓷棒条（a）及其所组成陶瓷阵列成像的散点图（b）[1]

然而，与激光透明陶瓷方面的差距相似，国内的闪烁透明陶瓷研究同样存在着基础与应用上的不足。早在 2012 年，日本 Konashima 公司报道的通过共沉淀法制备的 LuAG:Pr 陶瓷已经超过了单晶的水平，比单晶高 20%[35]，其光产额达到了 (21800±1100)ph/MeV，对 γ 射线的能量分辨率也达到 4.6%。至于倍半氧化物闪烁透明陶瓷方面，国外公司更是已经在 CT 成像机开始了商业应用，而国内仍处于实验室研究阶段。因此，国内在闪烁透明陶瓷的基础研究和商业应用方面还需要加快发展。

6.3 闪烁透明陶瓷的应用及趋势展望

6.3.1 闪烁透明陶瓷的应用

闪烁透明陶瓷的应用领域与常规闪烁体类似，主要包括高能物理、医学成像、安全反恐和工业生产等领域。

（1）高能物理。闪烁体在高能物理研究中发挥着极其重要的作用，在高能物理或离子物理中，电磁量能器是探测离子的基本工具，而其核心就是闪烁体。例如瑞士日内瓦欧洲核子研究中心的大型强子对撞机，其电磁量能器就是采用七万多根大尺寸钨酸铅晶体做成，而去年欧洲核子中心报道的 Higgs 粒子的发现就是基于中科院上海硅酸盐研究所提供的钨酸铅（PWO）晶体作为关键性探测材料[1,36]为基础的，该成果结束了关于物质质量起源的争辩。另外，随着美国超级超导对撞机（SSC）、欧洲核子中心大型强子对撞机（LHC）等大型高能物理实验装置建造以及更新升级工作的进行，对高性能的电磁量能器有了更加迫切的需要，而这些设备的核心同样是以单晶和陶瓷为主的闪烁体。

（2）医学成像。20 世纪 70 年代初问世的电子计算机断层扫描（CT）技术使放射医学产生了革命性的变化，用于临床诊断的 X 射线 CT 扫描机（X – CT）已是常规医疗设备，它特别适用于肿瘤检查和诊断，其中的 X 射线探测器的核心材料就是 NaI: Tl 和 BGO 等闪烁体。此外，正在迅速壮大的正电子发射断层扫描（PET）是将带有放射性同位素的标记药物注入人体，使人体成为正电子放射源。当正电子俘获负电子就发出 γ 射线，由于人体的不同组织对 γ 射线吸收能力不同，这样通过装在扫描机中的闪烁体就能将 γ 射线在人体内的分布信息记录下来，再通过电脑处理后，就能在分子水平上反映人体是否存在生理或病理变化，这种 PET 技术对冠心病、肿瘤、癫痫等疾病的检查具有独特的优势。在 PET 全机中，闪烁体的成本占到总成本的 $1/4 \sim 1/3$。

（3）安全反恐。安全反恐中需要及时发现旅客携带的易爆物品，国际恐怖分子企图用于讹诈恐吓或劫持飞机的隐蔽爆炸物乃至不法分子利用集装箱走私的武器、爆炸物、毒品和贵金属等，目前有效准确的方法就是基于高能射线探测的技术，同样需要采用闪烁体来实现对射线的探测。以机场安检为例，行李箱所通过的设备包含了高能辐射源（X 射线或者中子束）和基于闪烁体的探测器，当行李箱被高能辐射透过后，不同物体对高能辐射的吸收不同，通过分析透射过后的辐射强度在空间的分布，就能够清晰显示出物件的立体形状，从而有助于发现液体炸药、管式刀具和金属枪支等暴力工具。因此，世界各国在重要活动或者关键设施中均采用装有闪烁体的安检设备来预防或者减少恐怖行为，如 2008 年北京奥运会期间，北京市 5 条地铁运营线路共 93 座车站设立的 180 个安检点就使用了 400 台以上的 X 光安检设备。

（4）工业生产。工业生产方面闪烁体的应用也是基于成像技术，根据辐射源的不同，其应用的场合也不一样。如采用 X 射线的工业 CT 对被测物体可以实现无损探测，其速度快、空间分辨率和密度分辨率高，而且在许多应用场合中是常规的超声探伤等方法所不能取代的，例如热轧无缝钢管的在线质量监测以及发电机组的汽轮机在高温高压运行状态下的安全检查等。而采用 α 射线的探测器则可以用于油井勘探，遥测深达数千米的石油钻井中的地层特征，从而判断有无石油，具体储量以及能否从岩层中开采出来等资源情况，这也称为"核测井"技术，世界上石油勘探中有 1/3 是核测井的贡献。

总之，闪烁体可以用于将不可见的高能射线转化为可见光或者进一步通过光电转换成为电信号以便进行各种数据分析处理的一切场合。

需要指出的是，闪烁材料在实际应用中必须以材料的性能指标作为前提，如由于人体所能允许承受的射线剂量有严格的限制，同时 PET 探测系统现有的空间和时间分辨率不高，因此要求闪烁体具有较高的光输出（大于 8500ph/MeV）并且具有较快的衰减常数（小于 100ns）等特点，这样现有的 BGO 晶体就不能满足下一代 PET 系统的要求，目前已经转向高光输出快衰减 LuAG: Pr 石榴石闪烁陶瓷的研究。又如利用核测井技术时要求闪烁晶体具有较好的能量分辨率（较高的光输出），更重要的是要求其具有很好的温度特性（耐高温）和抗震动等力学特性。这一方面目前还是单晶为主，因为单晶结构规整，因此光谱受声子弛豫等影响而发散的程度小，能量分辨率就高，而且温度特性也比较好（单晶是能量最低的体系）。显然，闪烁透明陶瓷能超越单晶的优势更主要的是在于替代那些性能优异却难以单晶化，或者难以获得大尺寸而又高光学质量的单晶体系，这也是目前闪烁透明陶瓷集中于石榴石结构和倍半氧化物等体系，而 $Bi_4Ge_3O_{12}$ 和 $PbWO_4$ 等仍然集中于单晶生长的原因（尽管后者也具有高级对称晶系的结构）。

6.3.2   闪烁透明陶瓷的趋势展望

闪烁发光材料已经广泛应用于人类生活、生产和科研活动。但是，现有的闪烁材料仍然存在缺陷，而且技术的进步和生活质量的提高又对闪烁材料的性能提出更高的要求。如医用层析成像，要更有效地提高时间分辨率和空间分辨率，就需要闪烁晶体同时具有快速衰减、高光产额、大吸收系数的性质，但目前各种闪烁晶体都难以同时达到这三个优点。另外，确保闪烁发光的稳定性是探测器所获信息稳定和真实可靠的关键因素。而在高能射线辐照下，能否长期稳定使用就取决于材料发光机制中缺陷起作用的程度，但是缺陷研究尚无成熟的理论规律。此外，闪烁透明陶瓷与激光透明陶瓷类似，目前也是以石榴石 $RE_3Al_5O_{12}$ 以及倍半氧化物 RE_2O_3（RE 为稀土）立方体系为主。前者的典型例子就是 $Lu_3Al_5O_{12}$: Ce，$Lu_3Al_5O_{12}$: Pr，后者的典型例子有 Lu_2O_3: Yb[37]，也有非主流的氟化物陶瓷，如

CeF$_3$[2] 等。而且在发光上存在的问题与激光陶瓷类似，即虽然闪烁陶瓷的发光已经持平甚至优于单晶，但是相对于理想单晶的周期性结构，多晶本质更容易产生各种缺陷，其中最主要的就是晶界等第二相，从而会产生慢衰减以及余辉。这也是目前闪烁探测器，尤其是面向高速高能辐射成像的探测器仍以单晶材料为主的主要原因。因此今后闪烁透明陶瓷迫切需要解决的问题除了积极开发新型体系以外，探讨非理想晶体结构对发光性能的影响，从而找到降低余辉、减少慢衰减成分以及提高发光能量分辨率的途径也是重要任务之一。

就前述关于闪烁透明陶瓷两大体系的发展来说，自激活体系的设计和改进主要基于如下原则：

（1）本征离子或基团是高效的高能射线能量吸收和转移单元。

（2）本征离子或基团具有合适的激发态能级分布，能够最大限度利用吸收的高能射线。

（3）外来缺陷、离子和基团对结构的调制作用能导致发光中心能级结构的变化。

相对于其他闪烁发光材料体系，自激活体系的改进范围比较狭窄，因为本征发光的存在和主要地位难以改变，这就限制了在其他体系常用的各种技术手段，如掺杂等的作用效果。

至于离子掺杂发光的闪烁透明陶瓷体系，其发展主要有三个方面：发光中心、基质和透明陶瓷制备工艺。如前所述，除了基于稀土离子（如 Ce^{3+} 和 Pr^{3+}）的 $5d \rightarrow 4f$ 跃迁具有发光强度大和纳秒量级的快衰减特性来作为快衰减高光产额闪烁体的发光中心并且寻找合适的基质外，研究制备工艺，以便尽量减少各种缺陷和第二相，从而克服当前闪烁透明陶瓷慢衰减以及余辉的缺陷也是今后离子掺杂发光闪烁透明陶瓷体系研发的重点。

参 考 文 献

［1］沈毅强. 高光输出快衰减 Pr: LuAG 石榴石闪烁陶瓷的制备与研究［D］. 上海：中国科学院大学上海硅酸盐研究所，2013.

［2］李伟. CeF$_3$ 透明闪烁陶瓷的制备及其性能研究［D］. 上海：中国科学院大学上海硅酸盐研究所，2013.

［3］Nikl M，Vedda A，Laguta V. Single－Crystal Scintillation Materials［M］. Springer Berlin Heidelberg，2010.

［4］Nikl M，Vedda A，Fasoli M，et al. Shallow traps and radiative recombination processes in Lu$_3$Al$_5$O$_{12}$: Ce single crystal scintillator［J］. Physical Review B，2007，76：19512119.

［5］Nikl M，Mihokova E，Pejchal J，et al. Scintillator materials—Achievements，opportunities， and puzzles［J］. IEEE Transactions on Nuclear Science, 2008, 55（32）: 1035～1041.

［6］ Rodnyi P A. Physical processes in inorganic scintillators［M］. Russia: CRC Press, 1997.

［7］ Rodnyi P A, Dorenbos P, Vaneijk C. Energy – loss in inorganic scintillators［J］. Physica Status Solid B – Basic Research, 1995, 187（1）: 15～29.

［8］ Vasilev A N. Polarization approximation for electron cascade in insulators after high – energy excitation［J］. Nuclear Instruments & Methods in Physics Research Section B—Beam Interactions with Materials and Atoms, 1996, 107（1～4）: 165～171.

［9］ Hofstadter R. The dection of gamma – rays with thallium – activated sodium iodide crystals［J］. Physical Review, 1949, 75（5）: 796～810.

［10］ 潘裕柏, 李江, 姜本学. 先进光功能透明陶瓷［M］. 北京: 科学出版社, 2013.

［11］ Luo Z, Jiang H, Jiang J, et al. Microstructure and optical characteristics of Ce: $Gd_3(Ga, Al)_5O_{12}$ ceramic for scintillator application［J］. Ceramics International, 2015, 41（1, Part A）: 873～876.

［12］ Liu S, Feng X, Zhou Z, et al. Effect of Mg^{2+} co – doping on the scintillation performance of LuAG: Ce ceramics［J］. Physica Status Solidi（RRL）—Rapid Research Letters, 2014, 8（1）: 105～109.

［13］ Nikl M, Kamada K, Babin V, et al. Defect engineering in Ce – doped aluminum garnet single crystal scintillators［J］. Crystal Growth & Design, 2014, 14（9）: 4827～4833.

［14］ Lupei A, Lupei V, Gheorghe C, et al. Multicenters in Ce^{3+} visible emission of YAG ceramics［J］. Optical Materials, 2014, 37: 727～733.

［15］ Greskovich C, Duclos S. Ceramic scintillators［J］. Annual Review of Materials Science, 1997, 27: 69～88.

［16］ 赵新华. 固体无机化学基础及新材料的设计合成［M］. 北京: 高等教育出版社, 2012.

［17］ Gorokhova E I, Anan'eva G V, Demidenko V A, et al. Optical, luminescence, and scintillation properties of ZnO and ZnO: Ga ceramics［J］. Journal of Optical Technology, 2008, 75（11）: 741～746.

［18］ Demidenko V A, Gorokhova E I, Khodyuk I V, et al. Scintillation properties of ceramics based on zinc oxide［J］. Radiation Measurements, 2007, 42（4, 5）: 549～552.

［19］ Tanaka M, Nishikino M, Yamatani H, et al. Hydrothermal method grown large – sized zinc oxide single crystal as fast scintillator for future extreme ultraviolet lithography［J］. Applied Physics Letters, 2007, 91: 231117.

［20］ Simpson P J, Tjossem R, Hunt A W, et al. Superfast timing performance from ZnO scintillators［J］. Nuclear Instruments and Methods in Physics Research Section A: Accelerators, Spectrometers, Detectors and Associated Equipment, 2003, 505（1, 2）: 82～84.

［21］ Derenzo S E, Weber M J, Klintenberg M K. Temperature dependence of the fast, near – band – edge scintillation from CuI, HgI_2, PbI_2, ZnO: Ga and CdS: In［J］. Nuclear Instruments and Methods in Physics Research Section A: Accelerators, Spectrometers, Detectors and Associated Equipment, 2002, 486（1, 2）: 214～219.

［22］ Rodnyi P A. Progress in fast scintillators［J］. Radiation Measurements, 2001, 33（5）:

605 ~ 614.

[23] Nikl M, Yoshikawa A, Vedda A, et al. Development of novel scintillator crystals [J]. Journal of Crystal Growth, 2006, 292 (2): 416 ~ 421.

[24] 赵景泰, 王红, 金滕滕, 等. 闪烁晶体材料的研究进展 [J]. 中国材料进展, 2010 (10): 40 ~ 48.

[25] Edgar A, Bartle M, Varoy C, et al. Structure and scintillation properties of cerium – doped barium chloride ceramics: effects of cation and anion substitution [J]. IEEE Transactions on Nuclear Science, 2010, 57 (32): 1218 ~ 1222.

[26] Dorenbos P. Light output and energy resolution of Ce^{3+} – doped scintillators [J]. Nuclear Instruments and Methods in Physics Research Section A: Accelerators, Spectrometers, Detectors and Associated Equipment, 2002, 486 (1, 2): 208 ~ 213.

[27] Yanagida T, Takahashi H, Ito T, et al. Evaluation of properties of YAG: Ce ceramic scintillators [J]. IEEE Transactions on Nuclear Science, 2005, 52 (53): 1836 ~ 1841.

[28] Yanagida T, Takahashi H, Ito T, et al. Evaluation of properties of YAG: Ce ceramic crystal scintillators [M]. New York: IEEE, 2004.

[29] Yanagida T, Roh T, Takahashi H, et al. Improvement of ceramic YAG: Ce scintillators to $(YGd)_3Al_5O_{12}$: Ce for gamma – ray detectors [J]. Nuclear Instruments and Methods in Physics Research Section A: Accelerators, Spectrometers, Detectors and Associated Equipment, 2007, 579 (1): 23 ~ 26.

[30] Mares J A, D'Ambrosio C. Hybrid photomultipliers their properties and application in scintillation studies [J]. Optical Materials, 2007, 30 (1): 22 ~ 25.

[31] Yanagida T, Yoshikawa A, Ikesue A, et al. Basic properties of ceramic Pr: LuAG scintillators [J]. Nuclear Science, IEEE Transactions on, 2009, 56 (5): 2955 ~ 2959.

[32] Jellison G E, Specht E D, Boatner L A, et al. Spectroscopic refractive indices of monoclinic single crystal and ceramic lutetium oxyorthosilicate from 200 to 850nm [J]. Journal of Applied Physics, 2012, 112: 635246.

[33] Wang Y M, van Loef E, Rhodes W H, et al. Lu_2SiO_5: Ce optical ceramic scintillator for PET [J]. IEEE Transactions on Nuclear Science, 2009, 56 (32): 887 ~ 891.

[34] Weber M J. Scintillation: mechanisms and new crystals [J]. Nuclear Instruments and Methods in Physics Research Section A: Accelerators, Spectrometers, Detectors and Associated Equipment, 2004, 527 (1, 2): 9 ~ 14.

[35] Yanagida T, Fujimoto Y, Kamada K, et al. Scintillation properties of transparent ceramic Pr: LuAG for different Pr concentration [J]. Nuclear Science, IEEE Transactions on, 2012, 59 (5): 2146 ~ 2151.

[36] Bhat P C. Observation of a Higgs – like boson in CMS at the LHC [J]. Nuclear Physics B – Proceedings Supplements, 2013, 234: 7 ~ 14.

[37] Yanagida T, Fujimoto Y, Yagi H, et al. Optical and scintillation properties of transparent ceramic Yb: Lu_2O_3 with different Yb concentrations [J]. Optical Materials, 2014, 36 (6): 1044 ~ 1048.

7 稀土 LED 用透明陶瓷

7.1 LED 及其材料

7.1.1 LED 简介

电－光转换是现代照明的主要模式，第一代电光源就是白炽灯和卤钨灯等热辐射光源，大量电能以热的形式被浪费掉，而第二代以日光灯和荧光灯为代表，利用紫外线激发荧光粉发光，可以称为冷光源，另外还有介于二者之间的汞灯、钠灯和金属卤化物灯等偏高能的高强度气体放电灯（有人将其看做是第三代电光源，不过这类光源主要用于城市照明等特殊场合，与民居使用关系不大）。这些光源都具有能耗大、寿命短，而且对环境有污染的问题。因此随着能源短缺和环境污染问题的加重，绿色节能照明技术的研究和应用越发得到人们的重视，而 LED 则是其中的佼佼者，有人甚至提出"白炽灯泡照亮了 20 世纪，而 21 世纪将被 LED 灯照亮"。

LED 是发光二极管（light emitting diode）的简称，作为一种可以实现电－光转换的固态半导体器件，其核心是一个半导体芯片。因为单纯由半导体芯片产生电致发光只能得到有限的颜色，所以需要利用这些光作为入射光源，激发荧光材料产生其他色光，从而扩展发光器件的使用范围，作为照明光源的白光 LED 就是基于这种设想的产物。由于荧光材料最终是与半导体芯片一起封装成器件的，因此整体仍称为 LED，不再加以区分。

最早的 LED 是 1962 年，GE，Monsanto 和 IBM 的联合实验室研发的发红光的半导体化合物磷砷化镓（GaAsP），随后在 1965 年诞生了全球第一款商用 LED，光效大约为 0.1lm/W。1994 年，日本科学家中村修二以 GaN 为基片研制出蓝色发光芯片（获得 2014 年诺贝尔物理学奖），标志着以三基色芯片混合或者蓝光芯片激发荧光粉等获得白光 LED 时代的开始。目前白光 LED 的光效已经超过200lm/W，大大高于白炽灯，正向荧光灯逼近，LED 的应用向高效率照明光源市场跨越即将成为现实[1,2]。

LED 的分类方法很多，如根据发光强度可以将 LED 分为普通亮度 LED（发光强度小于 10mcd）、高亮度 LED（10~100mcd）和超高亮度 LED（发光强度大于100mcd）。而根据功率则可以分为小功率 LED（0.04~0.08W）、中功率 LED（0.1~0.5W）和大功率 LED（1~500W）。

相比于其他电光源，LED 具有很多优势[1~4]：体积小、耗电量低（相同照明效果比传统光源节能 80% 以上）、使用寿命长（固体冷光源，使用寿命可达 6

万～10 万小时，比传统光源寿命长 10 倍以上）、高亮度低热量（冷光源）、环保（无汞和有害物质污染，无紫外线，属于绿色照明光源）、多色彩（利用荧光粉和芯片，基于红、绿、蓝三基色原理可产生成千上万种色彩，实现丰富多彩的显色效果）以及坚固耐用（封装在环氧树脂里面）。目前 LED 已经广泛用于交通信号灯、大屏幕显示屏、背光灯、汽车灯（如尾灯和转弯灯等）、高速公路信号灯、特种照明和城市照明等领域。另外，由于 LED 光源是低压微电子产品，因此可以作为半导体光电器件用于计算机技术、网络通信技术、图像处理技术、嵌入式控制技术等各种高新技术中。

7.1.2 LED 基本参数

衡量 LED 及其相关材料除了常规的发光材料性能参数外，还要重视如下与照明显示领域相关的特殊参数。

（1）色坐标。色坐标就是光源发出的光呈现的颜色在色度图上的坐标。目前常用的色度图是国际照明委员会（CIE）在 1931 年制定的，如图 7 - 1 所示[5]。

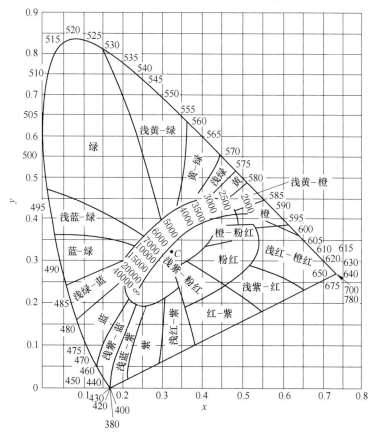

图 7 - 1　CIE 1931 色度系统[5]

由于色度图的制定中定义红、绿、蓝三基色即 R、G 和 B 各自的比例系数满足 R + G + B = 1，因此色坐标只需要两个数值即可，如图 7 - 1 中，x 轴坐标值为红基色所占比例，而 y 轴坐标值为绿基色所占比例，图中并没有 z 轴色度坐标（即蓝基色所占的比例）。

由于任何颜色都可以用三基色比例加以规定，因此每一个颜色在色度图中都有确定的位置。在 CIE1931 色度图中，红光波段在色度图的右下部，绿光波段在图的左上角，而蓝紫光波段在左下部。图下方的连接 400nm 和 700nm 的直线，是光谱上所没有的、由紫到红的系列。靠近中心 C 点的是白色光，相当于中午阳光的光色，其色度坐标为 $x = 0.3101$，$y = 0.3162$[1,3,6]。

（2）色温。色温的定义源自黑体辐射。所谓的黑体就是光线无法逃逸，因此从外部观察是漆黑一团的物质，具体实验时可以用一个开有很小的小洞的空腔来模拟。黑体在升温的时候会辐射出电磁波，随温度增高，波长越来越短，即从红外线向可见光过渡，因此一个光源的色温就定义为与其具有相同光色之"黑体"所具有的绝对温度值（单位为 K）。显然，色温越高，光线中蓝色成分越多，红色成分相对越少。普通白热灯泡的色温为 2700K，而日光灯的色温为 6000K。严格来说，黑体辐射给出的是连续光谱，因此色温的定义适合于白炽灯等波长连续的光源，但是不适合于发光峰离散分布的，如气体放电灯和 LED 等，因此就有了相关色温的概念。

如果光源的光辐射所呈现的颜色与黑体在某一温度下辐射的颜色接近时，黑体的温度就称为该光源的相关色温，同样用绝对温度"K"为单位。这类光源的发射光谱一般为非连续光谱，与黑体辐射的连续光谱不能完全吻合。

总体来说，色温（或相关色温）在 3300K 以下的光源，颜色偏红，为暖色光。色温大于 5300K 时，颜色偏蓝，为冷色光。通常气温较高的地区，人们多采用的光源色温高于 4000K，而气温较低的地区则多用 4000K 以下的光源[1]。

（3）发光效率。光源所发出的总光通量（单位为流明，即 lm）与该光源所消耗的电功率（瓦，即 W）的比值，称为该光源的发光效率，代表光源将所消耗的电能转换成光的效率，其单位就是 lm/W。发光效率一般简称为光效。

（4）显色指数。光源照射下物体在人眼中能呈现其真实颜色的程度称为光源的显色性。如红光照明下物体颜色会偏红，其显色性就不好。对于相同光色的光源，光谱范围较广的光源相对能提供比较好的显色品质，当光源的发射光谱中很少或者缺乏物体在基准光源下所反射的主波时，会使颜色产生明显的色差，色差值越大，光源对该颜色的显色性也越差。因此 LED 光源的显色指数本质上是发光谱峰连续宽范围分布的判据。

为了对光源的显色性进行定量的评价，引入显色指数的概念。以标准光源为准，将其显色指数定为 100，其余光源的显色指数均低于 100。显色指数用 R_a 表示，R_a 值越大，光源的显色性越好[1]。不同的环境对照明光源的显色指数有不同的要求，在传统光源中发光效率和显色性始终是矛盾的，即显色性好的光源其发光效率较低，而 LED 光源的优点是既可将发光效率提高，又可同时提高显色性，因此是更先进的照明光源。

（5）工作电流/电压。LED 及其材料性能测试还要注意芯片的外加电流和电压问题。普通小功率 LED（0.04 ~ 0.08W）的正向极限（IF）电流多在 20MA，功率越大，IF 的值就越大，如 1W 的 LED 是 350MA，而 3W 是 750MA，具体应当以产品规格参数为据。另外，使用 LED 还要注意电压问题。一般给出的是正向电压，即 LED 的正极接电源正极，负极接电源负极，而电压与发光颜色有关系，对于普通小功率 LED，红、黄、黄绿的电压是 1.8 ~ 2.4V 之间，而白、蓝、翠绿的电压是 3.0 ~ 3.6V 之间，具体以厂家提供的数值为准。其中特别要注意的是芯片的反向电压，即所允许加的最大反向电压，因为一旦超过此值，发光二极管就可能被击穿损坏。

（6）发光强度。发光强度是光源在给定方向的单位立体角中发射的光通量，单位为坎德拉，即 cd。由于发光强度是针对点光源而言的，或者发光体的大小与照射距离相比比较小的场合，因此这个参数是表明发光体在空间发射的会聚能力的。可以说是发光功率与会聚能力的一个共同的描述。形象说来，发光强度越大，光源看起来就越亮，同时在相同条件下被该光源照射后的物体也就越亮。需要注意的是，用发光强度来表示"亮度"存在着一个问题，即如果管芯完全一样的两个 LED，会聚程度好的发光强度就高。

（7）光通量。光源在单位时间内发出的光量称为光源的发光通量，单位流明，即 lm。这个参数用来描述光源发光总量的大小，与发光功率等价。需要说明的是，光通量是与人有关的物理量，其具体数值来自人眼对光的响应，因此与客观的能量功率有区别，或者说人眼对不同颜色的光的感觉决定了光通量与光功率的换算关系。如对于人眼最敏感的 555nm 的黄绿光，1W = 683lm，即 1W 的功率全部转换成波长为 555nm 的光，为 683lm，这是最大的光转换效率，也是定标值。而对于其他颜色的光，如 650nm 的红色，1W 的光仅相当于 73lm，而对于白色光还要看具体的组成成分，例如 LED 的白光、电视上的白光以及日光就差别很大。

7.1.3　白光 LED 的实现

依据发光学和色度学原理，以半导体单色发光芯片为基础实现白光 LED 主要有如下 3 种方案：

（1）红、绿、蓝三基色芯片组合。将蓝色 LED、绿色 LED 和红色 LED 芯片组成一个像素就可以实现白光发射。这种白光 LED 的优点在于可以实现高能高亮度 LED，发光效率高，显色性能好，而且可以实现丰富多彩的颜色。但是一方面三基色芯片的光输出会随温度的升高而下降，而且不同的 LED 光输出下降程度相差很大，这就造成了色差；另一方面这种三芯片组装和控制方式非常复杂，短时间内难以下降到照明市场可以接受的成本，只能用于景观照明等特定的场合。

（2）紫光 LED 芯片激发红绿黄混合荧光粉。将紫光 LED 芯片和能被紫光激发的单一基质或者三基色荧光粉（如红粉 $Y_2O_2S: Eu^{3+}$、蓝粉 $BaMgAl_{10}O_{17}: Eu^{2+}$ 和绿粉 $ZnS: (Cu^+, Al^{3+})$ 等）组装成光源来实现白光发射。这种方案的优点是成本低、制备简单、颜色容易调配、色彩均匀性好。但当前紫光 LED 芯片的成本仍然较高，而且单一基质荧光粉还未成熟，使用三基色或者多基色荧光粉不但对涂覆要求高，而且还要求各色荧光粉的光衰性能一致，即随时间变化，发光强度下降要一致，这在实际上是很难达到的，因此同样存在着色漂的问题。另外，所用的荧光粉种类越多，其中寿命或者易老化的品种就制约了 LED 的实际寿命。

目前商用稀土三基色荧光粉，即具有窄发射带（450nm、550nm 和 610nm）的三种荧光粉分别是蓝粉（$BaMg_2Al_{16}O_{27}: Eu^{2+}$）；绿粉（$MgAl_{11}O_{19}: Ce^{3+}, Tb^{3+}$）和红粉（$Y_2O_3: Eu^{3+}$）。

（3）蓝光 LED 芯片激发黄光荧光粉。由于红光和绿光组合近似为黄光，因此以蓝光芯片激发黄光荧光粉可以得到白光 LED，此时一部分蓝光被荧光粉吸收，激发荧光粉发射黄光，剩余的蓝光和发射的黄光混合，通过荧光材料来调控蓝光和黄光的强度比，可以得到各种色温的白光。

这种方案早在 1996 年就由日亚实现了商业化，也是最早商业化的白光 LED，采用的黄光荧光粉就是 $Y_3Al_5O_{12}: Ce$。它在 465nm 附近具有较强的宽带吸收，其发射波长在 530nm 附近，能与蓝色 LED 芯片组合形成白光。但传统的 $Y_3Al_5O_{12}: Ce$ 发光光谱中，红光成分比例偏低，因此所得的其实不是严格的白光。另外，商业化的蓝光芯片与黄色荧光粉组合的 LED 颜色还会随驱动电压、工作温度和荧光粉层厚度改变，造成显色指数低和白光不自然，因此相关的改进就成为白光 LED 材料研究的重点。现有的其他非荧光粉形态的黄色发光材料，如陶瓷、单晶、玻璃乃至玻璃陶瓷也主要是 YAG 或衍生体系[1]。

目前利用电 - 光转换实现白光的新兴方式还有有机 LED（简称 OLED）和基于纳米技术的碳纳米管 LED 和量子点发光二极管等，不过这些技术还需要进一步完善，有兴趣的读者可以参阅相关文献[3,4,6]。总体而言，由于发光器件服役时要长期受短波紫光、蓝光作用，而且没有转化为光的电能会以废热的形式存在，功率越大，废热就越多，而有机物或者基团本身的热和光稳定性就较差，容易氧化老化。另外，有机染料等易与封装剂发生反应也会降低器件寿命，加上杂环原料的大量使用还会带来污染和安全问题，这些都限制了有机宽带发光材料的应用，因此纯无机物相材料在照明方面更占优势，也是研究与开发的重点。

7.1.4　LED 发光材料

LED 发光材料从形态上可以分为荧光粉和块体发光材料两大类。目前荧光粉是主要角色[7]，而块体发光材料主要集中于玻璃陶瓷领域[8~14]，晶体和透明陶瓷也有发展，不过仍以 $Y_3Al_5O_{12}$（YAG）体系及衍生物为主，品种单调。下面分别简要说明。

7.1.4.1　荧光粉

LED 用荧光粉品种丰富，既有石榴石、硅酸盐、磷酸盐等传统荧光粉，也有新兴的氮化物和氮氧化物[7]，具体包括黄粉的 YAG: Ce[15]，蓝粉的 $NaSrPO_4$: Eu^{2+} 和 $BaMg_{0.9}Al_{10}O_{19}$: Mn^{2+}，绿粉的 $NaCaPO_4$: Tb^{3+} 和 $Ba_3Si_6O_{12}N_2$: Eu^{2+}，红粉的 Y_2O_2S: Eu^{3+}[16] 以及新兴的 α – sialon: Eu、β – sialon: Eu、$MSi_2O_2N_2$: Eu（M = Ca, Sr, Ba）、AlN: Eu、$Sr_2Si_5N_8$: Eu 和 $CaAlSiN_3$: Eu 等[2,7,17]。其中黄粉 YAG: Ce 是目前改性材料的常用基质，主要通过组分调整的手段来改善其发射特征。如通过 Tb^{3+} 和 Gd^{3+} 部分取代 Y^{3+} 以及增加 Ce^{3+} 掺杂浓度来实现不同程度的红移，从而满足平均显色指数大于 80 的白光 LED 器件制作需要，如图 7 – 2 所示[7]。另外，通过在 Y^{3+} 位置掺杂少量 Pr^{3+} 和 Sm^{3+} 或将 Si^{4+} 引入基质也可以增强发射光谱中的红光发射，提高白光 LED 器件的显色性[1,2]，但这种组分调整发光光谱的代价就是温度热猝灭更为严重，如图 7 – 3 所示[7]。

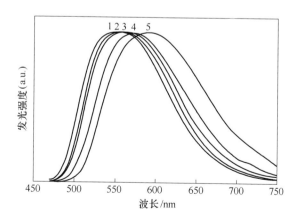

图 7 – 2　YAG: Ce 发射波长的掺杂调制（激发波长 460nm）[7]

1—$Y_{2.90}Ce_{0.10}Al_{4.60}Ga_{0.40}O_{12}$；2—$Y_{2.90}Ce_{0.10}Al_{4.80}Ga_{0.20}O_{12}$；3—$Y_{2.85}Ce_{0.15}Al_5O_{12}$；

4—$Y_{2.55}Gd_{0.3}Ce_{0.15}Al_5O_{12}$；5—$Y_{2.40}Gd_{0.45}Ce_{0.15}Al_5O_{12}$

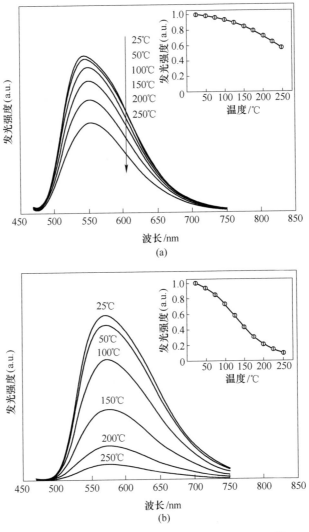

图 7-3 石榴石基荧光粉发光强度的温度依赖性[7]

(a) $Y_{2.90}Ce_{0.10}Al_5O_{12}$；(b) $Y_{2.40}Gd_{0.45}Ce_{0.15}Al_5O_{12}$

近年来基于石榴石结构组成还发展了 Ce 掺杂的若干种衍生物，具体的基质包括 $Ca_3Sc_2Si_3O_{12}$、$Lu_2CaMg_2(Si，Ge)_3O_{12}$ 和 $Mg_3Y_2Ge_3O_{12}$ 等[7]，但其性能相对于 YAG 并无明显优势，并没有改变 YAG 的主导地位。

需要指出的是，虽然表面看来目前面向 LED 用的荧光粉大多是传统荧光粉本身或者衍生物，但是不同于传统荧光材料用于 254nm 紫外光或者高能电子束（如阴极射线管），LED 所用的荧光粉是在更低的能量下激发的。因此传统的荧光粉在激发波长方面不一定适合 LED，从而仍需要开发更高效的新型荧光粉。

用作白光 LED 的发光材料应当满足如下的要求[7]：

（1）充分吸收 LED 芯片的发射光，即激发谱要同芯片的发射谱匹配。

（2）具有合适的发射光谱，如宽带有助于显色性，而窄带有助于色饱和度。

（3）高量子效率，即尽量无缺陷、高结晶度、合适的颗粒形貌和尺寸。

（4）低热猝灭（热猝灭会降低寿命，影响色坐标并且导致荧光强度的下降）。

（5）无毒且高化学稳定性。

（6）高通量激发时不会有发射饱和现象，从而促进能量转化，降低废热积累。

7.1.4.2　发光块体

已有报道的发光块体包括透明陶瓷、单晶和玻璃陶瓷[1,7,12~14,17]。采用块体发光材料与半导体芯片组装 LED 有如下的优点：

（1）可以免去涂覆工序，从而克服将荧光粉涂覆在芯片上由于加热、同有机溶剂接触等引起的荧光粉劣化问题。如 Eu 在 450℃以上容易氧化，而去除有机涂敷液的烤管工序的温度可达 550℃，时间长达 4~5min，这就使得蓝粉 $BaMg_2Al_{16}O_{27}$：Eu^{2+} 不但发射光谱不好控制，而且成品后光衰大，色温漂移严重。

（2）增加热传导作用，可用于大功率的 LED 光源。LED 中不能完全转化的能量必然要以废热的形式提高体系，尤其是发光材料的温度，这对于大功率 LED 而言，更为严重。而相比于粉末及其有机封装材料，致密块体具有更高的热导率。如铝酸镁陶瓷热导率约为有机硅的 10 倍[18]，而 YAG 的热导率（15W/(m·K)）同样远高于商业封装树脂（0.4~1.7W/(m·K)）[19]，这就使得 LED 工作中产生的热量可以更快地被传递出去，有利于降低荧光材料温度和芯片结温。实验表明，使用荧光陶瓷进行封装在提升 LED 器件光效的同时，也明显提高了白光 LED 器件的寿命[18]。

（3）块体与粉体相比，表面能非常低，因此更加稳定，从而可以克服粉体长时间使用或者在加热等条件下的退化问题。

由于 LED 属于新兴事物，因此其发光材料在早期乃至目前仍以荧光粉的研发为主，而受限于具体的技术以及成本，发光块体的发展相比要落后并且迟缓得多。因此目前常见的是容易实现且成本低廉的玻璃陶瓷体系[8~14,20,21]。图 7-4 给出了包裹 YAG：Ce 陶瓷颗粒的铝硅酸盐玻璃体系的表征结果[8]。从扫描电镜图片以及相应的电子探针分析可以看出玻璃包裹的颗粒的成分是 Y 和 Al，而 XRD 进一步表明在玻璃基质中的确存在 YAG 的晶相，因此可以明确该包裹物就是 YAG。研究发现，不同厚度的玻璃陶瓷组装好的芯片发射光谱是不同的，具体体现在双峰的比例上，其中厚度越大，来自玻璃陶瓷的发光越强，相反蓝光被吸收也越多，这样两峰的强度越接近，从而更偏于白光，而厚度越小，越偏于蓝光，如图 7 - 5 所示[8]。显然，从结构的角度看，这是必然的，因为厚度越大就意味着发光中心的数量越多，黄光不断增强，同时玻璃陶瓷基质的吸收也越多，因此芯片发出的蓝光被玻璃陶瓷基质大量吸收，降低了蓝光比例，从而整体光谱的分布更为均匀，显色性也更好。另外，加热变色实验也证明玻璃陶瓷要比荧光粉稳定得多，如图 7 - 6 所示[8]，即块体材料的确比粉体更适合于大功率照明场合。

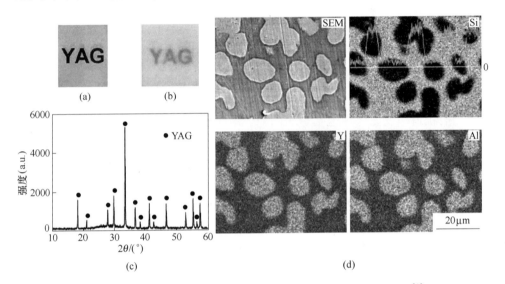

图 7 - 4   包裹 YAG: Ce 陶瓷颗粒的铝硅酸盐玻璃体系的表征结果[8]

（a）玻璃样品；（b）玻璃陶瓷样品；（c）玻璃陶瓷的 XRD 图谱；
（d）玻璃陶瓷的扫描电镜图片和电子探针结果（Si 为线扫描，而 Y 和 Al 为面扫描）

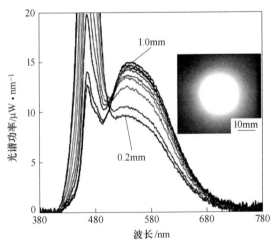

图 7 - 5   不同厚度 YAG: Ce 玻璃陶瓷的发射光谱分布比较

（由下到上，从 0.2mm 递增到 1.0mm）以及 1mm 厚样品的近白色发光照片[8]

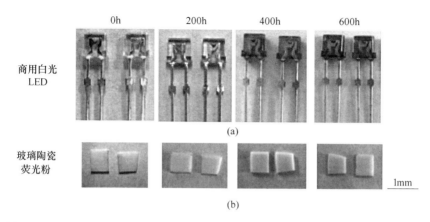

图 7-6   150℃下加热不同时间后商用白光 LED 和 YAG:Ce 玻璃陶瓷的颜色对比[8]
(a) 颜色变化：无色（0h），橙黄色（200h），浅棕色（400h），棕色（600h）；
(b) 一直为浅黄绿色，没有明显变化

目前成本较高的单晶和陶瓷是直接基于 YAG 而开发的。一方面是因为 YAG 本身就是商业化 LED 所采用的荧光粉，实用价值是显而易见的；另一方面就是 YAG 的单晶乃至透明陶瓷的制备技术都比较成熟，而且也实现了商业化，因此其在 LED 方面的研究主要就是组装和测试方面的内容，相对来说，技术可靠，成本也较低。典型实例就是华伟等人采用提拉法制备了一系列 YAG 掺 Ce 的单晶片，然后同蓝光 LED 芯片结合成 LED 并且研究了显色指数，发现同荧光粉的规律一样，Gd 等的加入同样可以调整发光的显色指数[1,22,23]。关于 YAG 基透明陶瓷将在 7.2.2 节中做进一步介绍。

7.2 典型 LED 透明陶瓷

7.2.1 LED 封装及其与透明陶瓷的关系

与荧光粉直接涂覆在半导体芯片上的方式不同，透明陶瓷等块体在封装 LED 的时候可以直接作为固体层放在半导体芯片上，构成光源框架的一部分，具体可以参见图 7-7[7]。从图中可以看出，半导体芯片处于聚焦灯罩的底部，其发出的光线入射到其上方的陶瓷层上，一部分光线会透过透明的陶瓷层，而其他则被陶瓷层吸收，转化为废热和更长波长光，然后这些长波光线与透射过陶瓷层的那部分芯片光组合成最终的光谱，即 LED 的发光。

基于图 7-7 的构造，一个明显的结论就是陶瓷的厚度必然会影响 LED 的发光性能，具体包括显色性、色温、光效等。根据比尔定律，光线在物体中的吸收与厚度为指数关系，因此陶瓷越厚，半导体芯片发出的光必然被吸收得越多，而且这种衰减是按指数变化的，这就意味着陶瓷厚度是有限的，过厚的陶瓷的上方部分就不会有半导体芯片光的照射了。另外，如果 LED 发光也需要半导体芯片光来组合（如蓝光芯片和 YAG: Ce），那么基于上面的讨论，与玻璃陶瓷的结果一致[8]，随厚度增加，由于蓝光和黄光相对比例的变化，LED 发光必然从偏蓝往黄光过渡，中间有望逼近白光。

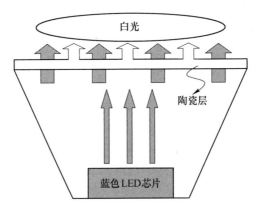

图 7-7　透明陶瓷与蓝光芯片封装成白光 LED 的框架示意图[7]

另外，图 7-7 的构造必然要求透明陶瓷除了对自身的发射光必须"透明"，即自吸收要尽量少，而且对半导体芯片的发射光的吸收系数也必须适当，因为如果吸收系数太大，透明陶瓷就要做得很薄，会提高加工成本，而且器件也不坚固。反过来，如果吸收系数过小，透明陶瓷就要做得很厚，此时要保持高透明性就超过了目前的技术水平（目前透射率超过 80% 的一般是 1mm 左右）。

此外，透明陶瓷在 LED 中除了起到封罩的作用，同时也是一个散热层，如果陶瓷的散热效果不好，除了自身会温度过高，也会使得灯罩内的芯片温度升高，从而劣化芯片。

因此，虽然透明陶瓷片用于 LED 时在封装上更为简易，没有荧光粉繁杂的工序，但是其组装架构对材料也提出了特定的要求，这点是选择和设计 LED 用透明陶瓷时必须注意的。

7.2.2　LED 用 YAG 透明陶瓷

最早报道 YAG 透明陶瓷在 LED 方面的应用是日本京都大学的 Nishiura 等人。他们在 2008 年的"AA. Rare - Earth Related Material Processing and Functions"论坛上报道了以不同厚度的掺 Gd 的（Y, Gd）AG: Ce 同蓝光芯片组装成 LED 的发光结果，具体研究了厚度对显色性、发射光谱、吸收光谱、色坐标和流明效率等的影响[7,24]。研究发现厚度为 0.632mm 的样品最为理想，不但在可见光范围内的透过率为 70% ~80%，而且最为接近白光理论色坐标值（0.33，0.33），如图

7 - 8 所示[24]，流明效率为 73.5lm/W。需要指出的是，S. Nishiura 等人当时制备的透明陶瓷仍存在很多气孔，如图 7 - 9 所示[24]，因此仍存在进一步改进的空间。

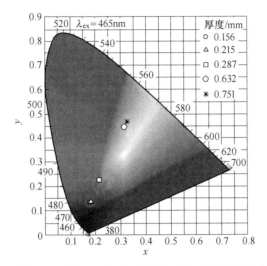

图 7 - 8　基于 YAG∶Ce 透明陶瓷和蓝光芯片的
LED 所得发光色坐标随厚度的变化[24]

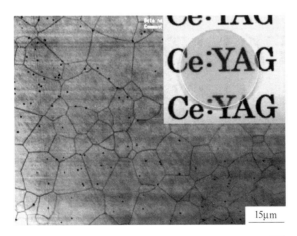

图 7 - 9　YAG∶Ce 透明陶瓷的激光聚焦显微镜图片[24]
（内置图为镜面抛光后的样品）

在 S. Nishiura 等人的研究基础上，国内外掀起了研究基于 YAG∶Ce 透明陶瓷的 LED 应用的热潮。典型的有 N. A. Wei 等人进一步讨论了不同浓度 Ce 掺杂对色坐标及发光强度的影响，发现仍然符合"钟形曲线"的规律，即浓度必须适当，厚度也必须适当，如图 7 - 10 所示[25]。

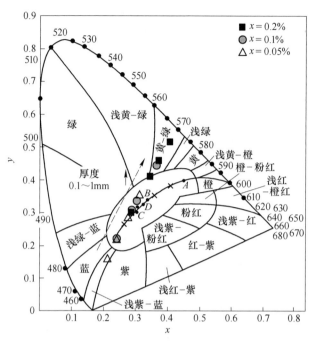

图 7 - 10　基于不同厚度（0.1～1mm）以及不同掺杂浓度的 YAG: Ce
透明陶瓷和蓝光芯片的 LED 所得发光的色坐标[25]

　　另外，Y. Shi 等人也在其 YAG 基透明陶瓷发展的基础上报道了 YAG 掺 Ce
透明陶瓷在不同厚度和浓度下与蓝光芯片组装成白光的应用[19,26]。所得发光接
近白光，虽然与目前商业 LED 的显色性仍有差距，如图 7 - 11 所示[26]，但是

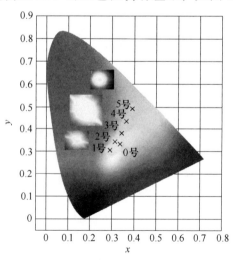

图 7 - 11　不同厚度 YAG: Ce 透明陶瓷与蓝光芯片组装而成的 20W LED 的色坐标[26]
（样品分别标识为 1 号～5 号，0 号为 20W 涂覆荧光粉的商业 LED）

证明了透明陶瓷块体在大功率应用上面的确占有优势，其中发光强度随温度的下降要比商业荧光粉型的 LED 慢。另外在热损耗方面，他们以热成像仪记录表面温度，发现大功率（20W）时，商业粉在 12min 内升到了 160℃，而 0.5mm 厚的透明陶瓷样品封装的 LED 为 150℃，1.5mm 厚的则为 135℃，这就意味着在热效应方面，透明陶瓷块体要比荧光粉更好一些，的确更适用于大功率领域[26]。

7.2.3 LED 用组合透明陶瓷

虽然单层透明陶瓷可以通过调整厚度以及掺杂来改善最终的发光分布，从而改变显色性、色坐标、光效等性质，但是这种改动的效果要受到基质的限制，因此类比荧光粉组合的模式，联合不同基质透明陶瓷来组成更高质量的光色也是一种有效的手段。如周圣明等人[27]就采用组合 YAG:Ce 和 YAG:Pr 的方法来获得高品质的白光。该组合透明陶瓷结构由上下两层透明陶瓷黏合构成，如图 7-12 所示：上层为 $(Pr_xY_{1-x})_3Al_5O_{12}$；而下层为 $(Ce_yY_{1-y})_3Al_5O_{12}$，其中 x 和 y 的取值范围都是 $0.0003 \sim 0.06$，采用蓝光芯片激发该复合透明陶瓷的时候，下层透明陶瓷产生的黄光与上层透明陶瓷产生的红光以及透过的蓝光混合成高品质白光，从而得到更高的显色指数，色温更为温和。

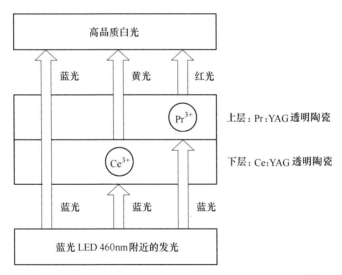

图 7-12　组合结构透明陶瓷与蓝光芯片的封装示意图[27]

另外，S. M. Zhou 等人进一步考虑了双掺发光中心的复合模式，将 Ce 和 Cr 同时掺杂进 YAG 中制成了透明陶瓷，得到更偏于红光的光色，然后采用双层组合模式与蓝光组合，得到了目前报道的最接近白光理论值的色坐标，如图 7-13 所示[28]。

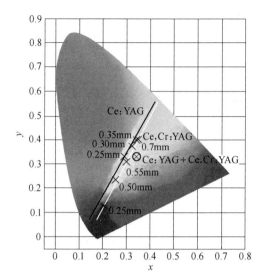

图 7 - 13   基于不同厚度的 YAG: Ce 和 YAG: Ce, Cr 各自单层以及
双层透明陶瓷组合与蓝光芯片的 LED 所得发光的色坐标[28]

需要指出的是，虽然组合结构透明陶瓷能够获得更好的显色性和更均匀的发光分布，在白光方面具有优势，但是有两个主要问题是需要克服的：第一个就是组合荧光粉或者非单一基质发光材料会碰到的"短板问题"（即 LED 的实用性取决于物理与化学性能最差的发光组分，具体参见 7.1 节）；第二个就是组合结构增加了透射厚度，促进了吸收，同时还加重了热传导问题，因此会对蓝光的有效利用和器件的热稳定性等产生不利的影响。最后，复合结构透明陶瓷还提高了 LED 器件的成本。

7.2.4 其他 LED 用透明陶瓷

除了 YAG 等石榴石基透明陶瓷的 LED 应用探索，近年来，其他已经透明陶瓷化的体系在 LED 发光材料方面的潜在应用也得到了重视。主要的材料体系就是倍半氧化物和氧化铝。

Q. H. Yang 等人制备了 $Y_{1.8}La_{0.2}O_3$: Eu 透明陶瓷，并研究了不同掺杂浓度的红光强度以及陶瓷的微结构[29]。虽然他们没有进一步封装 LED，但是却给出了透明陶瓷在单色光，尤其是荧光粉体系严重缺乏的红光领域的应用价值。其研究的重要意义就在于相比于红粉中化学不稳定却不得不大量应用的含硫氧化物，倍半氧化物透明陶瓷的稳定性是相当高的，所得的 LED 器件的热稳定性和寿命必然远高于目前商业红粉封装的 LED 器件，而且还适用于大功率光源。

E. H. Penilla 等人最近报道了 Tb 掺杂的 Al_2O_3 透明陶瓷的制备以及蓝白发

光现象，如图 7 - 14 所示[30]。需要指出的是，E. H. Penilla 等人的研究成果对于 LED 发光透明陶瓷的发展具有重要的价值，除了给出一种候选材料的制备方法以及相应的性质研究，最主要的是该样品是单一基质同时具有蓝光和绿光成分，而且在紫光激发下能实现蓝白光输出[30]。这就为目前透明陶瓷的 LED 器件研究主要集中在蓝光芯片＋黄光或者改性黄光透明陶瓷领域，而在紫光激发三基色发光材料领域少有进展的局面提供了重要的指导。可以预期今后基于基质的 LED 用透明陶瓷的研究将日益受到重视，从而获得单一基质的白色发光透明陶瓷。

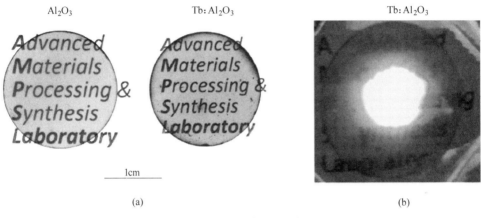

图 7 - 14   Al$_2$O$_3$ 和 Tb: Al$_2$O$_3$ 透明陶瓷的实物（a）以及 Tb: Al$_2$O$_3$
透明陶瓷的发光图像（b，355nm 激发）[30]

7.3   LED 用透明陶瓷的最新进展及趋势展望

7.3.1   LED 的战略意义

伴随全球化石资源日趋枯竭，能源消费逐渐紧张以及环境污染持续加重，LED 照明由于具有节能、环保和寿命长的优点得到了国内外的重视，世界各大国相继出台各种方针、计划和政策来推动 LED 的研发与应用，甚至以政府补贴的形式大力扶持在经济利润上仍处于劣势的新生 LED 产业，以行政手段强制传统白炽灯和日光灯这两类高耗能或者重污染的照明方式逐步淡出。如从 2000 年开始，美国就大力推行以固态照明技术研究计划（SSL）为核心的一系列 LED 产业政策；日本则更早，在 1998 年就启动了"21 世纪光计划"，研发高新 LED 技术，抢占知识产权高地。我国也在 2003 年正式启动"国家半导体照明工程"，随后在 2010 年进一步发布了《国务院关于加快培育和发展战略性新兴产业的决定》，将 LED 产业定位于重点培育和发展的战略性新兴产业。

作为 21 世纪的光源，LED 产业市场前景的确十分诱人。从赛迪传媒统计数据看，2010 年全球 LED 产值已经达到 96 亿美元，比 2009 年增长了 10.6%。根据我国半导体照明产业"十二五"规划，2015 年我国的产业规模将达到 5000 亿元[31]（实际是 4245 亿元，详见《2015 年中国半导体照明产业数据及发展概况》）。这些数据有力地证明了 LED 产业极为重要的经济战略地位。

另外，LED 产业发展的重要性也可以从上海市政府的相关作为中得到证明。由上海市政府及其下属部门推出的有关 LED 研发和产业化的计划就有上海市科委 2006 年度"登山行动计划"项目（半导体照明工程及光电子专项）、上海市科委 2010 年度"科技创新行动计划"（光电子与半导体照明专项）、上海市 2012 年度"科技创新行动计划"（半导体照明示范应用工程）和上海市 2013 年度"科技创新行动计划"（LED 相关技术标准和基础研究项目）。同时，半导体照明已经纳入上海中长期科学和技术发展规划纲要（2006 ~ 2020 年），目标就是要建立精品上海——铸造自主产权，提供升级换代的产品。总之，LED 的发展已经被上升到国家战略的层次，对于经济和民生都有重要意义。

7.3.2 LED 发光材料的地位及前景

LED 行业的发展可以利用知识产权的代表，即 LED 相关专利的动态变化来反映。2002 年后全球 LED 专利迅猛增长，2007 ~ 2008 年在发明人数和数量方面达到峰值，而 2009 年则开始下滑[32]，这表明 LED 产业已经进入基于前一阶段发展的成熟期，要避免技术过早进入衰退期，就必须开始新一阶段的诞生与发展，因此当前正处于新阶段即将飞跃发展的前夜。

目前 LED 行业有三条创新主线：光效、芯片衬底和发光材料[33]，前两者已经演化为商业竞赛，光效竞赛是尽力提高每瓦的流明数量。芯片衬底是开发硅衬底，与蓝宝石和碳化硅衬底并行。荧光材料的研发则是面向高发光效率和易匹配性（甚至免封装）方向发展。

基于 Web of Science 数据库所查的专利数据，统计 LED 发光材料相关专利的年度分布如图 7 - 15 所示。从图中可以明显看出，2008 年后发光材料相关专利稳中有升，这与其他学者总结的 LED 专利在 2008 年后明显下降形成了鲜明对比[32]。参考 2008 年之前的迅速增长阶段，可以明确发光材料相关专利经过一段时间的快速发展，一方面进入了发展的瓶颈阶段，亟需突破，另一方面相对于 LED 相关专利的明显下降，作为子集的发光材料相关专利能维持高数量并且缓慢增加，清楚地表明发光材料研发在当前 LED 产业中的关键地位，即今后一段时间内发光材料领域的竞争是 LED 行业的主潮流。可以说，发光材料知识产权的建立与发展是目前 LED 行业知识产权的主流，也是当前 LED 行业竞争获胜的关键。

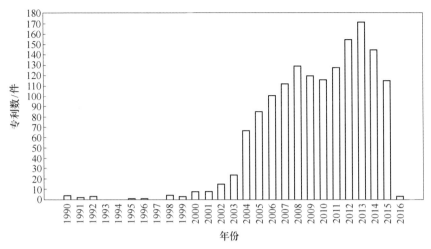

图 7 – 15　LED 发光材料专利年度件数统计图（截至 2016 年 3 月 31 日）

出于经济利益考虑，各类研究机构在有巨大经济价值的技术上取得突破时，一般不发表学术文章，而是迅速申请专利进行保护，因此，调研 LED 相关发光材料的专利能够指导发光材料的研发方向。

根据近年来发表的专利可以看出，发光材料的创新方向除了采用各种手段提高发光材料的发光效率、色温、色坐标、热稳定性、色稳定性等指标，同时也重视与芯片的易匹配性，如发光材料的形态、颗粒制备及涂层技术也是专利的主角。在发光材料体系中，除了专注于硫化物、氟化物、氮化物、氮氧化物、氧化物和含氧酸盐体系外，也有相当一部分专利申请保护混合发光材料，即将各种光色的发光材料采用新型技术获得混合产物，产生白光输出。另外传统的钇铝石榴石掺铈的发光材料通过新型合成、新型封装和新型复合等方式也申请了一批专利，其中就包含了透明陶瓷的形态。因此，透明陶瓷 LED 发光材料的研究是当前 LED 发光材料乃至整个行业发展的主流领域之一。

7.3.3　LED 发光材料对我国的意义

传统的 LED 产业链中，上游由芯片及其外延构成，中游是芯片加工，下游则是封装测试与应用构成，因此我国在相当长的一段时间内，将芯片与外延片的制备提高到国家战略的地步，认为是赚取高利润的关键环节以及技术水平的代表。但不容置疑的是，一方面芯片及外延乃至芯片加工涉及的技术复杂，研发投入十分庞大，既是经费密集型领域，更需要有尖端的技术和先进的管理，而这三者中，我国虽然可以在经费投入上不断加大力度，但是技术和管理的先进是靠积累的，不可能短时间内实现，因此，这几年在芯片以及外延的上游和中游环节，我国仅仅是外企的加工厂或者代理生产车间。另一方面，如前所述，当前 LED

三大创新主线中与芯片相关的只有衬底材料，其他两个与荧光材料直接相关。从科学研究的角度看，与芯片及外延乃至加工需要复杂昂贵的合成、加工和表征设备，苛刻的生产、测试和封装环境以及与之对应的先进管理方式等要求不同，荧光材料的研发具有所需投入小，可以团队作战，也可以单独摸索，研发方式灵活多变，非常适合于我国目前的科研与产业现状，容易涌现各种先进的材料成果。

另外，无论属于产业链的任何一端，只要是基于自主知识产权并且占据较多市场份额，那么在经济利润和行业导向上是占有同等地位的。如 IT 行业中做芯片的英特尔、做系统的微软、做硬盘的西部数据乃至做集成的戴尔在整个 IT 产业链上的重要性以及利润掌握程度都没有太大差异。我国 LED 行业的现有成绩，尤其是 2012 年 LED 产业的衰退，表面上是没有进入上游或中游，实际上是缺乏自有知识产权以及伴随知识产权而获得的市场份额。

因此，在荧光粉专利方面加大投入并取得突破，建立自有知识产权并居于国际产品高端是我国在 LED 产业方面摆脱外企主导的最可行的途径。

7.3.4 LED 对透明陶瓷的需求

目前 LED 发光材料的瓶颈问题其实就是各种发光设计本质上都基于一个理想化的前提——"除了组分和发射光谱，不同材料的其余性质应尽量相同"，如材料老化、化学稳定性、吸收光谱、光产额等，从而满足组合/复合材料服役时的匹配性、稳定性和长寿性等方面的需要。但是实际发光材料组合是难于满足这个假设的，必须在单一基质中才能实现。如Ⅲ－Ⅴ族半导体芯片为基础的白光 LED 就是一个典型：要实现白光辐射，发蓝光的 GaN 芯片必须配合绿色和红色荧光粉，而掺 In 工作在紫外波段（近 400nm）的 InGaN 则需要组合红、绿和蓝三种发光粉。这种传统技术先天存在着基于多组分共存的寿命多样、难加工、颜色均匀性差等固有缺点，而且颜色会随驱动电压、工作温度和荧光粉的衰变而改变，因此开发新型无机 LED 发光材料是解决当前白光照明中组合/复合型发光材料问题的关键。

另外，目前 LED 发光材料存在的问题也体现在荧光粉这种材料形态的缺点上，主要有：

（1）粉体自身特有的电荷吸引导致的颗粒团聚很难有效避免，而且荧光粉与封胶的密度不同会引起荧光粉的沉淀效应，从而使得涂覆后的荧光粉分布和分散不均匀，最终 LED 出射光不均匀，出现色彩偏差，即光色一致性差，显色指数不理想。

（2）荧光粉中高效红粉还局限于硫化物或者硫氧化物，如果以高表面比例的粉体存在，其潮解氧化的概率更高，从而影响发光效率。

（3）由于粉体颗粒小，表面结构不规则又占据主要比例，因此光线在粉体中会被充分吸收，虽然表面看来有助于发光，但是实际上产生的废热增加。而且如果要利用芯片的发光（如蓝光 + 荧光粉组合），那么芯片发光会有额外的损耗，这一方面不利于大功率 LED 照明，另一方面也提高了能耗。

（4）大功率白光 LED 的功耗大，使用温度高，会产生很大的热效应，而荧光粉在较高的温度环境下容易产生热温度猝灭和老化，量子效率降低，光衰增大，不但难以用于大功率场合，还导致白光 LED 的寿命变短。

（5）荧光粉涂覆过程采用环氧树脂与硅胶，其导热效率低，在芯片产生高温时散热性能差，热量不能及时扩散，导致温度升高，从而封装用的环氧树脂与硅胶容易老化，这也降低了 LED 的寿命，同时还不适应大功率 LED 的发展需求。

（6）对我国来说，目前可被蓝光激发白光 LED 荧光粉中，稀土石榴石、硫代镓酸盐、碱土硫化物、碱土金属铝酸盐、卤磷酸盐、卤硅酸盐以及氟砷（锗）酸镁等七大类的专利技术几乎都被国外垄断，现在市场的 LED 荧光粉基本上来自日本、美国以及中国台湾，其他国内企业只能在夹缝中寻求新发光材料的突破。

综上所述，由于透明陶瓷属于块体，而且结构致密，因此可以克服荧光粉的不足，既可以获得更好的 LED 寿命，也能满足大功率 LED 的要求。另外，相比于块体的单晶和玻璃陶瓷而言，透明陶瓷要比单晶的生长成本低，同时发光中心浓度要比单晶和玻璃陶瓷都高，这就意味着结构可以做得更为紧凑，单位体积光通量会更大。而且相比于玻璃，陶瓷由于晶粒堆积致密，原子排列规则，因此能耗低，热导率好，在大功率 LED 照明方面更占优势。

因此，积极发展新型白光 LED 透明陶瓷不仅适应国内外 LED 发光材料，尤其是大功率 LED 发光材料的需求，而且也是我国在 LED 发光材料中获得并扩大自主知识产权的重要途径之一。

7.3.5 白光 LED 透明陶瓷的展望

目前白光 LED 透明陶瓷主要是基于已有透明陶瓷和商业荧光粉的研究成果，致力于将 YAG 及其衍生物的稀土掺杂透明陶瓷与半导体芯片组合成各种 LED 照明光源的研究，而且仍然以黄粉 YAG：Ce 透明陶瓷化为重。近年来主要的两个发展方向是：新型透明陶瓷体系的研究，如 E. H. Penilla 等人报道了蓝绿发光的 Al_2O_3：Tb 透明陶瓷[30] 以及已有透明陶瓷材料（主要是 YAG）的掺杂改性[7,18,19,26,27]。后者的研究本质上延续了荧光粉的研究思路，即在 YAG 等基质上掺杂各种元素来调整光色和余辉，目前除了获得一批新型白光 LED 用的陶瓷材料，还开发了显色长余辉透明陶瓷材料。

值得注意的是，白光 LED 透明陶瓷发展缓慢的关键在于透明陶瓷制备，尤其是非立方晶系材料的透明陶瓷化仍未完善，如果按照当前透明陶瓷对材料结构对称性的特殊要求，既要满足高对称性，又要满足 LED 发光的现有材料很少，这也是目前只能集中于已经实现透明陶瓷化的立方晶系的石榴石结构的主要原因。从这一点出发，白光 LED 仍然以"芯片 + 荧光粉"的模式为主的确是成本与技术综合考虑后的结果。但可以预料的是，由于 LED 发光对于块体荧光材料的需求以及透明陶瓷在发光块体材料中的优势，相信随着新型透明陶瓷材料和制备技术的发展，白光 LED 透明陶瓷必将成为 LED 发光材料的骨干力量。

参 考 文 献

［1］ 陈伟. 白光 LED 用新型 Ce: YAG 单晶荧光材料制备及显色性能研究 ［D］. 郑州：郑州大学，2013.

［2］ 李梦娜. 白光 LED 用钨/钼酸盐基荧光粉的制备及发光性能 ［D］. 上海：上海大学，2013.

［3］ 史光国. 半导体发光二极管及固体照明 ［M］. 北京：科学出版社，2007.

［4］ 徐家跃，杜海燕，胡文祥. 固体发光材料 ［M］. 北京：化学工业出版社，2003.

［5］ CIE1931 色度系统与 CIE XYZ 色度系统. http：//www. icsourse. com/Chip － forum/1138. html.

［6］ 徐叙瑢，苏勉曽. 发光学与发光材料 ［M］. 北京：化学工业出版社，2004.

［7］ Xie R，Mitomo M，Hirosaki N. Ceramic lighting ［M］//Ceramics Science and Technology. Wiley － VCH Verlag GmbH & Co. KGaA，2013：415 ~ 445.

［8］ Chen D，Xiang W，Liang X，et al. Advances in transparent glass － ceramic phosphors for white light － emitting diodes—A review ［J］. Journal of the European Ceramic Society，2014，35（3）：859 ~ 869.

［9］ Kostova I，Okada G，Pashova T，et al. Synthesis，thermal and photoluminescent properties of ZnSe － based oxyfluoride glasses doped with samarium ［J］. 18th International School on Condensed Matter Physics：Challenges of Nanoscale Science：Theory，Materials，Applications，2014，558：012030.

［10］ Wang X F，Yan X H，Xuan Y，et al. Green － white － yellow tunable luminescence from doped transparent glass ceramics containing nanocrystals ［J］. Applied Physics A—Materials Science & Processing，2013，113（1）：41 ~ 46.

［11］ Wang X F，Yan X H，Bu Y Y，et al. Fabrication，photoluminescence，and potential application in white light emitting diode of Dy^{3+} － Tm^{3+} doped transparent glass ceramics containing $GdSr_2F_7$ nanocrystals ［J］. Applied Physics A － Materials Science & Processing，2013，112（2）：317 ~ 322.

［12］ Ye R G，Ma H P，Zhang C，et al. Luminescence properties and energy transfer mechanism of Ce^{3+}/Mn^{2+} co － doped transparent glass － ceramics containing beta － Zn_2SiO_4 nano － crystals for white light emission ［J］. Journal of Alloys and Compounds，2013，566：73 ~ 77.

［13］ Kuznetsov A S, Nikitin A, Tikhomirov V K, et al. Ultraviolet – driven white light generation from oxyfluoride glass co – doped with $Tm^{3+} – Tb^{3+} – Eu^{3+}$ ［J］. Applied Physics Letters, 2013, 102: 16191616.

［14］ Cui Z G, Ye R G, Deng D G, et al. Eu^{2+}/Sm^{3+} ions co – doped white light luminescence $SrSiO_3$ glass – ceramics phosphor for white LED ［J］. Journal of Alloys and Compounds, 2011, 509 (8): 3553 ~3558.

［15］ Pazik R, Gluchowski P, Hreniak D, et al. Fabrication and luminescence studies of Ce: $Y_3Al_5O_{12}$ transparent nanoceramic ［J］. Optical Materials, 2008, 30 (5): 714 ~718.

［16］ Gorokhova E I, Demidenko V A, Khristich O A, et al. Luminescence properties of ceramics based on terbium – doped gadolinium oxysulfide ［J］. Journal of Optical Technology, 2003, 70 (10): 693 ~698.

［17］ Xie R J, Hintzen H T. Optical properties of oxy – nitride materials: a review ［J］. Journal of the American Ceramic Society, 2013, 96 (3): 665 ~687.

［18］ 雷牧云, 李祯, 贺龙飞, 等. 白光 LED 用 $MgAl_2O_4$ 荧光透明陶瓷的制备及性能 ［J］. 硅酸盐通报, 2013 (2): 299 ~303.

［19］ 石云, 吴乐翔, 胡辰, 等. Ce: $Y_3Al_5O_{12}$ 透明陶瓷在白光 LED 中的应用研究 ［J］. 激光与光电子学进展, 2014 (5): 180 ~185.

［20］ Chen D Q, Chen Y. Transparent Ce^{3+}: $Y_3Al_5O_{12}$ glass ceramic for organic – resin – free white – light – emitting diodes ［J］. Ceramics International, 2014, 40 (9B): 15325 ~15329.

［21］ 王元生, 陈大钦. 光功能透明玻璃陶瓷研究 ［J］. 激光与光电子学进展, 2009 (3): 13 ~20.

［22］ 华伟, 向卫东, 董永军, 等. 白光 LED 用 Ce, Sm 共掺杂 YAG 单晶荧光材料的光谱性能 ［J］. 硅酸盐学报, 2011 (8): 1344 ~1348.

［23］ 华伟. 白光 LED 用 RE, Ce: YAG (RE = Pr, Sm, Eu, Gd) 单晶荧光材料的制备及光学性能研究 ［D］. 温州: 温州大学, 2011.

［24］ Nishiura S, Tanabe S, Fujioka K, et al. Preparation and optical properties of transparent Ce: YAG ceramics for high power white LED ［J］. IOP Conference Series: Materials Science and Engineering, 2009, 1 (1): 337 ~341.

［25］ Wei N A, Lu T C, Li F, et al. Transparent Ce: $Y_3Al_5O_{12}$ ceramic phosphors for white light – emitting diodes ［J］. Applied Physics Letters, 2012, 101: 0619026.

［26］ Liu G H, Zhou Z Z, Shi Y, et al. Ce: YAG transparent ceramics for applications of high power LEDs: Thickness effects and high temperature performance ［J］. Materials Letters, 2015, 139: 480 ~482.

［27］ 周圣明, 滕浩, 林辉, 等. 用于白光 LED 荧光转换的复合透明陶瓷及其制备方法: 中国, 102501478A ［P］. 2011 – 09 – 28.

［28］ Yi X Z, Zhou S M, Chen C, et al. Fabrication of Ce: YAG, Ce, Cr: YAG and Ce: YAG/Ce, Cr: YAG dual – layered composite phosphor ceramics for the application of white LEDs ［J］. Ceramics International, 2014, 40 (5): 7043 ~7047.

［29］ Lu S Z, Yang Q H, Wang Y G, et al. Luminescent properties of Eu: $Y_{1.8}La_{0.2}O_3$ transparent ceramics for potential white LED applications ［J］. Optical Materials, 2013, 35 (4SI): 718~721.

［30］Penilla E H, Kodera Y, Garay J E. Blue – green emission in terbium – doped alumina (Tb: Al$_2$O$_3$) transparent ceramics ［J］. Advanced Functional Materials, 2013, 23 (48): 6036~6043.

［31］曹晨, 吕鹏辉, 章日辉, 等. 全球 LED 技术领域文献计量分析研究 ［J］. 新材料产业, 2012 (1): 20~26.

［32］周倩. 基于专利的 LED 产业发展研究 ［D］. 北京: 北京工业大学, 2012.

［33］冯方平, 刘毅, 陈柏兴. 全球 LED 专利区域分析 ［J］. 广东科技, 2010 (21): 83~86.

8 其他稀土陶瓷

稀土氧化物除了可以作为主要组分制备稀土陶瓷外，同时还可以作为添加剂加入到不同的陶瓷材料中，从而改进陶瓷材料的烧结性、致密性、显微结构和晶相组成等，进一步提高和改善陶瓷材料的力学、电学、光学或热学性能，以满足不同场合所需的性能要求。

一般说来，稀土氧化物作为添加剂在陶瓷材料中的作用主要有如下 3 种[1]：

（1）促进烧结。陶瓷材料一般具有较高的烧结温度，很难直接通过纯相烧结达到致密化，当加入烧结助剂后，由于它在高温下可以生成液相，就能使得烧结温度大为降低，从而获得烧结致密的陶瓷材料。而稀土氧化物高温挥发性弱，可以在高温下与其他原料生成稳定的液相，甚至可以形成固溶体，从而促进陶瓷材料的烧结，因此作为有效的烧结助剂已经获得了广泛应用[2]。

（2）改变微观结构。加入陶瓷材料中的稀土可以有多种存在方式，从而改变陶瓷材料的微观结构。如存在于陶瓷玻璃相晶界上的稀土离子一方面可以作为玻璃相的组成成分，另一方面也可以形成新的第二相物质镶嵌在晶界上[3]。另外，稀土离子也可以取代陶瓷基质组分的阳离子，直接改变晶格中的原子结构。

（3）改变物化性能。稀土可以影响陶瓷的某些物理化学性能[4]，如压电陶瓷、导电陶瓷、敏感陶瓷、微波介质陶瓷等应用广泛的功能陶瓷都需要利用稀土氧化物作为添加剂来改善功能。

由于第 1 章中已经对各种稀土陶瓷做了概述，因此本章除了进一步说明稀土在陶瓷材料中的典型应用外，主要介绍玻璃陶瓷和复合陶瓷等新型复合材料。

8.1 结构陶瓷

结构陶瓷是主要利用材料力学性能的陶瓷材料[5]。它具有耐高温、耐磨、耐腐蚀、耐冲刷、抗氧化、耐烧蚀、高温下蠕变小等一系列优异性能，可以承受金属材料和高分子材料难以胜任的严酷工作环境，因此广泛用于能源、航空航天、机械、汽车、冶金、化工、电子等领域以及日常生活中[6]。与一般陶瓷的分类相似，结构陶瓷若按使用领域可分为：机械陶瓷、热机陶瓷、生物陶瓷和核陶瓷等；若按化学成分可分为：氧化物陶瓷（如 Al_2O_3、ZrO_2、MgO、CaO、BeO 和 TiO_2 等），氮化物陶瓷（如 Si_3N_4、AlN、BN 和 TiN 等），碳化物陶瓷（如 SiC、B_4C、ZrC、TiC 和 WC 等）和硼化物陶瓷（如 ZrB、TiB_2、HfB_2 和 LaB_2 等）。下面重点介绍与稀土有关并且比较重要的几类结构陶瓷。

8.1.1 氧化铝陶瓷

氧化铝陶瓷（Al_2O_3）是目前氧化物结构陶瓷中用途最广、产销量最大的陶瓷材料，典型应用领域主要包括：在机械方面的耐磨氧化铝陶瓷衬板、氧化铝陶瓷钉、氧化铝陶瓷球阀和氧化铝陶瓷切削刀具等；在电子、电力方面的各种氧化铝陶瓷基片、高压钠灯透明氧化铝陶瓷灯罩以及各种氧化铝陶瓷电绝缘瓷件等；在化工方面的氧化铝陶瓷化工填料球、氧化铝陶瓷微滤膜和氧化铝陶瓷耐腐蚀涂层等；在医学方面的氧化铝陶瓷人工骨、羟基磷灰石涂层多晶氧化铝陶瓷人工牙齿和人工关节等以及在建筑卫生陶瓷方面的微晶耐磨氧化铝球、氧化铝陶瓷辊棒、氧化铝陶瓷保护管及各种氧化铝复合耐火材料等。除此以外还有高科技领域日益广泛应用的碳纤维增强氧化铝陶瓷和氧化锆增强氧化铝陶瓷等[7]。

稀土氧化物如 Y_2O_3、La_2O_3、Sm_2O_3 等可以作为优良的表面活性物质而改善材料的润湿性能，因此可以促进 Al_2O_3 与 SiO_2、CaO 等组分的化学反应，形成低熔点的液相。并通过颗粒之间的毛细管作用，促使颗粒间的物质向孔隙处填充，降低材料孔隙率并提高致密度，在较低的温度下实现陶瓷材料的烧结。另外，由于稀土离子半径相对铝离子要大得多，难于与 Al_2O_3 形成固溶体，因此主要以玻璃相的形式存在于晶界上，能够阻碍其他离子迁移，降低晶界迁移速率，从而抑制晶粒生长，有利于小尺寸或均匀尺寸晶粒的形成。如 Y_2O_3 和 Sm_2O_3 掺量为 0.50%，La_2O_3 掺量为 0.75% 时氧化铝瓷的相对密度、强度、断裂韧性均显著提高，并且获得了晶粒尺寸较均匀的显微结构[8]。另外，稀土氧化物也可以在氧化铝陶瓷中形成稀土铝酸盐，如添加 La_2O_3 时可以形成铝酸镧（$LaAl_{11}O_{18}$），从而以第二相的形式改善 Al_2O_3 陶瓷的高温热稳定性等物理与化学性能。

8.1.2 氮化硅陶瓷

氮化硅（Si_3N_4）陶瓷具有高密度、高硬度、热膨胀系数小、耐热冲击、较高的抗蠕变性能及抗氧化、耐磨耐蚀等许多优点，是一种优良的高温结构陶瓷。由于 Si_3N_4 是强共价键化合物，熔点很高，难以靠常规固相烧结达到致密化，因此除用硅粉直接氮化进行反应性烧结外，其他方法都需加入适当的烧结助剂才能获得致密材料[9]。

在氮化硅中引入稀土氧化物能够形成复杂氧化物或氮化物等晶间相来促进烧结的发生，目前较为理想的烧结助剂是 Y_2O_3、Nd_2O_3 和 La_2O_3 等[10]。这些稀土氧化物与氮化硅粉体表面的微量 SiO_2 在高温下能反应生成含氮的高温玻璃相而促进氮化硅陶瓷的烧结。此外，不同稀土添加剂还可以调整氮化硅陶瓷的热导率，同时影响陶瓷的力学性能和电学性能等，如掺杂 $Y_2O_3 - MgO$ 后，氮化硅陶瓷的热导率可达 80W/(m·K)，弯曲强度高于 1000MPa。同时，体积电阻率高于 $10^{13}\Omega\cdot m$，介电常数小于 10 且介电损耗率低于 3×10^{-3}[11]。另外，如图 8-1 所示，同样原子数，不同种类稀土元素掺杂对氮化硅陶瓷受压破裂所得显微结构的影响是不同的[12]。从图中可以看出，Sc 和 Lu 加入后，破裂为穿晶破裂，而且紧贴晶界，分叉劈裂程度小，但是 Y 和 La 则相反，有更为明显的错开现象，意味着破裂渗透的路径要大得多。

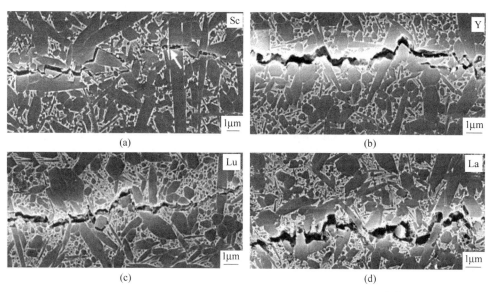

图 8-1　不同稀土掺杂时 Si_3N_4 多晶的表面受压破裂照片[12]

(a) Sc_2O_3；(b) Y_2O_3；(c) Lu_2O_3；(d) La_2O_3

8.1.3　碳化硅陶瓷

与氮化硅一样，碳化硅（SiC）也是共价键很强的化合物，其 Si—C 键的离子型仅 12% 左右，因此，它也具有优良的力学性能、优良的抗氧化性、高的抗磨损性以及低的摩擦系数等。碳化硅的最大特点是高温强度高，普通陶瓷材料在 1200~1400℃时强度将显著降低，而碳化硅在 1400℃时抗弯强度仍保持在 500~600MPa 的较高水平，因此其工作温度可达 1600~1700℃。再加上碳化硅陶瓷的热传导能力也较高，在陶瓷中仅次于氧化铍陶瓷，因此目前碳化硅已经广泛应用于高温轴承、防弹板、喷嘴、高温耐蚀部件以及高温和高频范围的电子设备零部件等领域[13,14]。

稀土氧化物如 Y_2O_3 等同样可以作为碳化硅陶瓷的烧结助剂，通过液相烧结的途径获得致密的碳化硅[14,15]。由于其液相烧结是通过玻璃相的形成来降低孔隙率，提高致密度的，因此，玻璃相的特性对烧结所得微观结构影响很大。如图

8 - 2 所示，随着 $Al_2O_3 - Y_2O_3$ 复合烧结助剂用量的增加，最大晶粒尺寸不断增大（图中分别是 2.9μm、3.7μm 和 5.6μm），当补充添加 AlN 后，由于不同于前者产生的 Al - Y - Si - O - C 玻璃体系，后者得到的是 Al - Y - Si - O - C - N 玻璃体系，具有更高的黏度，因此晶粒半径不但较小（2.6μm 左右），而且较为均匀[15]。另外，与氮化硅类似，稀土氧化物等也经常用来调整碳化硅陶瓷的电阻率[16~19]，如掺杂硝酸钇或者氧化钇烧结得到的碳化硅陶瓷的电阻率为 $10^{-3} \Omega \cdot cm$[16]，而 La_2O_3 掺杂烧结后得到的碳化硅陶瓷的电阻率可达 $3.4 \sim 450 \Omega \cdot cm$[17]。

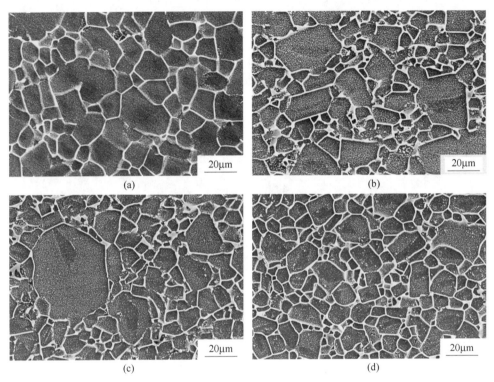

图 8 - 2　不同烧结助剂所得 α - SiC 陶瓷的微观结构图[15]
(a) 0.843% Al_2O_3 + 0.466% Y_2O_3；(b) 4.162% Al_2O_3 + 2.304% Y_2O_3；
(c) 8.197% Al_2O_3 + 4.538% Y_2O_3；(d) 0.645% AlN + 3.555% Y_2O_3

8.1.4　赛隆陶瓷

赛隆（SiALON）陶瓷是在 Si_3N_4 陶瓷基础上开发出的一种 Si - N - O - Al 致密多晶氮化物陶瓷，有 α - SiALON（简称 α′）和 β - SiALON（简称 β′）两种[20,21]。其强度、韧性、抗氧化性能均优于 Si_3N_4 陶瓷，特别适用于陶瓷发动机部件和其他耐磨陶瓷制品。稀土氧化物同样可以在较低温度下通过液相机制促进赛隆的烧结，此外，稀土阳离子还可以进入 α′ 相的晶格中，生成 RE - α′ 或者

RE$-(\alpha'+\beta')$有限固溶体,从而降低玻璃相的含量并形成晶界相,增强材料的高温性能。

就各种稀土氧化物而言,Y_2O_3是优选的烧结助剂。它在液相烧结中会形成YAG,并且1650～1750℃时可以实现$Si_3N_4-SiALON-YAG$之间的固-液平衡,从而获得致密烧结体。此外研究结果还表明,添加少量氧化钇对赛隆的抗氧化性也有很大提高。不同稀土元素对赛隆物相形成的影响并不完全相同。如利用Nd_2O_3、Dy_2O_3和Yb_2O_3作为烧结助剂制备α/β两相复合赛隆材料的实验结果表明:对于轻稀土Nd_2O_3,Nd$-$SiALON经过热处理诱发产生了大量长颗粒的$\beta-$SiALON相,从而提高了材料的断裂韧性(最高断裂韧性值达$7.0\,MPa\cdot m^{1/2}$),而重稀土Yb_2O_3则是有效的$\alpha-$SiALON稳定剂,其体系内存在大量等轴状$\alpha-$SiALON颗粒,从而获得了高达18GPa的硬度,中稀土Dy_2O_3的作用则介于轻稀土Nd_2O_3和重稀土Yb_2O_3之间[20]。

8.2 功能陶瓷

功能陶瓷是指具有电、磁、光、声、超导、化学、生物等特性甚至能够相互转化的一类陶瓷。这类陶瓷是当前先进陶瓷材料研究领域中最具活力和发展前景的组成部分,是电子、信息、计算机、通信、激光、医疗、机械、汽车、自动化、航天、核技术和生物技术等行业或技术领域中的关键材料。根据应用领域大致上可分为电子陶瓷(包括电绝缘、电介质、铁电、压电、热释光、敏感、导电、超导、磁性等陶瓷)、透明陶瓷、生物与抗菌陶瓷、发光与红外辐射陶瓷、多孔陶瓷[22]。

稀土在这类陶瓷中主要起到功能改性的作用,如在介电陶瓷中添加La、Nd、Dy等稀土元素后可以显著改变介电性能[23],在含氧酸盐磁性(铁磁性)陶瓷$BiFeO_3$中掺杂Dy和Tb能引起磁性的显著变化[24]以及稀土与Ag、Zn、Cu等过渡元素协同增效,从而增强了陶瓷的抗菌性能[25]等。当然,稀土在其中也可以作为基质组分,如钇钡铜氧超导陶瓷中的Y就参与了基质组成,不过它同样可以利用其他稀土元素进行改性,如用Nd、Sm、Eu、Gd等轻稀土取代钇钡铜氧超导陶瓷中的Y后所得超导材料的临界磁场强度显著提高,磁通钉扎力也大为增强,在电力、储能和运输等方面极具使用价值。由于这类陶瓷已经有很多优秀的专著[22],而且在第1章中已经涉及,因此这里不再赘述。

8.3 玻璃陶瓷

玻璃态属于亚稳定状态,经热处理后可以晶化形成大量的微晶体。内部含有大量微晶体的玻璃称为微晶玻璃或玻璃陶瓷。其中晶体的大小可自纳米级至微米级,数量可达50%～90%。影响玻璃陶瓷制备及最终性能的重要因素有高温黏度、玻璃化温度及晶化热处理过程中的析晶和分相等[26]。需要指出的是,在玻璃陶瓷中，晶相是从一个均匀玻璃相中通过晶体生长而产生的，而陶瓷材料中，虽然由于固相反应可能出现某些重结晶或新的晶体，但主要的结晶物质仍然是在制备陶瓷组分时引入的。与玻璃相比，玻璃陶瓷具有更高的弯曲强度和弹性模量，具体数值受到内部晶相的数量、晶粒大小、界面强度以及玻璃相和晶相之间机械和物理相容性的影响。基于玻璃陶瓷在机械强度、热膨胀性能、耐热冲击、耐化学腐蚀和低介电损耗等方面的优越性能，这类材料已经广泛用于机械制造、光学、电子与微电子、航空航天、化学、工业、生物医药及建筑等领域。目前根据化学组成可以将玻璃陶瓷分为硅酸盐玻璃陶瓷体系、铝硅酸盐玻璃陶瓷体系、氟硅酸盐玻璃陶瓷体系、磷硅酸盐玻璃陶瓷体系、硅酸铁盐玻璃陶瓷体系、磷酸盐玻璃陶瓷体系等[27]。

所谓的稀土玻璃陶瓷可以看作是在原来氧化物玻璃基础上通过添加稀土化合物制成的一种多组分、多物相材料体系，其中稀土一方面作为玻璃相的成分而存在，另一方面又会对原有的氧化物玻璃体系进行改性，从而获得特殊的电学或光学等功能特性[26,28]，其主要影响主要包括如下的三个方面：

（1）降低高温黏度。高温黏度与玻璃的熔制、澄清、成型及密度等密切相关，是获得透明玻璃的关键因素之一。一般情况下，降低高温黏度有助于熔融澄清、降低熔制温度和成型。由于稀土离子配位数高，均为高场强、高电荷的离子，在玻璃网络结构只能处于八面体中，因此当引入稀土离子时就可以破坏网络结构，降低网络连接度，从而降低体系黏度，如 CeO_2 掺杂就可以降低 $Li_2O - Al_2O_3 - SiO_2$（LAS）基玻璃陶瓷的高温黏度[26]。但如果稀土离子引入量较大时，有可能造成局部键合力较大，从而夺取四面体配位的氧离子，此时反而提高了网络连接程度，使黏度增大，在上述的例子中，CeO_2 在 0 ~ 2%（摩尔分数）范围内有利于降低高温黏度，更高的掺杂后，高温黏度又将上升。当然，这种变化规律也会受到玻璃成分的影响，有时甚至出现相反的趋势，如不同质量分数的 CeO_2 掺杂 $CaO - MgO - SiO_2 - Al_2O_3 - CaF_2 - ZrO_2 - Cr_2O_3$ 基玻璃陶瓷中，样品的高温黏度并没有随着 CeO_2 含量的增加而减小，而是一直增大。总之，稀土对玻璃陶瓷熔制过程中高温黏度的影响不仅与添加量有关，而且还会受到基础玻璃成分的影响，需要根据具体情况来做具体分析。

（2）影响析晶。所谓的析晶就是玻璃在热处理过程中通过局部离子迁移，部分玻璃相由长程无序转变为长程有序晶态结构的转变过程。由于析晶的过程必然涉及离子的迁移，因此所有可能影响离子在基质玻璃中迁移的因素，如高温黏度、原料组分、固溶、化学反应等都可能影响析晶。而稀土离子就是通过以上这些因素对析晶产生影响的[26]。

一方面，稀土离子的引入可以在不形成新相的条件下影响玻璃陶瓷的析晶和相变。这方面的典型示例包括：添加微量的 CeO_2 可显著促进 LAS 玻璃陶瓷中玻

璃相向 α - 石英和 β - 石英乃至 β - 锂辉石的转变，同时也可明显加速 CaO - MgO - SiO₂ 玻璃陶瓷中董青石主晶相的析出。在这种影响模式中，稀土最终会以固溶形式存在，具体的影响方式可以总结为如下三种：由于稀土离子半径和周围离子尺寸差异较大，从而引起畸变，为某些离子的扩散提供通道；畸变产生的应力会影响基础玻璃中某些晶相的形成和稀土离子本身占据的玻璃网络格点会成为某些离子扩散的障碍。

另一方面，稀土离子的引入也可以通过在玻璃陶瓷中形成新相来影响析晶。例如，CeO_2 可与镁铝硅钛系玻璃陶瓷中的 SiO_2 及 TiO_2 反应生成 $Ce_2Ti_2(Si_2O_7)O_4$。由于在这种氧化物玻璃中 TiO_2 是一种形核剂，因此 $Ce_2Ti_2(Si_2O_7)O_4$ 的形成必然抑制了原有的 TiO_2 的析晶过程。这种机理为稀土离子影响玻璃陶瓷的显微结构及物相组成提供了新的途径。

（3）改变性能。一般来说，微量的稀土离子可以显著改变玻璃陶瓷的析晶过程[29]，此时无论是促进析晶还是参与形成新相，所得稀土玻璃陶瓷的相组成、显微形貌以及最终的性能都将因此而改变[30]。例如，在 LAS 系玻璃陶瓷所形成的晶相中，锂辉石的热膨胀系数为正，而 β - 石英的热膨胀系数为负，根据上述 LAS 玻璃陶瓷中稀土对两相析出的影响规律就可以调节最终玻璃陶瓷中两相的含量，从而得到一系列热膨胀系数连续变化的玻璃陶瓷[26]。除此之外，稀土还可以直接影响玻璃陶瓷的性能，典型应用就是作为发光中心得到所需的发光玻璃陶瓷材料，如 Tb^{3+}/Gd^{3+} 共掺的 $45SiO_2 - 20Al_2O_3 - 10CaO - 25CaF_2$ 稀土氟氧激光玻璃陶瓷以及 Eu^{3+}、Ce^{3+}、Dy^{3+} 稀土离子掺杂的 CaF_2、SrF_2、BaF_2 基铝硅氟氧玻璃陶瓷等[26]。

8.4 复合陶瓷

复合陶瓷，即陶瓷基复合材料（ceramic matrix composites，CMCs），是以陶瓷材料为基体，以高强度纤维、晶须、晶片和颗粒为增强体所制成的复合材料，通常也称为复相陶瓷材料（multiphase ceramics）或多相复合陶瓷材料（multiphase composite ceramics）。复合陶瓷根据使用性能特性可分为结构复合陶瓷和功能复合陶瓷，目前常用的是结构复合陶瓷。它具有耐高温、耐磨、抗高温蠕变、导热系数低、热膨胀系数低、耐化学侵蚀性等优点，可以用作机械加工材料、耐磨材料、高温发动机结构器件、航天器保护材料、高温热交换器材料、高温耐蚀材料和轻型装甲材料等。

复合陶瓷中的增强体包括零维（颗粒）、一维（纤维状）、二维（片状和平面织物）和三维（三向编织体）。目前复合陶瓷的研究领域主要包括：

（1）纤维（晶须）补强陶瓷基复合材料，典型例子就是碳纳米管增强的复合陶瓷材料[31]。选择增强复合陶瓷的纤维首要注意的就是其高温力学性能，同时还要求该纤维密度低、直径小、比强度和比模量高、在氧化性气氛或其他相关气氛中具有较高的强度保持率等。典型的商业产品有美国 3M 公司生产的 Nextel720 纤维。这种纤维由 55%（体积分数）的莫来石和 45%（体积分数）的氧化铝组成，具有针状莫来石环绕细晶氧化铝的结构，可在 1300℃ 下长期使用，是国际上研究高性能氧化物增强复合陶瓷的首选增韧材料。另外，美国 General Atomics 公司生产的 YAG 单晶纤维直径大于 $100\mu m$，相对于多晶纤维来说，这种单晶纤维不存在晶粒长大导致纤维性能下降的问题，因此抗蠕变性好，使用温度超过 1400℃。但由于目前制备工艺复杂，而且产品直径大，抗剪切性能差，难以织造成织物使用，因此性价比并不好，仍有待进一步发展。

（2）颗粒弥散型复合陶瓷，即在陶瓷基体中加入不同化学组成的第二相颗粒组成复合陶瓷，例如 SiC 颗粒增强的 $SiC - Si_3N_4$ 复合陶瓷[32,33]。

（3）两种晶型组合的复合陶瓷。同一种化学组成的物质通过不同工艺得到的不同晶型或晶粒形貌等产物作为原料复合而成。

（4）梯度复合材料，也称为功能梯度材料。这种材料的组成、结构乃至性能是梯度变化的，例如陶瓷产品中一面为陶瓷，而另一面是金属，在金属与陶瓷之间有一成分梯度变化的过渡层，整体就构成了一种梯度复合材料。

对比各种增强体类型可知，虽然颗粒弥散强化陶瓷复合材料的抗弯强度和断裂韧性较差，但是制备颗粒增韧陶瓷基复合材料时，原料的均匀分散及烧结致密化都比短纤维及晶须复合材料简便易行，而且在选择合适的颗粒种类、粒径、含量及基体材料后仍然可以获得所需的高温强度和高温蠕变性能。而对于纤维（或晶须）增强的复合陶瓷，虽然可以明显改善材料的韧性，但是通常情况下所得强度模量与基体材料相当，并没有显著提高，只有在采用自身性能更好的碳纤维或碳化硅纤维等才可以不同程度增加所得复合陶瓷的强度和模量。另外，纤维增强复合陶瓷的拉伸和弯曲性能与纤维的长度、取向和含量、纤维与基体的强度和弹性模量、纤维与基体热膨胀系数的匹配程度等密切相关。由于纤维无规则排列时会造成应力集中以及热膨胀系数的不匹配，因此无规则排列纤维增强复合陶瓷的拉伸和弯曲性能有时可能低于基体材料，相反地，采用定向的连续纤维可以降低应力集中，并且提高纤维的体积含量，从而获得明显的增强效果。

与颗粒弥散强化复合陶瓷不同，纤维强化复合陶瓷需要着重关注纤维与基体的结合问题，这同样影响到所得材料的各项力学性能，其具体因素包括纤维与基体的结合强度、基体的气孔率和工艺参数等。其中纤维与基体的结合强度对韧性与强度模量的影响是相反的，即过大的结合强度会降低韧性而提高强度，而气孔率越大，韧性就越差。同样，定向纤维增强复合陶瓷材料中的剪切强度也要受到纤维与基体间的结合强度及基体中气孔率的影响，结合强度大或气孔率低的时候层间剪切强度就高。

稀土在复合陶瓷中的作用与前述各类陶瓷中的作用一致，除了促进烧结，还可以作为功能改进添加剂，通过影响最终陶瓷的晶粒形貌、晶粒尺寸、晶相的结构和化学性能等来改进性能，制备得到颗粒增强复合氮化硅陶瓷。如 Al_2O_3/SiC 复合陶瓷中，加入体积分数为 5% 的 Y_2O_3 掺杂四方 ZrO_2 可使材料断裂韧性提高 40% 左右，而且不影响其强度。而在 Si_3N_4/SiC 复合陶瓷中添加不同稀土氧化物后（Lu_2O_3、Yb_2O_3、Y_2O_3、Sm_2O_3、Nd_2O_3 和 La_2O_3）发现断裂韧性与硬度随着阴离子半径的下降而增高，从而添加 Lu_2O_3 后可以得到断裂韧性与硬度最高的产物[33]。但是与此相反，由于该复合陶瓷中，SiC 的形成是利用 SiO_2 的碳化而得到的，通过分析 La_2O_3 和 Lu_2O_3 所得产物中 SiC 的尺寸分布，可以发现前者的颗粒更细，平均 44nm，而后者则是 77nm，因此 La_2O_3 能够促进碳热反应中 SiC 成核的速度，从而大量晶核同时涌现，最终降低了晶粒尺寸，如图 8-3 所示[33]。另外，H. J. Yeom 等人也发现在 SiC-Si_3N_4 复合陶瓷中添加 Y_2O_3-Sc_2O_3 后一方面可以使 N 更有效地进入 SiC 颗粒，从而进一步提高陶瓷的电导率；另一方面可以在陶瓷中形成弯曲断裂通道，产生更有效的裂缝弥合和偏移，从而进一步提高陶瓷的断裂韧性[32]。

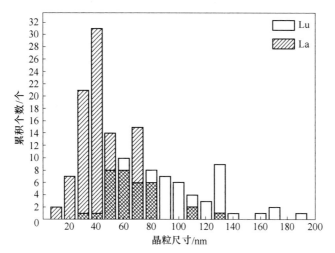

图 8-3   分别添加 La_2O_3 和 Lu_2O_3 后 Si_3N_4/SiC 复合陶瓷中纳米 SiC 颗粒的尺寸分布[33]

（同尺寸的颗粒中，用占优掺杂元素的图例表示，占少数的则在该直方图中以▨▨▨表示）

玻璃陶瓷与传统陶瓷材料一样存在着断裂韧性偏低的缺点，而且其强度更是难以同氧化铝、碳化硅等常见工程陶瓷材料相比。因此也需要利用上述各种类型的增强体以及稀土添加剂构成玻璃陶瓷复合材料，从而具有比玻璃陶瓷基体更好的微观结构，达到增强玻璃陶瓷性能的目的。近年来的研究发现对玻璃陶瓷进行纤维补强是一种有效的办法，不仅可以提高基体材料的强度，也可以提高材料的裂纹扩展抗力，从而有效降低灾害性断裂的发生，增强材料的抗疲劳强度，达到

或者超过 Si_3N_4 等结构陶瓷的力学性能。基于纤维增强玻璃陶瓷复合材料在力学性能、耐高温能力和化学稳定性等方面的独特优势，这种材料今后在高技术领域必将获得广泛的应用。

参 考 文 献

［1］付鹏，徐志军，初瑞清，等. 稀土氧化物在陶瓷材料中应用的研究现状及发展前景［J］. 陶瓷，2008，12：7～10.

［2］Noviyanto A，Yoon D. Rare – earth oxide additives for the sintering of silicon carbide［J］. Diamond and Related Materials，2013，38：124～130.

［3］Paunovic V，Mitic V V，Prijic Z，et al. Microstructure and dielectric properties of Dy/Mn doped $BaTiO_3$ ceramics［J］. Ceramics International，2014，40（3）：4277～4284.

［4］Wang Z H，Bai B，Ning X S. Effect of rare earth additives on properties of silicon nitride ceramics［J］. Advances in Applied Ceramics，2014，113（3）：173～177.

［5］郭景坤，寇华敏，李江. 高温结构陶瓷研究浅论［M］. 北京：科学出版社，2011.

［6］Bocanegra – Bernal M H，Matovic B. Mechanical properties of silicon nitride – based ceramics and its use in structural applications at high temperatures［J］. Materials Science and Engineering：A，2010，527（6）：1314～1338.

［7］陈秀峰，朱志斌，郭志军，等. 氧化铝陶瓷的发展与应用［J］. 陶瓷，2003，161：5～8.

［8］姚义俊，丘泰，焦宝祥，等. Y_2O_3，La_2O_3，Sm_2O_3 对氧化铝瓷烧结及力学性能的影响［J］. 中国稀土学报，2005（2）：158～161.

［9］Bhandhubanyong P，Akhadejdamrong T. Forming of silicon nitride by the HIP process［J］. Journal of Materials Processing Technology，1997，63：277～280.

［10］Marchi J，Silva C C G E，Silva B B，et al. Influence of additive system（Al_2O_3 – RE_2O_3，RE = Y，La，Nd，Dy，Yb）on microstructure and mechanical properties of siliconnitride – based ceramics［J］. Materials Research Bulletin，2009，12（2）：145～150.

［11］Zhang J，Ning X S，Lu X，et al. Effect of rare – earth additives on thermal conductivity, mechanical and electrical properties of silicon nitride ceramics［J］. Rare Metal Materials and Engineering，2008，37：693～696.

［12］Satet R L，Hoffmann M J，Cannon R M. Experimental evidence of the impact of rare – earth elements on particle growth and mechanical behaviour of silicon nitride［J］. Materials Science and Engineering：A，2006，422（1～2）：66～76.

［13］Lomello F B G L Y. Processing of nano – SiC ceramics：densification by SPS and mechanical characterization［J］. Journal of the European Ceramic Society，2012，32：633～641.

［14］Rixecker G，Wiedmann I，Rosinus A. High – temperature effect in the fracture mechanical behavior of silicon carbide liquid – phase sintered with AlN – Y_2O_3 additives［J］. Journal of the

European Ceramic Society, 2001, 20: 1013 ~ 1019.

[15] Kim K J, Lim K, Kim Y, et al. Electrical resistivity of α – SiC ceramics sintered with Al_2O_3 or AlN additives [J]. Journal of the European Ceramic Society, 2014, 34 (7): 1695 ~ 1701.

[16] Kim Y, Kim K J, Kim H C, et al. Electrodischarge – machinable silicon carbide ceramics sintered with yttrium nitrate [J]. Journal of the American Ceramic Society, 2011, 94 (4): 991 ~ 993.

[17] Zhan G D, Mitomo M, Xie R J, et al. Thermal and electrical properties in plasma – activation – sintered silicon carbide with rare – earth – oxide additives [J]. Journal of the American Ceramic Society, 2001, 84 (10): 2448 ~ 2450.

[18] Kim K J, Lim K Y, Kim Y W, et al. Temperature dependence of electrical resistivity (4 ~ 300K) in aluminum and boron – doped SiC ceramics [J]. Journal of the American Ceramic Society, 2013, 96 (8): 2525 ~ 2530.

[19] Siegelin F, Kleebe H J, Sigl L S. Interface characteristics affecting electrical properties of Y – doped SiC [J]. Journal of Materials Research, 2003, 18 (11): 2608 ~ 2617.

[20] 刘茜, 许钫钫, 阮美玲, 等. SiALON 基陶瓷材料制备工艺及显微结构变化对力学性能的影响 [J]. 无机材料学报, 1999 (6): 900 ~ 908.

[21] Shen Z J, Nygren M, Halenius U. Absorption spectra of rare – earth – doped alpha – sialon ceramics [J]. Journal of Materials Science Letters, 1997, 16 (4): 263 ~ 266.

[22] Kim I D. Editorial: advances in functional ceramic materials [J]. Journal of Electroceramics, 2014, 33 (1 ~ 2): 1.

[23] Pahuja P, Kotnala R K, Tandon R P. Effect of rare earth substitution on properties of barium strontium titanate ceramic and its multiferroic composite with nickel cobalt ferrite [J]. Journal of Alloys and Compounds, 2014, 617: 140 ~ 148.

[24] Koval V, Skorvanek I, Yan H X. Low – temperature magnetic and dielectric anomalies in rare – earth – substituted $BiFeO_3$ ceramics [J]. Journal of the American Ceramic Society, 2014, 97 (12): 3729 ~ 3732.

[25] Qi S Y, Huang Y L, Li Y D, et al. Probe spectrum measurements of Eu^{3+} ions as a relevant tool for monitoring in vitro hydroxyapatite formation in a new borate biomaterial [J]. Journal of Materials Chemistry B, 2014, 2 (37): 6387 ~ 6396.

[26] 李保卫, 赵鸣, 张雪峰, 等. 稀土微晶玻璃的研究进展 [J]. 材料导报, 2012 (5): 44 ~ 47.

[27] 周敏, 杨觉明, 周建军, 等. 玻璃陶瓷的研究与发展 [J]. 西安工业学院学报, 2001 (4): 343 ~ 348.

[28] Huang J, Huang Y, Wu T, et al. High efficiency white luminescence in $Tm^{3+}/Er^{3+}/Yb^{3+}$ tri – doped oxyfluoride glass ceramic microsphere pumped by 976nm laser [J]. Journal of Luminescence, 2015, 157: 215 ~ 219.

[29] Chen D Q, Xiang W D, Liang X J, et al. Advances in transparent glass – ceramic phosphors for white light – emitting diodes – A review [J]. Journal of the European Ceramic Society, 2015, 35 (3): 859 ~ 869.

[30] Suresh Kumar J, Pavani K, Graça M P F, et al. Enhanced green upconversion by controlled

ceramization of Er^{3+} – Yb^{3+} co – doped sodium niobium tellurite glass – ceramics for low temperature sensors [J]. Journal of Alloys and Compounds, 2014, 617: 108 ~ 114.

[31] Porwal H, Grasso S, Reece M J. Review of graphene – ceramic matrix composites [J]. Advances in Applied Ceramics, 2013, 112 (8): 443 ~ 454.

[32] Yeom H J, Kim Y W, Kim K J. Electrical, thermal and mechanical properties of silicon carbide – silicon nitride composites sintered with yttria and scandia [J]. Journal of the European Ceramic Society, 2015, 35 (1): 77 ~ 86.

[33] Lojanová S, Tatarko P, Chlup Z, et al. Rare – earth element doped Si_3N_4/SiC micro/nano – composites – RT and HT mechanical properties [J]. Journal of the European Ceramic Society, 2010, 30 (9): 1931 ~ 1944.

9 计算技术在稀土陶瓷中的应用

9.1 引言

现代材料研究体系繁多，如果依赖传统的炒菜式实验，很难在有限的时间内获得满意的结果，而且某些实验所需的环境条件苛刻或者昂贵，难以满足常规实验的批量操作要求，甚至缺乏合适的分析测试设备来获取现场实验数据。因此，基于现代计算机科学的发展，计算材料学应运而生。这门学科是材料科学与计算机科学的交叉，主要包括两方面：计算模拟和材料设计。前者就是基于实验数据建立数学模型，利用数值计算来模拟实际过程，而后者则是通过理论模型的建立和计算直接预测或设计材料的结构与性能。就现代材料研究而言，计算模拟有助于归纳出更高层次的理论和规律，而材料设计则促进材料开发效率的提高，使得具体的实验过程更有方向性和前瞻性。在现代材料计算中，这两部分可以组合在一起，即在材料设计的时候利用计算模拟归纳的模型，或者计算模拟的时候采用材料设计预测的数据来近似真实的客观数据，从而在受限的客观条件下尽可能获得准确的结果。

计算材料学的优势不仅仅在于对实验数据的归纳以及演绎，更重要的是能进一步模拟难以在实验室中实现的实验，如超高温、超高压和核反应堆环境条件下的实验。对于这类实验，各种材料相关的结构-性能演变规律和失效机理等难以利用具体的实验表征获得各种数据而建立起来的，只能依靠各种模型的建立以及参数的代入进行计算，利用计算结果来实现材料的设计和改善。

具体的材料计算一般都要考虑两个因素：空间尺寸因素和时间尺度因素。根据研究材料体系的不同，计算可以涉及不同层次的结构，如原子层次、晶粒层次、晶粒聚集体层次和试样层次，相应地分别称为微观、纳观、介观和宏观结构。而在考虑材料动力学方面的属性时，还要涉及从飞秒到年的时间观念，如研究分子动力学就要考虑飞秒时间范围，常规发光跃迁是纳秒到毫秒级别，而腐蚀、蠕变与疲劳等可以长达好几年。根据空间尺寸和时间尺度两个因素就可以确定具体要采用的计算方法，如原子尺度的动力学模拟可以采用分子动力学和蒙特卡罗法，试样层次的问题可以利用有限元通过建立合理的偏微分方程组、边界条件以及初始值来解决。这些方法也可以结合在一起，用于处理过渡层次的问题。表 9-1[1] 总结了现有各类计算模拟方法及其空间尺度的关系，而相应的时间尺度则取决于具体的应用，即同一空间尺度可以存在不同的时间尺度的考虑。需要指出的是，由于各种方法的发展以及联用，这些空间乃至时间尺度的划分并不是非常严格的。不过，基于背后的各种假设和近似的需要，层次差别过大的方法难以互相取代，而只能联合使用，共同实现材料的设计，这也是 2011 年美国总统奥巴马亲自发布的材料基因组计划的重心之一。

表 9 - 1   材料模拟中的各种方法和空间尺度的对应关系[1]

	空间尺度/m	模拟方法	典型应用
纳观至微观层次	$10^{-10} \sim 10^{-6}$	蒙特卡罗	热力学、扩散及有序化系统
	$10^{-10} \sim 10^{-6}$	集团变分法	热力学系统
	$10^{-10} \sim 10^{-6}$	伊辛模型	磁性系统
	$10^{-10} \sim 10^{-6}$	分子场近似	热力学系统
	$10^{-10} \sim 10^{-6}$	分子动力学方法	晶格缺陷的结构与动力学特性
	$10^{-12} \sim 10^{-8}$	第一性原理（即从头计算分子动力学方法，包括紧束缚势和局域密度泛函理论）	简单晶格缺陷的结构与动力学特性及材料的各种常数计算
微观至介观层次	$10^{-10} \sim 10^{0}$	元胞自动机	再结晶、晶粒生长、相变现象等
	$10^{-7} \sim 10^{-2}$	弹簧模型	断裂力学
	$10^{-7} \sim 10^{-2}$	顶点模型，拓扑网格模型，晶界动力学	子晶粗化，再结晶，晶粒生长，疲劳成核
	$10^{-9} \sim 10^{-4}$	位错动力学	晶体塑性，微结构，位错分布
	$10^{-9} \sim 10^{-5}$	相场动力学模型	扩散，界面运动，脱溶物的形成与粗化，多晶及多相晶粒粗化，同构相与非同构相之间的转变，第Ⅱ类超导
介观至宏观层次	$10^{-5} \sim 10^{0}$	大尺度有限元法，有限差分法，线性迭代法，边界元素法	宏观尺度下差分方程的平均求解（力学、电磁场、流体动力学、温度场等）
	$10^{-6} \sim 10^{0}$	晶体塑性有限元模型，基于微结构平均性质定律的有限元法	多元合金的微结构力学性质，断裂力学，晶体滑移，凝固
	$10^{-8} \sim 10^{0}$	集团模型	多晶体弹性

有关计算材料的详细介绍已经出版了很多论著[2~4]，本章主要介绍与稀土陶瓷关系较为密切的内容，给出基本的概念和原理，并且结合近年来的研究成果进行举例介绍。

9.2   相图与相图计算

9.2.1   概述

相图是体系相平衡的几何图示，可以为材料设计提供指导，是热力学数据的源泉。由相图可以提取热力学数据（相图的解析），而反过来，由热力学原理和数据也可构筑相图（相图的合成）。由于在现有技术条件下，即使测定一个三元系相图也需要巨大的实验工作量，因此相图计算应运而生。20世纪70年代以来，随着热力学、统计力学、溶液理论和计算机技术的发展，相图研究进入了相图与热化学的计算机耦合研究的新阶段，并发展成为一门独立的学科——计算相图（calculation of phase diagram，CALPHAD），其主要内容包括溶液（液态溶液和固态溶液）模型研究、多元多相平衡计算方法、数据库和计算软件的完善以及具有实用价值的多元体系计算相图的构筑和相图计算在材料合成与性质预测中的应用[5,6]。传统相图计算流程可以参考 Thermo – Calc 软件各模块的组合以及运行流程，如图9－1所示[5]。

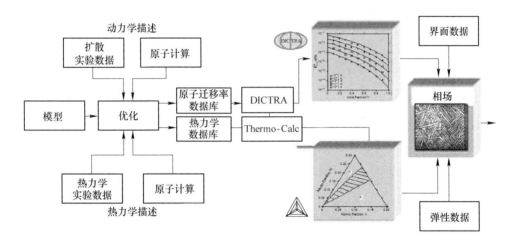

图9－1 Thermo – Calc 软件中的 CALPHAD 操作示意图[5]

与相图计算相关的软件既有免费的 Solgasmix 程序和 Lukas 程序，也有商业盈利为目的开发的 ASPEN、FACT Sage、Thermo – Calc 和 MTDATA 等[5]以及新一代的 PANDAT。由于相图计算的基础是热力学数据，因此软件要被广泛应用就必须提供尽可能多和尽可能全的热力学数据。由于 Thermo – Calc 的开发团队一方面通过商业模式收集热力学数据，另一方面还通过学术合作模式并入世界各地的研究团队自行收集的各类材料的热力学数据，而且这个软件除了能够结合热力学数据库计算实际材料的平衡状态，还能结合基于扩散方程和热力学数据而衍生建立起来的动力学数据库计算模拟材料对加工处理过程和外界环境作用的响应，更重要的是其发展目标是"傻瓜化"＋"黑箱化"，因此成为目前相图计算软件中的主流，也是国内最常用的软件。

当前相图计算的最新进展就是 CALPHAD 方法与第一性原理计算相结合以及

热力学计算与动力学模拟相结合，从而将 CALPHAD 的内涵从传统的相图和热化学的计算机耦合拓展至宏观热力学计算与微观量子化学第一性原理计算相结合、宏观热力学计算与微观动力学模拟相结合，建立新一代计算软件及其相应的新一代多功能数据库。其中重要的变化主要来自两个方面：一是热力学数据库中的数据除了继续来自实验测试，同时也利用第一性原理计算得到的结构能、生成能、相变热、自由能等热力学函数值；二是动力学数据库所需的或者所衍生的扩散系数与迁移率同样可以用量化计算的理论值来代替。当前第一性原理计算常用的软件包是 VASP。该软件包是当今国际上应用最为广泛的量子化学从头计算的大型软件，包含了多种高可信度的可以精确实现密度泛函理论（DFT）的方法。

有关相图计算的著作和文献繁多[7~11]，而且有"CALPHAD"出版，有兴趣的读者可以自行参考。下面主要介绍相图计算的实际应用例子。

9.2.2 Y–Al–O 相图的理论计算

O. Fabrichnaya 等人基于现代相图计算方法以及实验所得的热力学数据，利用 Thermo–Calc 软件计算了 Y–Al–O 三元相图，其结果与已有实验数据（主要是热分析数据）拟合得很好，如图 9–2 所示[12]。

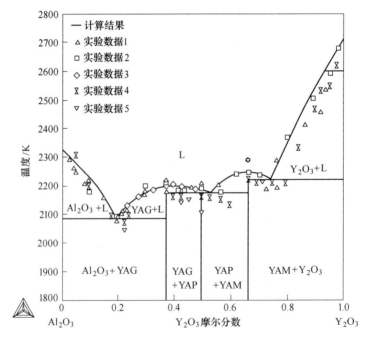

图 9–2 Al_2O_3–Y_2O_3 相图的计算和实验结果[12]

　　具体计算 Y – Al – O 三元相图时需要提出一些模型，从而将热力学数据联系起来。如计算时将吉布斯自由能作为温度的函数，当 Y 成分含量变动时 O 的固溶性用间隙固溶体模型来处理，Y_2O_3 作为纯相稳定时则用 Wagner – Schottky 固溶体模型进行建模，而液相描述则利用 Hillert 等人提出的部分离子化子阵模型等[12]。如上所述，从计算结果与实验数据的一致性可以认为这些模型的选择是合理的。

　　需要指出的是，计算结果除了表明所得相图同实验数据符合得很好，进一步计算的热力学参数，如 $Y_3Al_5O_{12}$（YAG）物相不同温度时的熵值、YAG 和 $YAlO_3$（YAP）物相的熔化熵等与实验数据也相当一致。

　　利用这个计算相图还可以获得各个温度下的投影图，从而明确给定组成在该温度下的物相分布。文中就给出了 2000K 时这个三元体系的等温截面，如图 9 – 3 所示[12]。从图中就可以看出这个三元体系即使到高温，仍然由基本几个化合物以及液相构成，而液相包含了富金属和富氧（氧化物）的物相，这就意味着高温下根据具体实验条件的不同（即偏离热力学平衡），将有金属和氧的挥发，就液相的稳定区域对比可以看出，2000K 时氧的挥发较为严重。

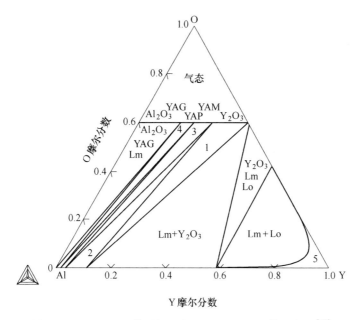

图 9 – 3　Y – Al – O 体系相图在 T = 2000K 时的等温截面[12]

Lm—金属液体（metallic liquid）；Lo—氧化物液体（oxide liquid）

　　总之，利用有限的但足够的热力学数据，根据一系列计算模型构造成与实验相符合的相图，可以避免大量的实验，而且可以克服高温高压等极端条件下的实验难以开展的困难。所得的计算相图可以提供各种新的热力学参数数值，而且能为不同状态下的物相稳定性提供指导，并且有助于动力学机制的发展。

9.3 有限元法

9.3.1 概述

有限元法（finite element method）本质上是以数值计算来逼近问题解的一种方法，古老的"曹冲称象"和"割圆为方"技术就包含了朴素的有限元思想，即采用大量的简单小物体来构造复杂的大物体的离散逼近的思想。

有限元法的目标就是求解微分或者偏微分方程。因此其公认的起源是 1870 年英国科学家 Rayleigh 采用假想的"试函数"来求解复杂微分方程的成果，而 1909 年，Ritz 将其发展成为完善的数值近似方法，则被认为是现代有限元方法的基础[13]。基于此，20 世纪 60 年代初首次提出结构力学计算有限元概念的克拉夫（Clough）教授形象地将其描绘为："有限元法 = Rayleigh - Ritz 法 + 分片函数"，即有限元法是 Rayleigh - Ritz 法的一种局部化情况。

一般的有限元分析是将求解域分解成许多称为"有限元"的小的互连单元所构成的，然后对每一单元求取或者假设一个合适的且较简单的近似解，进一步推导得到问题的解。因此有限元所得解不是准确解，而是近似解，其优势就在于能将实际复杂的问题用较简单的问题来代替，从而一方面简化问题的求解过程，另一方面也解决了大多数实际问题难以得到准确解的问题。

对于不同的实际问题，有限元法的基本步骤是相同的，只是具体公式推导和运算求解会有所不同。有限元法的基本步骤如下：

（1）定义问题及求解域。根据实际问题近似确定求解域的物理性质和几何区域。

（2）离散化求解域。通常也称为网格划分，即将求解域近似为具有不同有限大小和形状且彼此相连的有限个单元组成的离散域，其中单元越小（网络越细）则离散域的近似程度越好，计算结果也越精确，但是计算量将大为增加。

（3）确定状态变量及控制方法。提出描绘实际问题的一组包含问题状态变量和边界条件的微分方程，而且为了适合有限元求解，通常将微分方程化为等价的泛函形式。

（4）单元近似值推导。对单元构造一个合适的近似解，建立单元试函数，以某种方法给出单元中各状态变量的离散关系，从而形成所谓的单元矩阵（结构力学中称刚度阵或柔度阵）。需要注意的是推导结果要保证问题求解的收敛性，如单元形状应以规则为好，畸形时不仅精度低，而且容易缺秩而无法求解。

（5）总装求解。将单元总装形成离散域的总矩阵方程（联合方程组），总装是在相邻单元结点进行，因此在结点处的状态变量及其导数必须连续，这就是对单元函数连续性的要求。

（6）求解方程组和结果解释。有限元法最终将得到联立方程组，具体的求解可用直接法、迭代法和随机法。求解结果是单元结点处状态变量的近似值。另外，求解有时需要多次重复计算，具体取决于计算结果的质量。

总之，有限元分析可分成三个阶段：前处理、处理和后处理。前处理是建立有限元模型，完成单元网格划分；后处理则是采集处理分析结果，使用户能简便提取信息，了解计算结果。

随着计算机技术的飞速发展，基于有限元方法原理的软件大量出现，目前，专业的著名有限元分析软件公司有几十家，国际上著名的通用有限元分析软件有 ANSYS，ABAQUS，MSC/NASTRAN，MSC/MARC，ADINA，ALGOR，PRO/MECHANICA，IDEAS，还有一些专门的有限元分析软件，如 LS – DYNA，DEFORM，PAM – STAMP，AUTOFORM，SUPER – FORGE 等。其中 ANSYS 由于进入中国市场较早，自身也居于有限元软件领域的主导地位，再加上各种教材和讲习班的盛行，因此成了国内最广泛使用的有限元软件[14,15]。

9.3.2 陶瓷材料中的有限元分析

目前有限元法主要在工程技术领域获得广泛应用，面向的材料也以金属和合金为主，这主要是由于有限元法本质上要求介质的连续性，从而便于建立方程组进行处理，对于非连续的甚至存在剧烈变化的对象，有限元法就难以适用。因此，采用有限元法的前提就是所求问题应当能够以"连续"的角度来考虑[16]。基于此，有限元法在陶瓷材料上的应用最多的也是陶瓷器件的受力分析，此时陶瓷是按照连续介质来处理的，另外，陶瓷的热传导、电磁类陶瓷的电磁场分布、陶瓷烧结或成膜的场环境模拟等也无一不是基于"连续"这一前提。图 9 – 4 就是利用 ANSYS 软件对陶瓷牙冠进行热负载下应力与应变模拟分析的结果[17]。具体建模时将牙冠当做连续介质处理，网格划分遍历整个牙冠，如图 9 – 4（a）所示，然后就每个单元格赋予一个热负载，根据应力应变相应于材料弹性模量和负载大小等参数的微分方程进行有限元计算就可以得到最终牙冠上的应力分布情况，如图 9 – 4（b）所示。利用应力分布的均匀性，最大应力的值以及分布区域，然后结合实际应用需求，就可以明确占优势的陶瓷材料。

有限元在陶瓷材料中应用的另一个重要领域就是材料的失效分析[18]。本质上这种分析与前述有关材料结构和功能的分析是一致的，主要差别就是更注重边界条件（极端环境）的应用以及结果的分析，后者一般与材料的安全评估相联系。具体示例详见 9.5 节有关材料失效预测的描述。

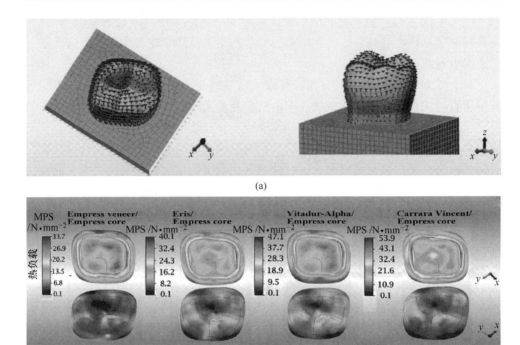

图 9 - 4　陶瓷牙冠的有限元分析[17]

（a）施加热负载后牙冠的建模和网格划分（咬合面和口腔面视图）；
（b）有限元计算所得的四种不同牙冠陶瓷在热负载下的压强分布（图中英文名称为材料名）

　　要克服有限元法在处理局部问题上的局限性，充分发挥其在处理大尺度复杂体系的优越性，一个合理的方式就是联用其他能够处理局部问题的技术，如蒙特卡罗、第一性原理等。这个时候，就实际计算过程而言，局部的数值由其他方法得到，而综合汇总则由有限元法来完成，这也可以理解为微观－宏观联用模式。一个典型的实例就是陶瓷烧结的晶粒演变模拟。虽然陶瓷烧结的场环境模拟，如陶瓷烧结所处的温度场环境、放电等离子烧结时的电磁场环境乃至热压烧结时的压力场都可以用有限元法来直接完成，但是陶瓷烧结的晶粒演化模拟则不行，因为此时体系除了连续性不理想的粉粒，还有气孔等破坏连续性的其他相，换句话说，将一片陶瓷划分为单元后，单元内部乃至单元之间的变化是随机的，而不一定连续，这就不能利用连续函数来表达。因此，在模拟表面张力对陶瓷烧结的影响时，将微观的晶粒和气孔的属性用蒙特卡罗来求解，而宏观的收缩应变率等用有限元法计算，从而获得不同深度位置由于表面张力的影响而产生的致密度差异[19]。图 9 - 5 给出了相应的耦合计算示意图[19]，具体结果将在 9.4.1 节蒙特卡罗模拟中进一步说明。

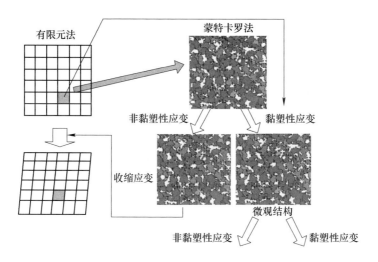

图 9 - 5　陶瓷烧结模拟的蒙特卡罗和有限元耦合计算示意图[19]

9.4 计算材料学方法

9.4.1 蒙特卡罗模拟

不管是计算模拟还是材料设计，蒙特卡罗模拟都占据着重要地位。一方面，它可以作为数值求解积分的工具，另一方面也可以用来模拟动力学过程中参数变动的过程。

蒙特卡罗法也可以称为随机抽样或者随机模拟，其基本思想就是将待解决的问题转化为概率学上的求解随机性的问题，利用随机抽样所得到的结果来近似表示问题的解。这个思想可以利用如下求解单重积分的示例来说明。

假定要计算 $\exp(-x^2)$ 在 [-1，1] 内的定积分，由于不能得到原函数，只能采用其他数值型方法进行近似，蒙特卡罗法的操作如下：首先构造一个横轴区间为 [-1，1]，纵轴为 1 的正方形，接着绘出 $\exp(-x^2)$ 曲线，将这个矩形切割为两部分，显然，曲线和横轴包围的面积就是所求的积分值。接下来就是最关键的一步，即如何转化为求解随机性的问题。可以认为，当往这个矩形随机投掷小球，落在上述面积中的概率就是该面积与矩形面积的比，因此，可以进行一系列的投球操作（抽样）N，然后记录落在待求面积的球数 n，则 n/N 再乘以矩形面积就可以近似表示上述单重积分的值。具体实施蒙特卡罗操作时，可以由计算机随机在矩形内产生大量的点，如 1 万个（即 $N = 10000$），然后算出点坐标落在矩形范围内的点 n，就能得到一个近似结果。

显然，抽样越多，所得数值越准确，但是所消耗的计算机时也越长，因此实际使用蒙特卡罗法的时候需要在两者之间进行折中。

在陶瓷领域，蒙特卡罗法主要用于动力学过程，如液相烧结反应[20]和晶粒生长[21]等。

陶瓷的烧结是将直径为微米或纳米的粉体压实而得的坯体在高温下转变为瓷件的过程，烧结温度一般是熔点的1/2 ~ 3/4。由于陶瓷烧结过程中的晶粒生长具有随机的本性，使用确定性技术预测最终晶粒大小不能模拟出真实的晶粒演化，因此需要采用基于统计方法的蒙特卡罗技术。目前 Potts 模型的应用最为广泛，其基本思想是将材料的微观结构映射到一个离散的网格上，然后给每一个网格赋予一个特定的状态（用随机数表示），该状态可以用来描述晶粒的特性，这样状态相同且相邻的区域表示同一个晶粒，而不同状态值的交界处即为晶界。晶界的移动可以通过改变邻近晶界的网格方向来完成。

蒙特卡罗模拟晶粒生长（烧结）的基本过程如下：在模拟时，随机选择一个网格，根据玻耳兹曼统计按照其能量情况为此网格指定一个新的状态，这样就改变了整个体系的能量，是否接受这个新状态就可以根据所得能量与旧能量的对比来确定，一般采用新能量不大于旧能量就完全接受，否则按一定概率接受的策略，全部有效格点（主要是晶界处的格点）都尝试改变一次就称为完成了一个蒙特卡罗步（MCS）。当位于晶界处的网格状态被改变时，晶界发生移动，如果相邻格点的新状态是相同的，就看做是晶粒生长，合并为一个新的晶粒[21~24]。

图 9 - 6 给出了不同 MCS 所模拟的结果[21]。其中显示了晶粒从尺寸均匀到不规则增长的过程。需要指出的是，蒙特卡罗法在获取新状态的选择规则并没有固定（虽然基于能量最小化是共同的基本原则）。因此不同选择规则可以获得不同的模拟结果，但如果起始模型（即反映微结构的模型）一样，那么主要改变的是收敛到最终状态的步数，如在上述模拟结果的基础上，就选择规则添加了一条，即新状态除了满足能量最小化的要求，还要考虑同以往状态的相似性，这样就避免了很多重复的或者稍有改变的结果，迅速收敛，得到图 9 - 7 的效果[21]，其步数降低了 100 倍以上。

 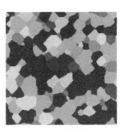 

0MCS   550MCS   4500MCS   20500MCS

图 9 - 6   多晶材料的晶粒生长模拟结果[21]

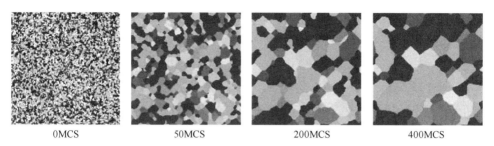

| 0MCS | 50MCS | 200MCS | 400MCS |

图9-7　图9-6所示的多晶材料在增加相似性规则后的晶粒生长模拟结果[21]

　　从蒙特卡罗模拟的策略可以发现，这个方法对维度是没有限制的，既可以模拟二维，也可以扩展到三维，具体取决于编程实现过程。就目前来说，由于作为实验对照的电镜照片一般是二维的，因此二维模拟时所得的实验结果和理论模拟不同MCS步的结果可以直接对照分析，而且二维模拟也要比三维模拟节省更多的机时，因此目前一般是二维模拟为主。需要指出的是，蒙特卡罗法也存在着一些限制，如点阵离散化导致模拟的晶粒长大，形态呈现各向异性，难以直接跟踪生长过程中动态界面的演变，模拟过程只涉及最近邻格点的相互作用，难以考虑畸变场等物理场以及晶界形态对晶粒长大过程的影响等。

　　近年来，蒙特卡罗法在揭示陶瓷烧结机制的理论研究方面已经获得了不少有意义的成果，如杂质对晶粒的钉扎效应，高杂质浓度可以获得更小的晶粒平均尺寸，如图9-8所示[21]，以及在表面张力作用下，对于一个陶瓷片烧结来说，上层的致密度要高于更底层的致密度，如图9-9所示[19]。

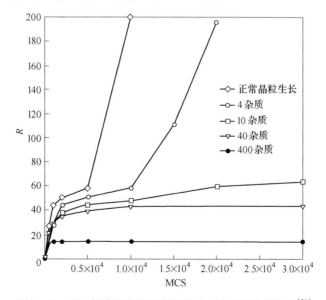

图9-8　不同杂质浓度下晶粒平均尺寸演变的模拟结果[21]

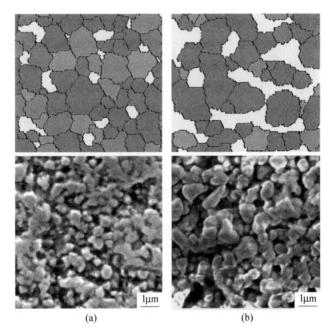

图9-9 表面张力作用下陶瓷片不同深度致密度对比[19]

(a) 上层的理论和实验结果；(b) 下层的理论和实验结果

总之，目前在陶瓷领域，蒙特卡罗法模拟计算的研究主要是定性的描述，而且以二维为主，今后模拟定量化和三维化随着算法和计算能力的提高将会不断得到完善，同时将蒙特卡罗模拟与实际工艺联系起来，解决实际问题也是今后发展的主要方向。

9.4.2 第一性原理

量子力学第一性原理（first principles）计算也称为从头计算（ab initio），仅需采用 5 个基本物理常数：电子静止质量 m_0、电子电荷 e、普朗克常数 h、真空光速 c 和玻耳兹曼常数 k_B，然后结合给定的结构模型，在不依赖任何经验参数的条件下就可以合理预测微观体系的状态和性质。这种方法通常是基于密度泛函来求解构成多粒子系统的薛定谔方程。基于第一性原理的计算方法可以用于计算微观体系的（几个到几百个原子集合）的总能量、电子结构等，进而计算结构能、生成热、相变热和热力学函数等热力学性质。它既可以作为实验的补充，对真实实验结果进行理论解释，也可以直接用于符合要求的实验设计，缩短材料研发的周期。

区别于其他近似问题解的数值型算法，第一性原理同蒙特卡罗法一样，是直接求取问题解答的方法（虽然有时描述模型和性质的方程得不到解析解的时候也需要利用数值型计算）。相比于蒙特卡罗法，第一性原理可以考虑更底层尺度的机制，而且体系粒子内部以及粒子之间的相互作用不可忽略。

近年来，随着计算机技术和相应计算软件的发展，第一性原理在陶瓷材料上的应用更为广泛。目前常用的软件有 VASP、Material Studio、ADF 和 Abinit 等。具体软件背后的算法和基组会有所不同，但实际计算步骤是基本一致的，都包括：建模和基组选择、能量计算和结果的处理与解释 3 个部分。具体的计算可以参考各类软件附带的教程，需要注意的是，第一性原理计算时，除了算法和基组等的差异，不同软件采用的数值计算过程、符号甚至单位都是有区别的，需要详细参考相应的技术手册。

目前第一性原理在陶瓷材料上的应用主要集中在各种物理化学性质的计算和预测，另外也可以利用动态反应时不同条件下参数值的计算来研究材料的动力学行为。前者的例子有基于 Gd 掺杂石榴石结构的能带计算从而解释 Gd 掺杂后产物有效抑制反位缺陷的效果[25]，Th 掺杂 $Y_3Fe_5O_{12}$ 的能量计算显示在用于核元素处理材料的时候，这个化合物的固溶稳定区域狭窄，Th 更容易以氧化物第二相存在[26] 以及对石榴石结构化合物在高压下的弹性性质预测[27] 等。后者的例子有以第一性原理结合晶格动力学的模型研究 YAG 的热输运性质[28] 等。

下面以近期在 $Lu_3Al_5O_{12}$（LuAG）基闪烁陶瓷方面的第一性原理计算成果作为实例进一步体现这种微观模拟方法在稀土陶瓷材料方面的应用价值。

9.4.2.1　LuAG:Ce,Mg 陶瓷中空穴陷阱的研究[29]

相比于其他石榴石闪烁体，$LuAG:Ce(Lu_3Al_5O_{12}:Ce)$ 具有高密度（$6.73g/cm^3$）和高有效原子序数的优点。然而，低光产额和慢衰减等缺点使得该材料长期以来不受关注。近期实验研究发现二价碱土离子（如 Mg^{2+}、Ca^{2+} 等）共掺杂技术可以显著地提高 Ce 掺杂闪烁体的闪烁性能（如光产额、衰减时间以及能量分辨率）。如 S. Liu 等人采用固相反应法和真空烧结技术成功制备了具有非常优异的闪烁性能的 $LuAG:Ce,Mg(Lu_3Al_5O_{12}:Ce,Mg)$ 陶瓷闪烁体：高光产额（21900ph/MeV）、快衰减时间（约 40ns）以及低余辉，各项闪烁指标已经接近商用的 $LSO:Ce$（$Lu_2SiO_5:Ce$）单晶[29]。

尽管文献中报道了大量关于碱土金属离子共掺的实验，但其理论工作方面的进展一直非常缓慢。最近，在掺 Ca^{2+} 的 LYSO:Ce 中的工作证实材料中存在一定量的 Ce^{4+}，因此 Ce^{4+} 成为了解释碱土金属掺杂改性的关键。前期工作证实，Ce^{4+} 是一种快的发光中心，对比 Ce^{3+}，其发光需要一个非辐射的"空穴陷阱"提供"空穴源"，寻找该"空穴源"是当前研究的重点。从实验的角度来看，由于 ESR 是目前最常用的电子/空穴缺陷分析手段之一，因此可以采用 ESR 对这类材料中的空穴陷阱进行分析。图 9 - 10 为 70K 下测试 LuAG:Ce,Mg 和 LuAG:Ce 陶瓷的 ESR 图谱。通过对比分析，可以认为 Mg 掺杂的样品存在 σ 型 O^- 心，而这种缺陷是 Mg 掺杂的氧化物中的一种常见的空穴陷阱。

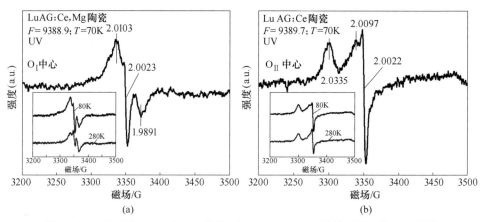

图 9 - 10　70K 下 LuAG: Ce, Mg 陶瓷（a）和 LuAG: Ce 陶瓷（b）的 ESR 图谱

　　为了理论上验证这个缺陷模型，利用基于密度泛函理论的第一性原理，采用商用化软件 VASP 计算 LuAG: Mg 中的态密度 DOS，如图 9 - 11 所示。对比 O^- 心

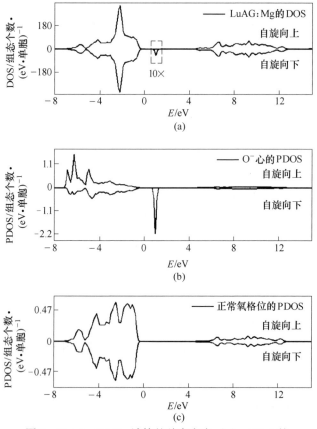

图 9 - 11　LuAG: Mg 计算的总态密度（a）、O^- 心的
态密度（b）和正常氧格位态密度（c）

和普通氧格位的态密度，可以发现 O^- 心在能带间隙中存在一个空穴陷阱。这个空穴陷阱能够作为"空穴源"，为 Ce^{4+} 提供空穴。因此，从这些计算结果可以认为材料中的 O^- 心是 Mg^{2+} 掺杂诱导产生的，而这种空穴陷阱的存在对材料闪烁性能的影响是双重的：一方面，O^- 心通过向 Ce^{4+} 提供可恢复的空穴，使 Ce^{4+} 成为一个高效的发光中心；另一方面，O^- 心由于其较深的陷阱深度，会降低材料的稳态闪烁效率，影响材料的发光。因此，对于 LuAG：Ce,Mg 陶瓷中 Mg 掺杂量的优化需要综合考虑上述两种因素。

9.4.2.2 LuAG：Ce 陶瓷中电子陷阱的研究

在 LuAG：Ce 单晶中主要存在的电子陷阱是反位缺陷（antisite defect，AD）。之前的研究表明，反位缺陷的存在通过在材料能带间隙中形成缺陷能级而降低材料的光产额。为了研究 LuAG：Ce 陶瓷中是否存在反位缺陷，采用第一性原理计算结合 XRD 以及 ESR 的方法。表 9 – 2 为采用第一性原理计算的不同类型反位缺陷的缺陷形成能。从该表可以发现：材料在 Lu_2O_3 过量的体系中反位缺陷 $Lu_{Al,16a}$ 的缺陷形成能最低，是最有可能产生的反位缺陷。

表 9 – 2　LuAG 中各种格位取代缺陷在不同化学计量比时的形成能对比

缺陷	$E^f[AD](Lu_2O_3$ 过量$)/eV$	$E^f[AD](Al_2O_3$ 过量$)/eV$	$\Delta V[AD]/nm^3$
$Lu_{Al,16a}$	0.822	1.230	0.072×10^{-3}
$Lu_{Al,24d}$	2.055	2.463	0.022×10^{-3}
Al_{Lu}	2.735	2.327	-0.366×10^{-3}

根据这一计算结果，采用固相反应法制备了不同 Lu_2O_3 过量的 LuAG：Ce 陶瓷。通过对这些样品的 XRD 数据进行精修，发现在 LuAG：Ce 陶瓷中计算的晶格常数变化和 XRD 测量的变化趋势一致，可以认为存在 $Lu_{Al,16a}$ 反位缺陷，而且采用 ESR 对 LuAG：Ce 陶瓷的测试结果（见图 9 – 12）也表明：随着 Lu_2O_3 过量不断增加，畸变 Ce^{3+} 的量不断增加，这也可以归因于材料中存在 $Lu_{Al,16a}$ 反位缺陷。当然，由于这些实验结果并不具有唯一确定性，因此，有关 AD 的理论和实验研究仍需进一步深入。

9.4.3　相场法

"相场模型是一种建立在热力学基础上，考虑有序化势与热力学驱动力的综合作用来建立相场方程描述系统演化动力学的模型"[30]。其核心思想是引入有限个连续变化的序参量，用弥散型界面代替传统尖锐界面来描述界面，通过与其他外部场的耦合，能有效地将微观与宏观尺度结合起来用于研究微观组织的演化过程以及所得到的宏观结果。相场法一般计算量巨大，在现有技术水平下可模拟的尺度较小（最大可达几十微米）。

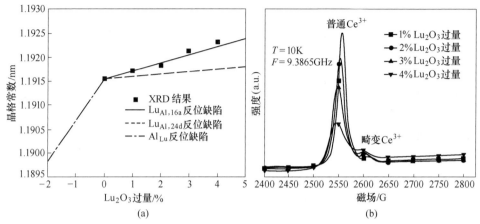

图 9 – 12   不同 Lu_2O_3 过量体系（以原子分数计）LuAG: Ce 陶瓷

XRD 晶格常数（a）以及 ESR 图谱（b）的变化

在陶瓷材料领域，相场法主要用于模拟晶粒生长，处理晶界上溶质聚集和第二相析出的问题，研究晶界能和晶界迁移率的各向异性等。如图 9 – 13 所示是以相场模型研究陶瓷粉末烧结过程中晶粒生长和气孔演化过程所得的模拟结果与电镜照片的比较，二者十分相似。该模拟结果表明单相陶瓷粉末烧结中，晶粒间以及晶粒内部的气孔都在逐渐球化、聚合，且晶粒间的气孔通过晶界向附近大气孔扩散迁移[31]。

图 9 – 13   相场模拟气孔演化和晶粒生长所得的结果（a）与实验电镜照片（b）的比较[31]

有关不同气孔状态时气孔的脱钩（相对于晶界）行为也可以利用相场法进行模拟。图 9 – 14 表明对于初始状态为体积较大的气孔，陶瓷烧结后期全部分布在晶界处，并且大多数气孔位于 3 个或者 3 个以上晶粒交汇点上，如图 9 – 14（a）、（b）所示。而对于小气孔，最终的位置分成三部分：晶粒内部、两个晶粒相邻的晶界和 3 个晶粒交汇点，因此晶界更容易摆脱小气孔的钉扎，或者说小气孔的分布更加复杂和多样化[30]。

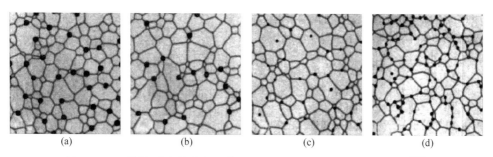

图 9-14　不同气孔初始状态时陶瓷烧结后期相场法微观模拟的结果[30]

需要说明的是，相场法的成功使用更多时候需要丰富的专业经验，因为相场方程的建立取决于问题的定义以及求解的方法，而且不同场也需要选择合适的随时间演化的动力学过程或者自建方程来描述。另外，由于相场方程很少有解析解，这就需要进行离散格子的划分和数值求解方法的采用。因此，相场法的应用以及所得结果的普适性（虽然已有报道都声称符合实验）等都需要谨慎对待。但就其基本思想而言，随着理论模型的进一步完善，相场法作为能够直接联系微观－宏观的方法将会获得更多的应用。

9.5　陶瓷材料失效预测

9.5.1　材料失效预测

当材料被加工成器件用于实际环境的时候，除了考虑材料的初始性能，还必须考虑随时间和环境条件作用下材料性能的稳定性，这就涉及材料的失效问题。

材料的失效之所以重要，一方面是因为材料的性能取决于材料内部的结构，而随着时间的迁移和环境条件的作用，材料内部的结构会发生变化，如微裂纹会扩展、微量物相比例会增加、玻璃态会转变为能量上更占优势的结晶态等，这样相应的性能就发生了变化，从而偏离应用所需的要求。另一方面在于材料的性能一旦发生变化，就意味着偏离原有的安全和使用规定，轻则设备发生问题，重则危及人身安全，如组成锅炉、压力容器、压力管道等的合金或者陶瓷外壳一旦由于微裂纹扩展而破裂，就会发生爆炸或泄漏等灾难性事故，而玻璃制品的发毛（即结晶化）不但降低了玻璃的强度，同时也破坏了原先所需的光学透射等特性。因此，关于材料失效的研究和预测成为材料学领域的重要组成之一。

材料失效预测属于安全评估的一部分，这是因为安全评估是对评定对象的状况（历史、工况、环境）、缺陷成因分析、失效模式判断、材质检验（包括性能、损伤与退化等）、应力分析等进行必要的实验与计算，并根据国家有关标准的规定对评定对象安全性进行的综合分析和评价。因此材料失效预测第一步就必须明确失效模式的类型，即所谓"失效模式的判别"，以常见的机械设备为例，常用的失效模式有如下四种：焊缝或母材的断裂、主结构变形过大（包括厚度减薄过大）、腐蚀和磨损，这一步是材料失效分析并且能进行预测的前提，同时也是材料安全评估的客观依据。

材料失效预测的第二步，也是关键的一步就是要明确各类失效模式的成因（机制）和将会产生的后果，这两部分其实是彼此联系的。如前所述，材料失效本质上就是内部结构偏离了原有状态，这样就影响到性能，而反过来，性能一旦改变就必然产生各种有关的材料现象，因此对失效机制的掌握可以推断结构的变迁，从而明确性能的变化，也就可以预期相应的后果。仍以上述的机械设备为例，目前已经明确：焊缝或母材的断裂主要是由于材料质量、焊接缺陷、残余应力、疲劳、超载等原因引起的，其后果就是裂纹将会扩展直至构件开裂；主结构（主梁、悬臂梁等）变形过大是由于设计尺寸不对、构件初始变形过大、意外碰撞、严重超载等原因引起的，将会导致结构应力分布不均、承载能力下降，最后局部屈曲而整体失稳；腐蚀主要是由于构件进水或积水、油漆养护不当、受腐蚀性物料或气体的腐蚀等引起的，其结果是减小构件承载静面积，引起构件断裂或屈曲；磨损的主要原因就是长时间的擦碰，其后果与腐蚀类似。

当完成如上两步后，材料失效预测的任务基本上就可以实现了，此时只需要根据被评定的产品或结构具体的制造和检验资料、使用工况、有关缺陷的理化检验结果以及可能存在的腐蚀、应力和高温环境等，就可以很好判断该材料可能产生的失效模式，然后利用同类或者类似的失效案例，就其安全实用进行合理预期。另外，除了上述预测材料的实际实用价值的做法外，材料失效预测也可以用于服役中材料的失效分析，具体操作类似。

9.5.2 陶瓷的热冲击失效

陶瓷材料由于具有耐高温、耐腐蚀、耐磨损等优点，在航天领域、机械制造、能源、冶金、激光、医疗、照明等方面都得到较广泛的应用。其一般的不足就在于陶瓷材料的脆性、对缺陷的敏感性和低热传导性。因此，在高温条件或者大功率外界能量驱动下工作的陶瓷材料不可避免地要承受热冲击的作用，很容易在热冲击的条件下产生破坏。如大功率固体激光器所用的陶瓷片在工作时都必须进行制冷，而且热传导直接制约了所得的光斑尺寸、脉冲宽度和激光功率密度等。这就必须对这些陶瓷材料在热环境下的强度、刚度和热动力等问题进行分析，考虑陶瓷材料的结构设计以及其结构在极端条件（高温、超大负载乃至复杂环境下或者同时作用）下的弹性、非弹性行为和损伤、失效机理，从而对其使用寿命进行评估。

研究表明，当物体与温度不同的介质突然接触而产生热冲击时，所产生的最大应力和物体与周围介质间的传热系数直接相关。因此可以利用有限元法建立传热的偏微分模型进行模拟，研究有关热冲击导致的材料破裂问题，如存有表面裂纹的半无限大物体（即物体尺寸远大于热脉冲的截面积）遭受热冲击时裂纹附近的应力场分布、非均质材料在热冲击下的耦合方程以及梯度结构的抗热冲击性能等问题。当前的研究主要对陶瓷材料在热冲击过程中的宏观瞬态温度场和相关的热应力场进行分析，并对由此导致的已有裂纹的扩展进行预测，而在微结构的损伤行为及其裂纹扩展以及微结构与宏观结构之间的联系方面仍有待发展。另外，由于目前的计算模拟主要基于材料均匀、连续性假设，这样就不能很好地反映材料所具有的微孔洞等结构对数值模拟结果的影响，从而与实际失效现象的完美解释仍有相当的差距。如不能很好解释由于温度不断变化而导致的应力积累（stress buildup）、应力释放（stress release）和应力转移（stress transfer）现象，更不能很好地揭示相应裂纹的萌生、扩展直至贯通的过程，当然也不能从这个过程中提取出有用的信息。

总之，由于热冲击破坏的本质是非稳定温度场引起瞬间巨大的热应力，从而导致裂纹的萌生、扩展直至贯通，是一个从微观损伤到宏观破坏的过程。因此，今后应当从微观角度出发，建立起微观损伤到宏观破坏机制的数值模型，才能更好地研究陶瓷承受热冲击时的失效机制。

9.5.3 热冲击计算模拟

热冲击计算模拟的第一步就是模型的建立，如将陶瓷材料按照连续均匀介质处理而建立简单的几何模型。如果还要考虑微观结构，那么模型就更为复杂，一般的做法如下：由于烧结过程不同，陶瓷材料或多或少地含有孔洞、气泡以及微裂纹等，这就需要基于统计学的观点，在陶瓷中划出一个表征单元，将微裂纹、孔洞等具体分配到这个单元的材料参数（如强度、弹性模量、泊松比、热膨胀系数、热传导系数等）中。此外，按照其中包含的微裂纹大小和数量的不同，这个表征单元将具有不同的损伤程度。一个材料体系由若干数量的表征单元构成，这些单元的材料参数服从统计分布，并且假定分布值越高，其损伤程度越小，微孔洞越少。然后利用已经建立的各种应力、应变等物理公式将统计分布后的单元体与各自的材料性质关联起来，就可以对单元体在荷载、温度等作用下的损伤演化进行分析。另外，有关材料内部空间里各点的性质差异的模拟，可以利用计算机的随机函数生成器生成各单元的参数值，即蒙特卡罗（Monte Carlo）方法来完成。

具体热冲击计算中，热冲击过程中的热传导和应力场的求解借助于有限元方法进行，目前已经有 ANSYS 等大型商业软件可以直接应用，其基本步骤就是对所建立的模型进行网格剖分，然后对每个网格使用差分计算求得各组偏微分方程的解，最终可以得到热冲击影响因素以及抗热冲击改性措施的结果。

如果从微观结构进行计算模拟，还有更多的事情需要考虑，如在遭受热冲击时，陶瓷会不断地产生新的裂纹，这时就需要对裂纹扩展与否进行判断，其方法主要有两种：（1）断裂力学准则，即裂纹的尖端是无穷小，而裂纹尖端的应力趋于无穷大；（2）强度准则，假定材料具有某个最小的特征尺度，裂纹的扩展以这个特征尺度为最小扩展尺寸，扩展的依据则是特征尺度材料的强度。其中强度准则方法在数值模拟中容易实现。尽管由于计算机的容量问题，可能实际设定的单元尺度与材料的特征尺度不同，但只要单元尺度相对所要分析的模型尺度足够小，分析的结果就能达到足够的精度。另外，在计算模拟中，一些必要的合理近似是必需的，如虽然陶瓷材料具有较大的脆性，从微观角度上讲，局部微观单元体的破坏性质可以假定为脆性破坏，但是考虑到微观单元体在破坏后还具有一定的残余强度，因此可以将单元体模拟成具有一定残余强度的弹脆性模型。

总之，正如前述所言，就陶瓷材料常见的热冲击来说，当前的计算模拟与真实复杂结构分布所引发的失效后果仍有一定的差距，今后需要在建模以及单元处理方面进一步完善。

9.5.4　陶瓷失效预测实例

目前关于陶瓷失效的研究及其应用存在着实验、理论以及两者结合三种模式，虽然实验和理论相结合是当前的共识，但是不可否认的是有些场合下由于对实际机制认识肤浅或者建模尚不完善，计算模拟所得结果缺乏定量甚至定性方面的价值，而基于失效实验所得的经验或规律就成了材料失效预测及其相应的防护的指导法则。另外，对于实验条件苛刻或者成本昂贵等难以获得足够实验数据支撑的场合，就只能尽量以理论模拟来缩短实验摸索的过程，或者指导实验的设计，从而将原先"摸索"实验转为验证实验。

9.5.4.1　稀土掺杂多孔碳化硅的抗弯强度

稀土掺杂多孔碳化硅可以用作非对称多孔陶瓷过滤管的内层支撑体，其抗弯强度的大小直接影响着非对称多孔陶瓷过滤器管的使用寿命。另外，由于这类过滤管一般用于过滤除尘，因此影响过滤速度的气孔率也是重要的指标，一般经验规律是组分一定的多孔陶瓷的抗弯强度随着其气孔率的降低会按照自然指数关系迅速增加，而组成公式的常数的定义以及如何求值只能利用实验确定，目前仍属于经验常数。

基于这些认识，要提高这类多孔陶瓷过滤管的安全性和性能，就意味着要在高抗弯强度和较高气孔率之间取得平衡。因此需要通过各类实验，调整陶瓷黏结剂含量、碳化硅颗粒粒径以及烧结温度等来获得最佳的材料。

在实际应用中，一方面可以自行改变各种实验因素，积累适合于所用原料的工艺。另一方面也可以借鉴已有成果报道的经验，如碳化硅多孔陶瓷随着陶瓷黏结剂含量的增加，可以在较高的气孔率下得到抗弯强度的最优值；减小碳化硅颗粒粒径可以同时提高碳化硅多孔陶瓷的气孔率和抗弯强度；多孔陶瓷烧结温度应该选在陶瓷黏结剂熔点附近；提高烧结温度并不能大幅提高碳化硅多孔陶瓷的抗弯强度，却会使其气孔率迅速下降等来指导高质量多孔陶瓷的制备。

9.5.4.2 厚度对 $Sm_2Zr_2O_7$/YSZ 双陶瓷热障表面涂层热冲击性能的影响[32]

航空发动机燃烧室、叶片等关键热端部件要正常在高温环境下工作就必须采用等离子喷涂法或电子束物理气相沉积技术在这些热端金属部件表面制备热障涂层。这样一来，由于表面陶瓷层材料与金属黏结层热膨胀性能差异过大而引起的热应力就成了热障涂层剥落失效的主要原因之一。不过，一方面由于热障涂层的制备成本高，如果考虑金属部件乃至实际发动机燃烧室的环境，更超出了常规实验室的承担能力；另一方面，有关金属部件乃至陶瓷涂层材料的各种物理化学参数比较丰富，而且这类材料可以当做连续均匀介质来处理，当前计算模拟所得的结果较为准确，因此，以计算来代替或者指导实验就成为必然的选择。

具体计算时首先就是建立涂层结构，考虑各部分材料的几何尺寸和材质，本例中将涂层试样看做是圆柱体，如图 9-15 所示建立了涂层结构[32]，其中两个陶瓷层的总厚度保持不变，各自的厚度则可以改变，计算时以 $Sm_2Zr_2O_7$ 的厚度来衡量，其中 YSZ 是氧化钇部分稳定氧化锆（Y_2O_3 stabilized ZrO_2）的简写。

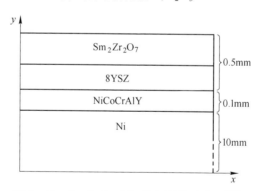

图 9-15　$Sm_2Zr_2O_7$/YSZ 涂层结构示意图[32]

涂层的冲击热应力采用 ANSYS 软件的 PLANE 13 单元进行直接的耦合计算，计算时做如下简化：（1）忽略陶瓷层及金属黏结层显微组织的影响；（2）计算中所用到的热导率、热膨胀系数、密度、比热容、弹性模量和泊松比等参数均不随温度而变化；（3）涂层中各单层之间的界面结合牢固；（4）整个涂层系统处于弹性变形状态[32]。另外，假定热冲击过程是高温构件突然放入常温水中而进行的，试样的上下两个断面及右侧面在热冲击过程中与水发生热对流。经过一系列计算，可以得到不同陶瓷层厚度组合时轴向应力的数值，如图 9 – 16 所示[32]。从图中可以看出，轴向应力在 $0 < x < 16mm$ 范围内保持稳定，但在试样边沿处发生从压应力状态向拉应力状态的突变，并且突变值随着表层 $Sm_2Zr_2O_7$ 厚度的增加而增大，较大的轴向应力易加速界面横向裂纹的产生和扩展，不利于涂层结合强度和工作寿命的提高。这些计算结果可以同其他因素一起用于明确实际涂层的厚度范围。

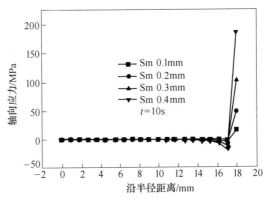

图 9 – 16　陶瓷层界面的轴向应力分布[32]

现代计算技术是基于实验数据、理论模型和计算机技术发展起来的，这三者不同类型的组合就产生了各种各样的计算技术，可以满足不同时间尺度和空间尺度的研究需要。因此，现代计算技术的应用和发展归根到底就是这三个方面的进展，分别对应于技术数据库、理论物理和化学以及计算机算法和硬件领域的发展。另外，现代计算技术的应用和发展还需要注意考虑过渡层次，如微观 – 介观、介观 – 宏观甚至直接微观 – 宏观过渡时体系的静态和动态变化，这样才能真正实现材料从原子层次到实用块体层次的演变，从而缩短材料研发周期。基于这两个问题的考虑导致了"材料基因组"计划的出现。这一计划集中体现了计算在材料研发中的指导作用以及计算所包含的这三部分支撑的重要地位，同时也强调了各层次的衔接，从而代表着今后计算技术发展的方向。

参 考 文 献

[1] 赵宇宏. 合金早期沉淀过程的原子尺度计算机模拟 [D]. 西安：西北工业大学，2003.

[2] 赵宗彦. 理论计算与模拟在光催化研究中的应用 [M]. 北京：科学出版社，2014.

[3] 帅志刚，夏钶. 纳米科学与技术：纳米结构与性能的理论计算与模拟 [M]. 北京：科学出版社，2013.

[4] 罗伯 D. 计算材料学 [M]. 项金钟译. 北京：化学工业出版社，2002.

［5］ Gren J. 材料基因组与相图计算［J］. 科学通报, 2013 (35): 3633～3637.

［6］ 乔芝郁, 郝士明. 相图计算研究的进展［J］. 材料与冶金学报, 2005 (2): 83～90.

［7］ 柳平英, 郭景康. 用热力学函数计算相图主要方法的综述［J］. 中国陶瓷, 2003 (5): 10～13.

［8］ 戴占海, 卢锦堂, 孔纲. 相图计算的研究进展［J］. 材料导报, 2006 (4): 94～97.

［9］ 黄水根. 多元氧化锆（ZrO_2）基陶瓷的相图计算和材料制备［D］. 上海: 上海大学, 2003.

［10］ 王冲, 余浩, 金展鹏. 相图计算在 BBO 晶体生长中的应用［J］. 人工晶体学报, 2001 (3): 293～300.

［11］ Cahn R W. CALPHAD Calculation of Phase Diagrams a Comprehensive Guide［M］. Pergamon, 1998.

［12］ Fabrichnaya O, Seifert H J, Ludwig T, et al. The assessment of thermodynamic parameters in the $Al_2O_3 - Y_2O_3$ system and phase relations in the Y - Al - O system［J］. Scandinavian Journal of Metallurgy, 2001, 30 (3): 175～183.

［13］ 曾攀. 有限元基础教程［M］. 北京: 高等教育出版社, 2013.

［14］ 浦广益. ANSYS Workbench 基础教程与实例详解［M］. 2 版. 北京: 中国水利水电出版社, 2013.

［15］ 莫维尼, 王崧, 刘丽娟, 等. 有限元分析: ANSYS 理论与应用［M］. 北京: 电子工业出版社, 2013.

［16］ Mahmoudpour M, Zabihollah A, Vesaghi M, et al. Design and analysis of an innovative light tracking device based on opto - thermo - electro - mechanical actuators［J］. Microelectronic Engineering, 2014, 119: 37～43.

［17］ Li Y, Chen J, Liu J, et al. Estimation of the reliability of all - ceramic crowns using finite element models and the stress - strength interference theory［J］. Computers in Biology and Medicine, 2013, 43 (9): 1214～1220.

［18］ Sands J M, Fountzoulas C G, Gilde G A, et al. Modelling transparent ceramics to improve military armour［J］. Journal of the European Ceramic Society, 2009, 29 (2): 261～266.

［19］ Mori K, Matsubara H, Noguchi N. Micro - macro simulation of sintering process by coupling Monte Carlo and finite element methods［J］. International Journal of Mechanical Sciences, 2004, 46 (6): 841～854.

［20］ Aldazabal J, Martín - Meizoso A, Martínez - Esnaola J M. Simulation of liquid phase sintering using the Monte Carlo method［J］. Materials Science and Engineering: A, 2004, 365 (1～2): 151～155.

［21］ Huang C M, Joanne C L, Patnaik B S V, et al. Monte Carlo simulation of grain growth in polycrystalline materials［J］. Applied Surface Science, 2006, 252 (11): 3997～4002.

［22］ 马非, 申倩倩, 贾虎生, 等. 用改进的 Monte Carlo 算法模拟多孔 Al_2O_3 陶瓷烧结过程中的晶粒生长［J］. 人工晶体学报, 2011 (5): 1299～1304.

［23］ 侯铁翠, 李智慧, 卢红霞. 蒙特卡罗方法模拟陶瓷晶粒生长研究进展［J］. 材料科学与工艺, 2007 (6): 816～818.

［24］ 王海东, 张海, 李海亮, 等. 焙烧过程晶粒生长的 Monte Carlo 模拟［J］. 中国有色金

属学报，2007（6）：990～996.

[25] Fasoli M, Vedda A, Nikl M, et al. Band－gap engineering for removing shallow traps in rare－earth $Lu_3Al_5O_{12}$ garnet scintillators using Ga^{3+} doping［J］. Physical Review B, 2011, 84（8）：81102.

[26] Guo X, Rak Z, Tavakoli A H, et al. Thermodynamics of thorium substitution in yttrium iron garnet：comparison of experimental and theoretical results［J］. Journal of Materials Chemistry A, 2014, 2（40）：16945～16954.

[27] Durygin A, Drozd V, Paszkowicz W, et al. Equation of state for gadolinium gallium garnet crystals：Experimental and computational study［J］. Applied Physics Letters, 2009, 95（14）：141902.

[28] 刘铖铖，曹全喜. $Y_3Al_5O_{12}$ 的热输运性质的第一性原理研究［J］. 物理学报，2010（4）：2697～2702.

[29] 胡辰. 材料计算在石榴石闪烁陶瓷机理研究和新材料探索中的应用［D］. 上海：中国科学院大学上海硅酸盐研究所，2015.

[30] 刘亮亮，高峰，胡国辛，等. 相场法模拟烧结后期陶瓷晶粒生长及气孔组织演化研究［J］. 西北工业大学学报，2012（2）：234～238.

[31] 张爽，黄礼琳，张卫龙，等. 相场法研究陶瓷粉末烧结体系的微观组织演变［J］. 广西科学，2012（4）：337～340.

[32] 张红松，时蕾. 表面陶瓷层厚度对 $Sm_2Zr_2O_7/8YSZ$ 热障涂层热冲击性能的影响［J］. 中国表面工程，2013（2）：82～87.

10 新兴稀土陶瓷材料、技术和展望

10.1 引言

稀土陶瓷材料已经渗透进人类生产和生活的方方面面，就现代化社会而言，如果缺乏了稀土陶瓷材料，不用说各种高新科技成果不能顺利使用，就连正常的照明也不能实现。不过，随着人类生产的进步和生活水平的不断提高，对稀土陶瓷材料的性能要求日益深入并多样化，这就需要相关材料和技术的不断发展才能解决现有的问题，满足现有的需求。另外，我国是世界公认的稀土大国，稀土矿产不管是现有储量还是远景可开采量都居世界前五位以内，再加上目前我国供应世界市场的仍然局限于矿石粗加工产品和低技术含量化合物原料为主，这与我国多年前就提出的稀土经济的建设目标严重脱节，亟需加快自有知识产权的新兴稀土陶瓷材料以及技术的开发和发展，从而充分发挥我国的稀土资源优势，为国家的繁荣昌盛服务。

如前所述，对于稀土陶瓷材料而言，不管稀土是作为基质组分还是少量掺杂的改性元素，归根到底，稀土在陶瓷中的应用本质上都是来源于稀土元素的物理化学性质，主要是金属性、离子性、$4f$ 电子衍生的光学和磁学性能。这些性质既可以对应于主量型的稀土也可以对应于掺杂型的稀土，如在各种电学陶瓷中掺杂的稀土 La、Ce、Nd、Pr 等利用的是其金属性和离子性，即基于稀土离子半径较大、稀土元素容易与其他元素，尤其是非金属的氮族、氧族和卤素元素结合，而且还具有变价的性质，以之作为添加剂调整电学陶瓷内部的微观结构，从而得到稀土改性功能陶瓷。而如果这些元素掺入 Y 基石榴石化合物中，那么 La 可以作为烧结助剂和结构畸变调整因素，仍然利用其金属性与离子性，但是 Ce、Nd 和 Pr 则主要发挥 $4f$ 电子的能级跃迁，从而获得面向激光和闪烁等应用的陶瓷材料。因此，新兴稀土陶瓷材料的发展主线就是稀土元素的物理化学性质，即基于材料的性能需求，单独或者复合稀土元素的物理化学性质，并且寻找合适的基质载体的过程。其主要研究内容包括：陶瓷材料体系的选择和结构 – 性能关系研究，陶瓷制备工艺、陶瓷表征技术以及陶瓷材料的计算模拟。

本章除了对前述各章所涉及新兴陶瓷材料的现有研究问题进行总结，提出可取的解决路线，还将就当前陶瓷制备、表征以及计算模拟等方面进行介绍和展望，并且进一步强调"材料基因组"概念的启迪和应用。

10.2 新兴稀土陶瓷材料

随着科学技术的进步以及人类文明和社会发展的需要，当前的稀土陶瓷已经不再局限于 20 世纪甚至更早时候稀土改性结构陶瓷以及稀土掺杂荧光陶瓷粉占据主要地位的局面，各种新型稀土陶瓷类型不断涌现，产生了一批新兴的稀土陶瓷材料研究和应用领域，主要包括稀土透明陶瓷、稀土纳米陶瓷和稀土玻璃陶瓷。另外，传统稀土改性陶瓷方面近年来也在稀土超导陶瓷领域取得了重大突破，所发现的铁基超导材料有望成为新兴超导材料的主角。下面除了简略介绍这些新兴材料（具体可参见已有文献或著作[1~3]），更主要的是就其优缺点进行讨论，进而展望其未来的可能发展。

10.2.1 透明功能性陶瓷

由于陶瓷材料的气孔、杂质、晶界、基体结构对光的散射和吸收，长时期以来，人们认为陶瓷均为非透明陶瓷。但在 20 世纪 50 年代末，美国 GE 公司的 R. L. Coble 博士研制成功透明 Al_2O_3 陶瓷而一举打破了人们的传统观念。透明陶瓷的诞生具有如下意义：与陶瓷导电乃至陶瓷超导一样，为否认材料研发的"绝对性"观念增添了一个重量级示例，进一步激发人们改变传统观念，在所谓"不可能"的材料体系中获得重大突破的研究热情；提供了单晶材料的替代品，而且还能够实现高浓度掺杂和各种复杂的块体形状。

由于陶瓷做成透明本身就是为了透光，因此，目前的透明陶瓷可以说是光功能材料占据了主要地位，具体包括激光、电光、磁光、照明、闪烁等，正如第 1 章所介绍的，其中又以激光、闪烁和照明（LED）透明陶瓷最为重要。有关这三类透明光功能陶瓷的进展和趋势已经在第 5 章、第 6 章和第 7 章中讨论过，这里就不再赘述。

透光的透明陶瓷除了基于发光的功能性应用，也有依赖于其他光学性质的应用，其中主要有电光透明陶瓷和磁光透明陶瓷两大类，分别用于电场和磁场下光传输性质，如传输方向（折射和散射）等的改变，从而用于激光相关的器件或设备。其中，稀土在电光陶瓷中主要是作为添加剂，如氧气氛下热压烧结工艺获得的高度透明的 $Pb_{1-x}La_x(Zr_yTi_{1-y})_{1-x/4}O_3$，即 PLZT 铁电陶瓷[4]。在磁光材料中，稀土可以作为掺杂，也可以作为基质成分。现有的稀土磁光材料以石榴石结构为主，主要是 Fe 基以及 Ga 基石榴石系列 $RE_3M_5O_{12}$（RE = 稀土元素；M = Fe，Ga），代表材料分别是 $Y_3Fe_5O_{12}$（YIG）和 $Gd_3Ga_5O_{12}$（GGG）。新近的发展还有 $Tb_3Ga_5O_{12}$（TGG）。由于 Ga^{3+} 外层电子全空，基质吸收为紫外短波段，因此这类磁光晶体可以用于可见光波段，相反的，Fe 由于变价性会导致基质在可见光区吸收严重，因此只能用于红外以及微波段。另外，就稀土基磁光材料而言，稀土离子的光学性质成了一个麻烦，如 TGG 就不能用于 470～500nm 的绿光波段，这是因为 Tb^{3+} 本来就是绿光发射的发光中心，相应的在这一波段就存在严重的吸收。

不管是电光还是磁光透明陶瓷，虽然其研究报道中在小尺寸薄样品乃至特定波长下的性能与单晶可以比拟甚至占优，但是要如同单晶那样进入实用还需要在尺寸放大时调光性能的保持甚至优化方面开展必要的探索。

10. 2. 2　稀土纳米陶瓷

稀土纳米陶瓷是传统陶瓷领域与新兴纳米技术相结合的产物。根据最终用途，稀土纳米陶瓷主要可以分为烧结前驱和功能陶瓷两大类。

作为烧结前驱的稀土纳米陶瓷除了直接烧制各类陶瓷成品，如 YAG 粉末以及反应生成 YAG 的各类氧化物组合粉末等，另一类烧结前驱其实是以添加剂的角色出现的。纳米稀土粉末作为添加剂一般是基于稀土的大离子半径等与电子作用无关的性质，因此相关的研究在目前主要是面向工业化，提高产品性能的工艺探索和具体技术数据的积累，其中又以烧结机制的研究和改进为主[5~7]。

功能性纳米陶瓷其实就是传统荧光粉领域同纳米技术相结合并且面向 21 世纪的生物技术和绿色照明技术需求而产生的新兴领域。其主要研究热点就是上转换纳米荧光粉和 LED 用荧光粉。其中上转换荧光粉主要基于倍半氧化物、氟化物、复合氟化物和氟氧化物体系，稀土元素既可以作为基质组分也可以仅作为发光添加剂，目前的主流是各类形貌控制合成技术以及面向生物荧光示踪的研究。而 LED 用荧光粉的主要发展方向就是单一基质白光 LED 用荧光粉[8,9]以及单色荧光粉，后者又以红光为主[10]。

目前可以作为稀土纳米荧光粉激活剂的稀土离子主要是三价的 Sm^{3+}、Eu^{3+}、Tb^{3+}、Dy^{3+} 以及二价的 Eu^{2+}，其中以 Eu^{3+} 和 Tb^{3+} 用得最多，而 Pr^{3+}、Ho^{3+}、Er^{3+}、Tm^{3+} 和 Yb^{3+} 主要作为上转换材料的激活剂或敏化剂。在实际使用中，也可以根据不同稀土离子能级的宽度进行共掺使用，如 Ce^{3+} 的 $4f-5d$ 能级差较大，因此除了自身可以受激发光，还可以将吸收的能量转移给其他稀土离子（敏化），如 Sm^{3+}、Eu^{3+}、Tb^{3+}、Dy^{3+}、Mn^{2+}、Cr^{3+} 等，从而获得这些离子的发射光。

由于当前基质与稀土离子电子跃迁，尤其是外层 $5d$ 电子的跃迁仍没有成熟的理论模型，而且除了二元合金或金属间化合物，其他化合物体系的结构预测仍然没有建立起来。因此，就稀土基发光材料的研究来说，虽然可以根据材料所要求的发光波长大体明确相应的稀土发光中心类型，但是就具体的基质选择仍然处于实验试错（try-error）的阶段，并不存在严格的理论能直接根据应用所要求的波长位置、发光量子效率和余辉等给出合理的基质。因此，稀土纳米荧光粉研究的一大方向就是继续积累结构－性能的技术数据和经验规律，将发光机制的研究拓展到纳微米层次。另一个方向就是利用纳微米尺度独特的物理化学性能，其中最主要的就是表面态的丰富能级和各种缺陷来获得非同寻常的发光性质，从而满足实际应用上的需求。

总之，稀土纳米陶瓷是纳米技术以及纳米材料物理与化学性质同稀土相结合的新兴学科，虽然其研究本质上仍然是晶体场和能带模型的范畴，但是在各种理论远未成熟的情况下，这种新尺度下的研究和成果对于稀土基材料的发展以及理性设计具有十分重要的意义。

10.2.3 稀土玻璃陶瓷

稀土玻璃陶瓷是近年来出现的一种新型材料。它首先保持了玻璃的透光性，克服了大多数陶瓷难以做成透明陶瓷的缺陷；其次是可以利用陶瓷多晶的物理与化学性质；而且玻璃基质可以看做是稳定具有优良光学性能但是化学稳定性不高的陶瓷材料的保护层；最后，纳米/微米陶瓷簇作为第二相，还具有增强作用。因此稀土玻璃陶瓷一方面作为机械力学和热膨胀等性能改善的先进玻璃材料使用，另一方面又被看做是一种光学复合材料得到了重视。

目前稀土玻璃陶瓷的发展主要有两个方向：分相化理论及工艺以及光学研究，前者除了利用玻璃原料在退火下直接产生第二相（晶相）的传统做法，近年来出现了将纳米陶瓷与玻璃原料混熔和高能射线诱导结晶等技术。在光学材料应用方面，玻璃陶瓷主要面向红外波段的光通信材料、激光材料、闪烁材料和传统照明显示发光材料。作为一种新兴材料，目前大多数光学研究还处于光致发光表征阶段或者初步的动力学机制。

如前所述，稀土玻璃陶瓷出现的一个主要原因就是对具有高发光性能却不稳定物质的保护性"封装"，这也是近年来多数玻璃陶瓷材料研究的主要内容。如M. B. Barta 等人[11]为了克服溴化物的化学不稳定性，将 $GdBr_3/CeBr_3$ 封装入钠铝硅酸盐玻璃中得到了新型闪烁玻璃陶瓷材料。而 Yang 等人则制备了 Er^{3+} 掺杂 $BaLuF_5$ 晶化的玻璃陶瓷，发现 Er^{3+} 集中分布在纳米晶粒中，具有更低的声子能损耗，从而在 980nm 激光激发下具有比单独晶粒聚集时更高的上转换发光强度，而且衰减时间也更长[12]。此外还有其他诸如上转换应用的 Ho^{3+}/Yb^{3+} 共掺 $50SiO_2 － 50PbF_2$ 等玻璃陶瓷材料的报道[13]。稀土玻璃陶瓷的另一个研究热点就是各种发光应用，其中近年来报道的白光发射体系有 $Yb^{3+}/Tm^{3+}/Er^{3+}$ 三掺氟磷酸盐玻璃陶瓷通过上转换获得白光[14]和 Dy^{3+} 掺杂含纳米晶 $NaAlSiO_4$ 和 $NaY_9Si_6O_{26}$ 的玻璃陶瓷在 350nm 紫外光激发下获得白光输出等[15]，显示了这种材料的诱人前景[16~19]。

需要指出的是，近年来玻璃陶瓷的研究也涉及除光学之外的其他物理性能，其中主要是电学方面的离子导体和压电材料，最近报道的典型成果分别是 Na 离子快导体玻璃陶瓷 $Na_2O - Y_2O_3 - R_2O_3 - P_2O_5 - SiO_2$ 体系[20]和 Ce 掺杂的压电 $BaO - SrO - Nb_2O_5 - B_2O_3 - SiO_2$ 玻璃体系[21]等。

总体来说，玻璃在成本、透明性、制备周期、制备工艺和复杂形状等方面不但优于单晶，而且也要优于陶瓷，但是材料的性能与材料结构是密切相关的，玻璃基质属于无定形结构，这就意味着其性能局域化因素太强，即受具体工艺的影响更为严重，批次材料性能的稳定性一般甚至较低。另外，这种无定形结构意味着声子散射更为复杂，这就影响到热传导和光子的传输，其中又以直接和晶格振动密切相关的热传导最为严重。最后，无定形结构为各种缺陷的存在提供了更宽的容忍度，从而对发光余辉和自吸收等产生了复杂影响。

因此，玻璃陶瓷材料除了功能物相或者功能基团的结构和性质，还要考虑无定形基质的结构和性质，就现有技术水平而言，相关的指导理论根本不能预测材料的设计和制备。因此，目前玻璃陶瓷材料同样处于实验探索、积累技术数据和经验规律的阶段，而且实际进入应用的材料很少。无论是激光还是闪烁等方面，当前稀土玻璃陶瓷的实用尝试都不如透明陶瓷和单晶，这有赖于提高光学性能的基础研究和制备工艺的突破。

10.2.4　稀土超导陶瓷

自从 1911 年，荷兰物理学家翁奈斯（Onnes）发现水银（汞，Hg）的超导现象后[22,23]，由于超导材料既具有零电阻的特性，又具有抗磁的能力，在诸如磁悬浮列车、无电阻损耗的输电线路、超导电机、超导探测器、超导天线、悬浮轴承、超导陀螺以及超导计算机等强电和弱电方面有广泛的应用前景，因此国际上迅速掀起了研究热潮。1986 年，美国国际商用机器公司下属的瑞士苏黎世研究所的 Bednorz 和 Müller 在稀土陶瓷中发现了超导材料，从而不但打破了巴丁、库柏和施里弗提出的以他们名字第一个字母冠名的 BCS 理论指出的超导必须有成对电子（库柏对）的观点，还同时打破了"氧化物陶瓷是绝缘体"的观念。这种以稀土元素作为基质组分，分子式为 $Ba_2RECu_3O_{7-x}$ 的化合物不但最低超导温度已经超过以往的记录（$30 \sim 35K$，La 系列），而且在超导材料中首次超过了 90K（Y 系列超导陶瓷材料）。当前 $Ba_2YCu_3O_{7-x}$ 及其相关的各类离子取代产物已经进入了商业应用。

2008 年，日本东京工业大学细野等人发现了另一类新型稀土超导陶瓷——铁基超导材料 LaFeAsO，超导温度为 26K。随后国内外就掀起了新的一轮超导研究热潮，其发展的目标就是以元素取代作为主要改进手段获得更高的超导温度。当前这类超导材料的最高超导温度记录是 55K（零下 218.15℃，氟掺杂钐氧铁砷化合物）[24]。

陶瓷超导材料的共同点就是稀土元素不但参与其中，还是基质组分，因此这两类材料都属于稀土基陶瓷材料。稀土之所以在陶瓷超导材料中发挥关键作用，是因为稀土离子中 $4f$ 电子在凝聚状态下具有各种自旋和角动量耦合，从而彼此之间存在着强关联作用，这也是和基于合金乃至金属间化合物体系提出的 BCS 理论中有关电子耦合交换的观点一致的。另外，空位缺陷也起了关键性的作用，公认的观点就是空位缺陷引起的超周期性结构是造成超导的结构因素[25]。

遗憾的是，迄今为止，稀土陶瓷超导材料都是"偶然发现 + 元素替换研究 + 后继解释"的研究模式，虽然目前随着计算技术的发展和理论的进步，就超导机制的解释越来越复杂，而且新的术语也越来越多，但是就其本质而言，都是电磁作用的现代化包装，因此不但缺乏公认的成熟理论，而且也预测不了新材料体系，甚至就元素替换所得新化合物的超导温度也不能事先准确计算。不过，已有两大系列超导陶瓷的发现跨越了 20 年，这就意味着稀土基材料是今后新超导材料研发的方向，而超周期结构则提供了结构筛选的指导。因此，超导陶瓷材料今后应当在稀土基超周期结构化合物中进行尝试，同时进一步完善超导机制的研究。

10.2.5　核废物处理模拟陶瓷

现代原子能的利用和发展产生了大量的核废物。常规的处理方法就是深层填埋，但这种技术并不安全，容易因地下水侵蚀和地质灾害等造成核泄漏。更先进的技术是将核元素容纳入特定的陶瓷或玻璃等核废物处理材料中，以化合的形式填埋就能更好防止核泄漏的发生，而且也更为安全。

另外，核能利用的前提就是高浓度核元素的获得，这需要两个方面，第一就是从矿产中分离出核元素，第二就是核元素的浓缩，这同样需要开发出合适的化合物结构，从而能与核元素选择性成键。

然而，核元素具有放射性，而且一般价格昂贵且军事管制，不适合于基础研究，只能利用模拟实验。就元素周期表而言，与核元素所在的锕系元素类似的镧系元素（稀土元素）显然是基础研究替代物的最佳选择，这就构成核化学研究的主体材料体系，也是稀土基陶瓷在核能方面的应用方向。

目前这方面的研究主要是离子取代后结构的稳定性以及新型键合基质的探索。其中结构的稳定性较为重要，这是因为核衰变后必然伴随着离子半径的改变，因此能够处理核废物的陶瓷就必须在比较宽的离子半径变动下还能维持原来的结构不变。所以当前及今后的研究主要集中于结构呈现较好宽容性的正磷酸盐 $REPO_4$[26] 及其固溶体 $Ce_{1-x}Pr_xPO_4$（$x = 0 \sim 1$）等[27]。

10.2.6　传统陶瓷的改进

新兴稀土陶瓷材料中也有相当一部分来自传统陶瓷材料体系的改进。传统陶瓷材料具有丰富的研究和应用基础，一方面在新技术的参与下可以获得新应用所要求的性质，另一方面可以方便对已有产品乃至生产线的升级改造，相比于全新的材料体系，传统陶瓷材料的改进更易于实现产业化和应用的扩展。

正如第1章所述，传统陶瓷材料包括结构陶瓷和功能陶瓷，因此其改进的新兴材料也可以分成两种类型。

10.2.6.1　稀土增强结构陶瓷

稀土增强结构陶瓷中稀土离子的作用主要在物相转变、晶间相形成、固溶掺杂和晶粒成长控制等方面发挥作用，从而改善结构陶瓷的各种力学参数。由于这类陶瓷主要是稀土掺杂的 Si_3N_4、SiC、ZrO_2 等耐高温的工程陶瓷，因此也称为稀土高温结构陶瓷[28]。近年来的研究主要是基于 SiC、ZrO_2 为主的高温结构陶瓷展开，典型例子有 Y 对陶瓷热膨胀的调控[29]、稀土氧化物对 $\alpha - SiC$ 液相烧结的影响[30] 和共沉淀产物中稀土氧化物对 ZrO_2 的陶瓷的稳定性作用[31] 以及稀土氧化物作为烧结助剂对 Si_3N_4 和 $Si_3N_4 - SiC$ 烧结性和抗热冲击性的影响[32] 等。

10.2.6.2　稀土增强功能陶瓷

利用稀土元素的化学活泼性和大离子半径等化学性质来改善材料的其他物理效应，这就产生了稀土增强功能陶瓷。常见的有快离子导体（离子导电）、压电、铁电、热电、气敏、热敏、压敏、声敏和湿敏陶瓷等。近年来关于稀土增强功能陶瓷方面的主要方向是面向能源领域的电极材料，另外，传统的压电陶瓷等也有所发展。前者的典型示例有纳米 Gd 化合物可以提高 CeO_2 固体氧化物燃料电池电极的电导率和烧结性能[33]、稀土改性锂离子电池电极材料 $Li_{0.30}(La_{0.50}Ln_{0.50})_{0.567}TiO_3$[34]，而后者则有 SiC 电学陶瓷[35~37]、Ga 调控稀土基石榴石化合物压电材料[38] 以及稀土调控 $SrTiO_3$ 热电材料[39] 等。

传统陶瓷的改进主要是结合新兴的纳米科学技术，利用纳米尺度独特的物理与化学性质来调控或者影响原有传统陶瓷的性能。就这一点而言，其与前述的稀土纳米陶瓷有相似之处，或者说稀土纳米陶瓷中的改性或烧结助剂部分可以作为传统陶瓷性能改进的基础之一。当然，就传统陶瓷而言，它也可以在原始材料中采用纳米形态，然后沿用各类传统或新兴的制备方法，产生具有新颖性能的块体材料。

需要指出的是，这一领域中稀土的调控作用是公认的观点，但是如何预测可以实现最优调控的稀土元素类型以及相应的存在结构仍然是今后的研究目标之一。目前的改性都需要实验制备和测试表征来积累技术数据，才能给出合适的材料以及工艺。

10.3　制备技术

稀土陶瓷材料的制备方法除了继续沿用传统陶瓷高温炉烧结并加以改进

外[40]，近年来也涌现了不少新型制备技术，其中既包括面对纳米陶瓷的各种软化学合成法[41]，也包括面向块体烧结的微波、放电等离子、热压、高温水热等，新兴制备（烧结）方法主要有以下几种：

（1）仿惰性环境合成技术。当前相当一部分先进陶瓷材料需要利用价格昂贵且苛刻的合成条件来制备，如新兴的面向 LED 应用的氮基化合物就需要在高温和充满氮气的环境中缓慢氮化反应，生产成本高昂，因此，探讨能实现类似惰性环境的新的合成技术就成了面向这类材料的一个研究方向。最近 H. Yurdakul 等人利用碳热还原 + 氮化技术成功从高岭土制备 Eu^{2+} 激活的 beta – SiAlON 发光材料，从而去掉了昂贵高纯粉末和长期高温氮化的制备过程，为 LED 用氮化物提供了一条廉价制备路径[42]。

（2）气压高温烧结法。与传统热压烧结采用模具加压不同，气压烧结直接利用气体施加压力。如用氮气作为施压气体，Y_2O_3 – MgO 作为烧结助剂可以在 1700℃和 6MPa 下获得致密的 BN/Si_3N_4 复合陶瓷[43]。这种技术的明显优点是：消除了模具污染；降低了对模具的耐高温和高压的要求；可以利用气体压强各向传递的性质，而不是固体压力的定向传递以及可以产生特定的气氛，尤其是构成材料基本成分的元素的气态原子/分子环境。

目前气压高温烧结给透明陶瓷的制备也提供了一条新颖的途径，但是一方面这类烧结设备设计复杂，价格高且使用成本也高，另一方面透明陶瓷的透明化有一个关键因素，即气孔的排除。因此不断追求高真空是透明陶瓷制备的一个趋势（虽然它另一方面导致了非化学计量比的加重，即高温下化学元素挥发性增强，真空加剧了逃逸平衡的移动），因此气压烧结中如何保证气孔的排除，并且抑制基质组分的偏离将是今后该制备工艺研究的重点。

（3）反应性烧结。反应性烧结是目前国内外石榴石基透明陶瓷烧结的主要方法。以 $Y_3Al_5O_{12}$: Nd^{3+} 透明陶瓷制备为例，其基本出发点就是采用高纯的氧化物原料，充分球磨破碎后干燥粉料，然后压片并冷等静压成型后，在高温下同时发生反应与烧结过程。其中球磨有助于增加表面缺陷和晶粒应力，从而提高反应活性，而冷等静压则保证在无压或者真空烧结中扩散反应以及烧结过程的短路径。具体物相的形成具有随温度逐步变化的特色，首先生成其他铝酸盐，更高温度下（一般是 1500℃以上）才进一步产生石榴石，烧结的致密性与原料粉体形貌、真空压力和温度程序有关。另外，不同的稀土掺杂浓度以及不同的基质组分比例（Y/Al）也会影响烧结结果和陶瓷的微结构，最终作用于陶瓷的透明性、吸收和发光等光学性能[1,44]。

（4）改性微波烧结。正如放电等离子烧结一样，属于各向同时作用的微波烧结已经在陶瓷领域中广泛应用，成为常规的陶瓷制备手段，但是由于微波能使用的介质广泛，这就为微波烧结的改性提供了空间。近年来基于这种观点产生了不少改性微波烧结技术，如微波熔盐烧结，就是利用硝酸盐作为熔盐体系，以石墨作为碳热还原的原料，通过微波熔盐烧结法合成六方相的、用于上转换材料的 $\beta - NaYF_4 : Yb^{3+}, Ln^{3+}$（$Ln = Er$，$Tm$，$Ho$）纳米棒[45]。需要指出的是，改性微波烧结一般用于纳米陶瓷材料的合成，就陶瓷块体研究方面，新型微波烧结技术仍有待进一步的探索。

（5）真空复合物理场烧结。常规的真空烧结其实就是真空条件下施加温度场的作用，在此基础上，还可以施加压力场和磁场等。由于温度场必定存在，因此就构成了至少两种物理场的复合式烧结环境。近年来已经有利用这种烧结技术制备氟化物等透明陶瓷的报道，其典型例子有真空热压烧结制备 $CaF_2 : Yb$ 激光透明陶瓷[46]以及强磁场辅助注浆成型和真空热压烧结联用制备 CeF_3 闪烁透明陶瓷[47]。

复合物理场的应用主要面向能与外界物理场相互作用的材料体系，如六方 CeF_3 的极轴在磁场作用下能择优排列，因此磁场辅助注浆有助于提高陶瓷内晶粒的取向程度。这种方法对于特殊材料体系，如非立方透明陶瓷材料等具有独特的效果。

10.4　测试表征技术

进入 21 世纪后，中子源和同步辐射源的蓬勃发展、计算机计算能力的不断提高和量子化学理论的深入发展都极大改变了材料的表征技术。另外，原来主要用于其他学科领域的技术，如固态 NMR、电子顺磁共振 ESR、高分辨 TEM 成像等也随着结构 – 性能研究的需要以及制样技术的发展日益扩大了各自在稀土陶瓷材料中的应用范围。

10.4.1　三维电子衍射结构分析

X 射线衍射（XRD）一直是陶瓷材料常规表征技术，属于各个陶瓷材料相关研究机构必备的大型设备。但是随着现代陶瓷材料的组成单元和前驱体，乃至陶瓷材料本身向微米和纳米尺度的发展，XRD 在颗粒的微观晶体结构方面就需要超越原有的晶体学理论，而进入将非周期散射和周期散射一同考虑的阶段，相关的数据处理技术相对于传统仅需考虑周期结构的粉末衍射处理而言要更为复杂。如果仍想按照常规的粉末衍射技术来处理新兴的材料，就会遇到很多麻烦，如当晶粒尺寸变小时，所得的谱峰会宽化，从而降低了谱峰分辨率，使得物相产生混淆。

相应的，由于电子束的波长更短，就能直接研究更小尺寸的，如纳米尺度颗粒的形貌与结构。一张电子衍射图一般是单个晶带的衍射信息，主要用来证明测试的区域是单晶，并且与晶体条纹像（常说的高分辨像）一同用于判断晶粒取向，如果从三个不同方向拍摄电子衍射图，就可以定出晶胞，也可以用于晶体结构的定性判断，进一步模仿 X 射线单晶衍射，在倒易空间中收集多套不同方向的电子衍射图，那么正常解析晶体结构是可能实现的。相比于其他衍射方法，三维空间中的电子衍射测试最大的优点在于能直接针对纳米尺寸的单晶（纳米晶）进行测试，虽然目前同步辐射利用毛细管聚焦也能获得纳米级别的 X 射线束，但是由于同步辐射的机时昂贵以及这类微聚焦技术的不成熟，当前及今后一段时间内，纳米（或微米）尺度的陶瓷结构的直观化测试仍然要依靠电子衍射技术。近年来这种新兴技术应用的一个典型的例子就是针对长期以来纳米相一直存在六方和单斜争论的 $GdPO_4$ 体系，A. Mayence 等人利用三维电子衍射成像技术，直接表征单个纳米晶，获得了单斜晶胞，从而为"单斜论"提供了实验证据，如图 10 – 1 所示[48]。

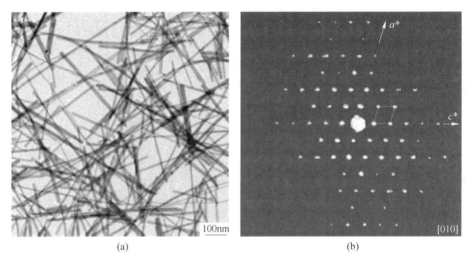

(a)   (b)

图 10 – 1 $GdPO_4$ 纳米棒（a）和沿［010］向的倒易空间衍射图像投影（b，单斜晶系）[48]

　　显然，三维电子衍射成像对于纳米陶瓷粉体的表征以及陶瓷块体中微米或纳米晶粒的表征具有重要意义，而且这种表征是个体且直接性的，这就有助于获得被平均化或者低分辨化所湮没的结构信息。

10.4.2   同步辐射测试

　　同步辐射光是高速电子在做圆周运动时沿轨道切线方向辐射出来的电磁波，相比于常规实验室各种光谱测试的光源，同步辐射光不但能量横跨硬 X 射线到红外光，而且亮度提高了上万倍以上，因此能够实现常规光源由于波长、穿透能力和信号微弱而不能实现的测试。如对于 X 射线吸收精细结构分析，现代的同步辐射光源只要 10min 左右就可以获得的谱图改用实验室常规光源要用几天时间。另一个例子就是粉末衍射如果改用同步辐射光源，谱峰的半高宽可以降到常规实验室光源所测的 10% 以下，从而降低由于分辨率低而造成的谱峰重叠，提高了纳米尺度物相和晶体结构的分析效率。

目前国内的同步辐射光源已经发展到第三代，归属于大科学设备，分别是北京光源、合肥国家光源和上海光源。

同步辐射光源中与陶瓷研究密切相关的测试主要有高分辨 XRD、X 射线荧光、微聚焦 X 射线荧光成像、X 射线吸收精细结构、真空紫外发光等。如 K. Siqueira 等人利用同步辐射光的高分辨特性，将 XRD 谱图类似的 Ln_3NbO_7（$Ln = La$，Pr，Nd，$Sm - Lu$）区分三种结构，即（La，Pr，Nd）属于 $Pmcn$ 空间群，而（$Sm - Gd$）是 $Ccmm$ 空间群，剩下的则是 $C222_1$ 空间群[49]。具体操作时，首先利用 Rietveld 精修可以获得三种结构，如图 10 - 2 所示[49]，其中 La 和 Gd 比较明确，而 Tm 粗看可以利用面心立方相进行精修，而且品质因子 R 也较好。进一步仔细分析高分辨 XRD 图，发现相应于 $Ccmm$ 设置的（110）衍射方向，Tm 等存在着宽化的散射峰，而这是面心立方相不应当存在的，这就意味着原来确定的结构对称性过高。

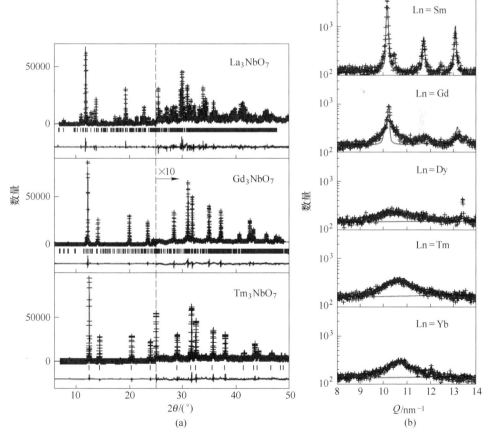

图 10 - 2　三种不同结构的精修结果（a）以及（110）方向
（$Ccmm$ 设置）的谱峰放大图对比（b）[49]

　　基于这种能将弱衍射信号从背景中剥离出来的高分辨数据，最终得到正确的结构是 $C222_1$ 空间群，这个结论也得到了喇曼光谱振动模式分析结果的支持。反过来看以前精修的结果，可以看出这其实是由于纳米相存在的结构无序增大而获得的一种类似立方 CaF_2 结构的平均。

　　形象地说，同步辐射是一种更亮、更尖且更强的光线，可以揭示出常规实验室同类光源不能揭示出的结构信息，也可以将测试区域扩展到纳米尺度，提高实验所能达到的空间分辨率。

　　需要指出的是，同步辐射及其测试技术属于前沿高科技技术，而且同步辐射属于大科学设备，机时珍贵。因此对于一般陶瓷研究者而言，一方面缺乏相应的技术储备，仍主要基于传统陶瓷依赖于"烧制 + 性能表征"的基础开展研究；另一方面申请机时也较为不易（目前这类大科学装置，尤其是国内主要面向基础研究，致力于高水平基础学术成果的发表）。所以，同步辐射技术在稀土陶瓷材料领域的应用潜力远远没有发挥出来，伴随着陶瓷研究对微结构的进一步重视，这类技术的应用将会更为广泛。

10.5　带隙/缺陷工程

　　陶瓷材料属于凝聚态物质，原子之间存在着各种强相互作用，必须整体考虑，这也是传统陶瓷材料的理论计算模拟一般基于能带模型的原因之一。

　　量子力学基于薛定谔方程而建立起来，但是这个方程其实是一个范式，并没有给出特定体系的函数关系，只有氢原子和类氢离子能提供解析函数，其他的都是基于各种近似模型以及模拟原子轨道的各类基函数。目前主流计算软件，如 CASTEP、VASP、ABINIT 等都自行创建各自的基组，不管是哪一家软件，具体基组的好坏，其实仍然需要利用计算结果与实验结果的比较来确定并且进一步升级。因此，基组成了各类软件的"机密"，用户只能通过基组的升级来确保计算更为准确，而这种准确性对于新材料研究来说显然是有限制的。

　　目前基于第一性原理的计算已经成功用于稀土陶瓷的研究，从理论上对光、电、磁和力学性能与结构上的关系进行探讨。常见的是利用第一性原理进行能带计算，探讨稀土离子能级在能带中的相对位置来解释发光跃迁，同时从结果中提取各种振动频率数据考察晶格振动（声子）对发光的影响[50~53]，并且更进一步考察电子云的分布。如图 10 – 3 所示就是利用理论计算所得的 Gd 和 Ce 分别取代 YAG 中的 Y 所得的电子云分布（电荷密度分布），从中可以明显看出掺杂 Gd 后，电子云的弥散扩大，这就意味着禁带宽度降低，从而改变了各类发光跃迁（可参考第 2 章的能带和缺陷相关章节）[54]。

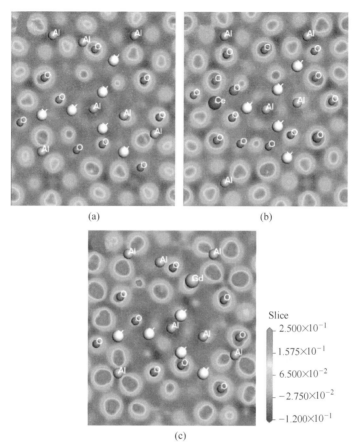

图 10-3　基于 DFT 计算所得的差分电荷密度图[54]
（a）$Y_3Al_5O_{12}$；（b）$(Y_{0.98}Ce_{0.02})_3Al_5O_{12}$；（c）$(Y_{0.75}Gd_{0.25})_3Al_5O_{12}$

　　缺陷的表征以及模型建立也是稀土陶瓷功能材料的主要内容，其范围涵盖电、磁、光、声和热等。目前的研究主要是基于性能的测试对比以及组成的非化学计量比来判断缺陷是否存在，然后再利用各类技术进行表征或者建立结构模型，基于量子化学计算进行模拟。近期的典型成果有 A. P. Patel 等人基于成对潜势模拟建立了点缺陷模型，对比了稀土基钙钛矿 $REAlO_3$ 和稀土基石榴石 $RE_3Al_5O_{12}$ 结构中点缺陷的存在规律，以便了解电子陷阱，从而有利于提高闪烁材料的效率，最终计算结果表明钙钛矿中 Al_2O_3 容易过量，而石榴石中则是稀土氧化物 RE_2O_3 容易过量[55]。而 H. Choi 等人则通过理论计算预言了 Bi^{3+} 掺杂 Y_2O_3 中会产生氧的 Frenkel 点缺陷对，然后再合成样品，利用吸收谱等实验事实进行证明[56]。就当前的发展而言，稀土陶瓷材料缺陷的计算模拟与具体材料的合成和表征一起构成了"缺陷工程"——试图理解、设计和制造缺陷来获得所需的陶瓷性能[57]。由于缺陷主要通过影响能级分布，尤其是带隙来调节最终材料的发光，因此就作用结果的角度出发，M. Nikl 等学者进一步提出更广泛的带隙（band‑gap）工程的概念[58]。不管是缺陷还是带隙，归根到底都是基于能带模型，通过杂质能级以及本征能级的变化来获得所需的发光性能。由于当前有关能带计算的各种技术较为成熟，所得结果与实验结果的符合性也不断改进，因此今后陶瓷材料的研发可望更多依赖于计算结果的指导。

值得指出的是，在稀土离子发光材料领域，经典模型最主要的应用就是基于经典电磁理论发展起来的晶体场以及各种偶极相互作用。这些历经各种实验结果检验的宏观模型仍然继续被广泛用于实验现象的解释和指导。如最近 S. N. Bagaev 等人在研究倍半氧化物激光陶瓷材料的时候发现掺杂同族的 Zr^{4+} 和 Hf^{4+} 对材料的光学性质影响是不一样的：相比于未掺杂的样品，掺 Zr 的样品 Nd 的 4f 能级跃迁衰减时间下降 5% ~ 6%，而掺 Hf 的则增加了近 30%，这可以归因于 Nd 和 Zr/Hf 偶极‑偶极相互作用的差异[59]，而基于晶体场理论推导的，常用于激光材料的 Judd‑Ofelt 模型及其各种相关的计算。基于实验测试的吸收谱、掺杂组成和衰减寿命，利用该模型就可以计算发射交叉截面、荧光分支比、量子效率和晶场作用参数等信息。这一模型及其相关的激光材料中稀土离子的计算至今也仍然指导新材料的设计或者衡量新材料性能相应于旧材料的优越性[60]。

10.6　国内外研究对比

相比于其他材料体系，国内在稀土陶瓷材料研究和发展上几乎和国际同时起步。这主要是基于两个主要原因：一是稀土陶瓷材料的发展是以高纯稀土元素的获取作为基础的，而高纯稀土元素的提纯技术广泛工业化是在 20 世纪 70 ~ 80 年代，这也是基于照明和显示用稀土三基色荧光粉直到 1974 年才面世的原因，而当时中国的科研活动已经开始转入正轨。二是多年来，中国是世界稀土原料的最大提供商，国家一直致力于稀土经济的建设和发展，不但营造出提高稀土利用效率和产业价值，降低原材料或粗产品生产与利用的舆论环境，而且在稀土相关的科研计划方面给予必要的人力和财力支持，具体表现在从中央到地方，每一类高新科技或者材料发展规划中都有稀土基材料的内容，这就为中国稀土陶瓷材料的发展提供了必要的经济基础和客观环境。

当前国内在稀土陶瓷材料研究方面已经取得了很好的成果，其中部分成果已经处于国际前沿。如在光功能透明陶瓷研究方面，中国科学院上海硅酸盐研究所、中国科学院上海光学与精密机械研究所、中国科学院福建物质结构研究所、中国科学院北京理化研究所、山东大学、东北大学、上海大学、北京人工晶体研究院等单位紧随国际潮流并且自主创新，在石榴石体系和倍半氧化物体系光功能透明陶瓷领域均取得了进展，其中以中国科学院上海硅酸盐研究所的发展最为显著。

就基础研究方面，国内已经达到了国际水平，如稀土纳米陶瓷领域，包括"Nature""Science"在内的高影响因子杂志经常出现清华大学、吉林大学、长春光学所等高等院校研究纳米发光材料和生物示踪类材料的文章，国外偏工业应用的陶瓷杂志上也有很多国内的纳米陶瓷烧结前驱和改性添加剂的成果。在高温超导陶瓷方面，无论是铜基还是铁基，国内在理论与实验方面都实现了与国际接轨，在最近刚出现的铁基超导材料中，甚至建立了国际最高的超导温度记录。但是就实际应用而言，国内外的差距是巨大的，正如第5章所述，在激光陶瓷方面，2006年上海硅酸盐所国内第一个实现瓦级激光输出，美国和日本已经在透明陶瓷获得了25kW的激光输出。而超导陶瓷方面，在国内仍然聚焦于结构与超导温度的时候，以日本为首的国家已经专注于超导型材的制造以及相应设备系统的整合，开始发展超导经济。此外，在灯用稀土基荧光粉方面，国外要求节能灯的使用寿命在10000h以上，3000h的光衰不超过8%，并且有高的显色指数，而我国目前的节能灯由于荧光粉质量差，不但显色指数较低，而且100h光衰即使好的也在15%～18%，使用寿命少于2000h。

因此，国内在稀土陶瓷领域一方面仍需持续加大投入，维持甚至进一步提高当前基础研究与国际同步甚至部分领先的发展势头，另一方面必须鼓励并且更多支持产业化方面的研发工作，而这一方面的衡量标志就是自有知识产权，即专利和标准的建立。这是因为如果材料发明权掌握在别的国家中，就算我国的产品性能再高，生产工艺再先进，仍然需要付出专利费，才能在相关材料专利覆盖的国外市场中销售，这就有可能造成利润的巨大亏损。总之，今后国内在稀土陶瓷领域，除了提倡搞好基础研究，以国际领先为目标，还必须提倡新材料和新生产工艺的研发，强调建立自有的知识产权，从而切实服务于我国的稀土经济战略规划。

10.7　基因组计划及对于稀土陶瓷材料的启示

材料基因组计划（Materials Genome Initiative，MGI）是美国总统奥巴马在2011年6月24日提出的价值超过5亿美元的"先进制造业伙伴关系"（Advanced Manufacturing Partnership，AMP）计划的重要组成部分，投资将超过1亿美元。就该计划的提出背景来说，其与稀土陶瓷材料的发展历史是相似的，即从新材料的最初发现到最终工业化应用一般需要10～20年的时间，是一个漫长耗时的工作；当前的新材料研发主要依据研究者的科学直觉和大量重复的"尝试法"实验；在发现、发展、性能优化、系统设计与集成、产品论证及推广过程中涉及的研究团队间彼此独立，缺少合作和相互数据的共享，如有些实验本来可以借助现有高效、准确的计算工具来完成，但是由于各自团队工作的不关联，因此只能继续利用传统的长周期尝试实验；技术的革新和经济的发展严重依赖于新材料的进步。

因此，今后稀土陶瓷材料的发展其实可以借鉴材料基因组计划来展望。

应该说美国基因组计划的提出是立足于钢铁工业领域的发展历史和现有成果的。首先，钢铁工业经过长达几百年的发展，已经积累了大量原始实验数据，不但相图较为完善，而且各种热力学参数由于工业界的需求和支持也是非常完善的，因此在此基础上建立的热力学计算、扩散动力学计算乃至新型合金的结构和性能预测都达到足以代替实际实验的地步，从而推动了钢铁行业的巨大进步。其次，就目前各种材料的发展来看，基础实验和理论数据的缺乏、共享性差以及彼此的衔接是阻碍它们类似钢铁合金材料飞速发展的问题，因此美国基因组计划中，"整合"和"标准化"成了关键字眼，更强调的是弥补基础研究到应用研究的差距。这就是奥巴马提出的将材料从面世到应用需要近20多年的现状缩减到2~3年的理想目标的真实意图（就现有各个材料领域来说，目前只有钢铁合金材料领域可以达到，其余都需要进一步的整合和发展）。

美国提出的基因组计划的英文原文是"Materials Genome Initiative"，含义是以材料基因来推动，实现材料主动性地创新发展，这也是为什么要用"initiative"而不是直接用"plan"的缘由。从材料基因组计划组成图（见图10-4）[61] 更可以明确这一点：支撑各类材料发展的三大工具是数据库、实验技术和计算技术以及这三者之间的交叉。

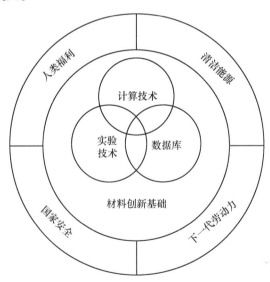

图10-4 美国材料基因组计划组成示意图[61]

因此，今后稀土陶瓷材料的发展总体上是不同尺度结构的关联性及其对性能的影响：基于实验和理论方法，以纳米、微米和块体材料作为现实的研究体系，一方面将不同尺度范围的材料整合成一条完整的研究链，另一方面对这些不同尺度范围的材料进行结构表征和功能描述（实验或理论计算）。归纳结构与性能随尺度变化而变动的规律，包括连续还是间断、延伸还是重建、扩展还是缩小以及可能存在的巨大质变过程，提供一批关键的实验基础数据以及能够可再现的理论计算结果。从而为新材料的基础研究以及各种尺度范围的产业化应用提供指导，同时获得一批新型高效的稀土陶瓷材料。

稀土陶瓷材料的发展除了上述路线的问题，另一个问题就是待发展材料体系的选择。正如第 1 章所述，在现有的各种先进稀土陶瓷材料中，发光透明陶瓷产业由于具有如下三个优势成为"顺应国际稀土科技和产业发展趋势，具有高技术含量、高附加值的稀土应用产业"的代表：

（1）稀土在发光透明陶瓷中是基质组分和掺杂组分。

（2）重稀土元素储量很少却正在大量消耗，而轻稀土的 La 和 Y 等氧化物矿石却成万吨的积压，亟需提高轻稀土矿利用率。

（3）发光透明陶瓷既是当前国内外瞩目的先进材料，也是今后高新材料的发展方向之一，如激光透明陶瓷是发展固体激光器以及大功率激光光源/武器的关键，而闪烁透明陶瓷同安检反恐、医疗诊断和高能物理等问题密切相关。LED透明陶瓷服务的白光 LED 是 21 世纪的绿色照明光源，因此，稀土基发光透明陶瓷产业是当前及今后高新稀土材料产业以及新型稀土陶瓷材料发展的主流方向。

综上，今后稀土陶瓷材料的发展将是以发光透明陶瓷材料为主导，基于材料基因组的技术路线，将基础技术数据、计算和实验关联在一起，在尽可能短的研发周期内获得高性能的新型材料来服务于社会和人类生活发展各方面的需要。

参 考 文 献

[1] 潘裕柏，李江，姜本学．先进光功能透明陶瓷［M］．北京：科学出版社，2013.

[2] Kingery W D, Bowen H K, Uhlmann D R. 陶瓷导论［M］．清华大学新型陶瓷与精细工艺国家重点实验室，译．2 版．北京：高等教育出版社，2011.

[3] 施剑林，冯涛．无机光学透明材料：透明陶瓷［M］．上海：上海科学普及出版社，2008.

[4] 刘光华．稀土材料学［M］．北京：化学工业出版社，2007.

[5] Sanamyan T, Cooper C, Gilde G, et al. Fabrication and spectroscopic properties of transparent Nd^{3+} : MgO and Er^{3+} : MgO ceramics［J］. Laser Physics Letters，2014，11（6）：065801.

[6] Wang Z H, Bai B, Ning X S. Effect of rare earth additives on properties of silicon nitride ceramics［J］. Advances in Applied Ceramics，2014，113（3）：173～177.

[7] 姚义俊，刘斌，周凯，等．Dy 和 Er 掺杂对 AlN 陶瓷显微结构及性能的影响［J］．硅酸

盐学报，2014 （9）：1092 ~ 1098.

[8] Lei F, Yan B, Chen H H, et al. Surfactant – assisted hydrothermal synthesis of Eu^{3+} – doped white light hydroxyl sodium yttrium tungstate microspheres and their conversion to $NaY(WO_4)_2$ [J]. Inorganic Chemistry, 2009, 48 （16）：7576 ~ 7584.

[9] Lei F, Yan B. Morphology – controlled synthesis, physical characterization, and photoluminescence of novel self – Assembled pompon like white light phosphor: Eu^{3+} – doped sodium gadolinium tungstate [J]. The Journal of Physical Chemistry C, 2008, 113 （3）：1074 ~ 1082.

[10] Wang Z, Zhong J, Jiang H, et al. Controllable synthesis of $NaLu(WO_4)_2$: Eu^{3+} microcrystal and luminescence properties for LEDs [J]. Crystal Growth & Design, 2014, 14 （8）：3767 ~ 3773.

[11] Barta M B, Nadler J H, Kang Z T, et al. Composition optimization of scintillating rare – earth nanocrystals in oxide glass – ceramics for radiation spectroscopy [J]. Applied Optics, 2014, 53 （16）：D21 ~ D28.

[12] Yang J W, Guo H, Liu X Y, et al. Down – shift and up – conversion luminescence in $BaLuF_5$: Er^{3+} glass – ceramics [J]. Journal of Luminescence, 2014, 151：71 ~ 75.

[13] Zhang X G, Ren G Z, Yang H. Upconversion and mid – infrared fluorescence properties of Ho^{3+}/Yb^{3+} co – doped $50SiO_2 - 50PbF_2$ glass ceramic [J]. Spectroscopy and Spectral Analysis, 2014, 34 （8）：2060 ~ 2064.

[14] Ledemi Y, Trudel A A, Rivera V, et al. White light and multicolor emission tuning in triply doped $Yb^{3+}/Tm^{3+}/Er^{3+}$ novel fluoro – phosphate transparent glass – ceramics [J]. Journal of Materials Chemistry C, 2014, 2 （25）：5046 ~ 5056.

[15] Bagga R, Achanta V G, Goel A, et al. Dy^{3+} – doped nano – glass ceramics comprising $NaAlSiO_4$ and $NaY_9Si_6O_{26}$ nanocrystals for white light generation [J]. Materials Science and Engineering B – Advanced Functional Solid – State Materials, 2013, 178 （3）：218 ~ 224.

[16] Lee G, Savage N, Wagner B, et al. Synthesis and luminescence properties GdF_3: Tb glass – ceramic scintillator [J]. Journal of Luminescence, 2014, 147：363 ~ 366.

[17] Ramachari D, Moorthy L R, Jayasankar C K. Energy transfer and photoluminescence properties of Dy^{3+}/Tb^{3+} co – doped oxyfluorosilicate glass – ceramics for solid – state white lighting [J]. Ceramics International, 2014, 40 （7B）：11115 ~ 11121.

[18] Secu C E, Negrea R F, Secu M. Eu^{3+} probe ion for rare – earth dopant site structure in sol – gel derived $LiYF_4$ oxyfluoride glass – ceramic [J]. Optical Materials, 2013, 35 （12）：2456 ~ 2460.

[19] Wei Y L, Liu X Y, Chi X N, et al. Intense upconversion in novel transparent $NaLuF_4$: Tb^{3+}, Yb^{3+} glass – ceramics [J]. Journal of Alloys and Compound, 2013, 578：385 ~ 388.

[20] Okura T, Kawada K, Yoshida N, et al. Synthesis and Na^+ conduction properties of Nasicon – type glass – ceramics in the system $Na_2O - Y_2O_3 - R_2O_3 - P_2O_5 - SiO_2$ （R = rare earth） and effect of Y substitution [J]. Solid State Ionics, 2014, 262 （SI）：604 ~ 608.

[21] Liu T Y, Chen G H, Song J, et al. Crystallization kinetics and dielectric characterization of CeO_2 – added $BaO - SrO - Nb_2O_5 - B_2O_3 - SiO_2$ glass – ceramics [J]. Ceramics International, 2013, 39 （5）：5553 ~ 5559.

[22] 黄良钊. 稀土超导陶瓷 [J]. 稀土, 1999 （2）：78 ~ 80.

［23］李春鸿. 稀土超导陶瓷材料研究情况介绍［J］. 稀土, 1988（5）: 66～68.

［24］方磊, 闻海虎. 铁基高温超导体的研究进展及展望［J］. 科学通报, 2008（19）: 2265～2273.

［25］Schafer H, Banko F, Nordmann J, et al. Oxygen plasma effects on zero resistance behavior of Yb, Er – doped YBCO（123）based superconductors［J］. Zeitschrift fur Anorganische and Allgemeine Chemie, 2014, 640（10）: 1900～1906.

［26］Heuser J, Bukaemskiy A A, Neumeier S, et al. Raman and infrared spectroscopy of monazite – type ceramics used for nuclear waste conditioning［J］. Progress in Nuclear Energy, 2014, 72（SI）: 149～155.

［27］Zeng P, Teng Y C, Huang Y, et al. Synthesis, phase structure and microstructure of monazite – type $Ce_{1-x}Pr_xPO_4$ solid solutions for immobilization of minor actinide neptunium［J］. Journal of Nuclear Materials, 2014, 452（1～3）: 407～413.

［28］郭景坤, 寇华敏, 李江. 高温结构陶瓷研究浅论［M］. 北京: 科学出版社, 2011.

［29］Liu Q Q, Yu Z Q, Che G F, et al. Synthesis and tunable thermal expansion properties of $Sc_{2-x}Y_xW_3O_{12}$ solid solutions［J］. Ceramics International, 2014, 40（6）: 8195～8199.

［30］Liang H Q, Yao X M, Zhang J X, et al. The effect of rare earth oxides on the pressureless liquid phase sintering of alpha – SiC［J］. Journal of the European Ceramic Society, 2014, 34（12）: 2865～2874.

［31］Zhao M, Jia Q Y, Liu H W, et al. Ferroelastic toughening in rare earth oxide stabilized zirconia ceramic［J］. Rare Metal Materials and Engineering, 2013, 421A: 473～476.

［32］Kasiarova M, Tatarko P, Burik P, et al. Thermal shock resistance of Si_3N_4 and Si_3N_4 – SiC ceramics with rare – earth oxide sintering additives［J］. Journal of the European Ceramic Society, 2014, 34（14SI）: 3301～3308.

［33］Kashyap D, Patro P K, Lenka R K, et al. Effects of Gd and Sr co – doping in CeO_2 for electrolyte application in solid oxide fuel cell（SOFC）［J］. Ceramics International, 2014, 40（8A）: 11869～11875.

［34］Vidal K, Ortega – San – Martin L, Larranaga A, et al. Effects of synthesis conditions on the structural, stability and ion conducting properties of $Li_{0.30}(La_{0.50}Ln_{0.50})_{0.567}TiO_3$（Ln = La, Pr, Nd）solid electrolytes for rechargeable lithium batteries［J］. Ceramics International, 2014, 40（6）: 8761～8768.

［35］Lim K Y, Kim Y W, Kim K J. Electrical properties of SiC ceramics sintered with 0.5wt% $AlN – RE_2O_3$（RE = Y, Nd, Lu）［J］. Ceramics International, 2014, 40（6）: 8885～8890.

［36］Kim K J, Lim K Y, Kim Y W. Control of electrical resistivity in silicon carbide ceramics sintered with aluminum nitride and yttria［J］. Journal of the American Ceramic Society, 2013, 96（11）: 3463～3469.

［37］Tatarko P, Kasiarova M, Dusza J, et al. Influence of rare – earth oxide additives on the oxidation resistance of Si_3N_4 – SiC nanocomposites［J］. Journal of the European ceramic Society, 2013, 33（12SI）: 2259～2268.

［38］Sunny A, Viswanath V, Surendran K P, et al. The effect of Ga^{3+} addition on the sinterability and microwave dielectric properties of $RE_3Al_5O_{12}$ (Tb^{3+}, Y^{3+}, Er^{3+} and Yb^{3+}) garnet ceramics [J]. Ceramics International, 2014, 40 (3): 4311~4317.

[39] Liu J, Wang C L, Li Y, et al. Influence of rare earth doping on thermoelectric properties of $SrTiO_3$ ceramics [J]. Journal of Applied Physics, 2013, 114 (22371422).

[40] Rahul S P, Mahesh K V, Sujith S S, et al. Processing of La_2O_3 based rare earth non−linear resistors via combustion synthesis [J]. Journal of Electroceramics, 2014, 32 (4): 292~300.

[41] Kawamura G, Yoshimura R, Ota K, et al. A unique approach to characterization of sol−gel−derived rare−earth−doped oxyfluoride glass−ceramics [J]. Journal of the American ceramic Society, 2013, 96 (2): 476~480.

[42] Yurdakul H, Ceylantekin R, Turan S. A novel approach on the synthesis of beta−SiAlON: Eu^{2+} phosphors from kaolin through carbothermal reduction and nitridation (CRN) route [J]. Advances in Applied Ceramics, 2014, 113 (4): 214~222.

[43] Zhao Y J, Zhang Y J, Gong H Y, et al. Gas pressure sintering of BN/Si_3N_4 wave−transparent material with Y_2O_3−MgO nanopowders addition [J]. Ceramics International, 2014, 40 (8B): 13537~13541.

[44] Yavetskiy R P, Baumer V N, Doroshenko A G, et al. Phase formation and densification peculiarities of $Y_3Al_5O_{12}$: Nd^{3+} during reactive sintering [J]. Journal of Crystal Growth, 2014, 401: 839~843.

[45] Ding M Y, Lu C H, Ni Y R, et al. Rapid microwave−assisted flux growth of pure beta−$NaYF_4$: Yb^{3+}, Ln^{3+} (Ln = Er, Tm, Ho) microrods with multicolor upconversion luminescence [J]. Chemical Engineering Journal, 2014, 241: 477~484.

[46] Kallel T, Hassairi M A, Dammak M, et al. Spectra and energy levels of Yb^{3+} ions in CaF_2 transparent ceramics [J]. Journal of Alloys and Compounds, 2014, 584: 261~268.

[47] 李伟. CeF_3 透明闪烁陶瓷的制备及其性能研究 [D]. 上海: 中国科学院大学上海硅酸盐研究所, 2013.

[48] Mayence A, Navarro J, Ma Y H, et al. Phase identification and structure solution by three−dimensional electron diffraction tomography: Gd−phosphate nanorods [J]. Inorganic Chemistry, 2014, 53 (10): 5067~5072.

[49] Siqueira K, Soares J C, Granado E, et al. Synchrotron X−ray diffraction and Raman spectroscopy of Ln_3NbO_7 (Ln = La, Pr, Nd, Sm−Lu) ceramics obtained by molten−salt synthesis [J]. Journal of Solid State Chemistry, 2014, 209: 63~68.

[50] Hou D, Xu X, Xie M, et al. Cyan emission of phosphor $Sr_6BP_5O_{20}$: Eu^{2+} under low−voltage cathode ray excitation [J]. Journal of Luminescence, 2014, 146: 18~21.

[51] Brik M G, Ma C G, Liang H, et al. Theoretical analysis of optical spectra of Ce^{3+} in multi−sites host compounds [J]. Journal of Luminescence, 2014, 152: 203~205.

[52] Yan J, Ning L, Huang Y, et al. Luminescence and electronic properties of $Ba_2MgSi_2O_7$: Eu^{2+}: a combined experimental and hybrid density functional theory study [J]. Journal of Materials Chemistry C, 2014, 2 (39): 8328~8332.

[53] Ning L, Wang Z, Wang Y, et al. First−principles study on electronic properties and optical

spectra of Ce – doped $La_2CaB_{10}O_{19}$ crystal [J] . The Journal of Physical Chemistry C, 2013, 117 (29): 15241 ~ 15246.

[54] Chen L, Chen X, Liu F, et al. Charge deformation, orbital hybridization, and electron thermal delocalization: the intrinsic mechanisms of spectral shift and thermal quenching of $Y_3Al_5O_{12}$: Ce^{3+} luminescence upon doping Gd^{3+} [J] . (Submitting) .

[55] Patel A P, Stanek C R, Grimes R W. Comparison of defect processes in $REAlO_3$ perovskites and $RE_3Al_5O_{12}$ garnets [J] . Physica Status Solid B – Basic Solid State Physics, 2013, 250 (8): 1624 ~ 1631.

[56] Choi H, Cho S H, Khan S, et al. Roles of an oxygen frenkel pair in the photoluminescence of Bi^{3+} – doped Y_2O_3 : computational predictions and experimental verifications [J] . Journal of Materials Chemistry C, 2014, 2 (30): 6017 ~ 6024.

[57] Nikl M, Kamada K, Babin V, et al. Defect engineering in Ce – doped aluminum garnet single crystal scintillators [J] . Crystal Growth & Design, 2014, 14 (9): 4827 ~ 4833.

[58] Fasoli M, Vedda A, Nikl M, et al. Band – gap engineering for removing shallow traps in rare – earth $Lu_3Al_5O_{12}$ garnet scintillators using Ga^{3+} doping [J] . Physical Review B, 2011, 84 (8): 81102.

[59] Bagaev S N, Osipov V V, Kuznetsov V L, et al. Ceramics with disordered structure of the crystal field [J] . Russian Physics Journal, 2014, 56 (11): 1219 ~ 1229.

[60] Lu Q, Yang Q H, Yuan Y, et al. Fabrication and luminescence properties of Er^{3+} doped yttrium lanthanum oxide transparent ceramics [J] . Ceramics International, 2014, 40 (5): 7367 ~ 7372.

[61] Allison J. Materials genome initiative light weight structural materials session [EB/OL] . http: //events. energetics. com/MGIWorkshop/pdfs/JohnAllison – Lightweight. pdf.

索　引